都市で進化する生物たち

"ダーウィン"が街にやってくる

メノ・スヒルトハウゼン
岸由二・小宮繁＝訳

Darwin Comes to Town

How the Urban Jungle Drives Evolution

草思社

contents

II 都市という景域

都市は出会いだ

Ⅳ ダーウィン的都市

はじめに

都市生物学への招待

それは完璧な姿に仕上がった、マイクロ工学技術の奇跡である。成虫としての短い時を、この世で過ごす準備が整ったのだ。まっさらな、薄い紗の羽は、丁寧に折りたたまれ、ひそかに息づく腹部を覆っている。よごれた壁の上に慎重に据えられた、6本の機敏な脚は、新品そのもの。1本ごとに9つの節が全てそろっていて、換気扇やハエトリグモの前足との激しい接触による欠損など、いささかも見られない。黄金の剛毛で覆われたその胸部は、筋肉を稼働させ飛行するためのエネルギーを詰め込んだ活力の塊（パワーナゲット）である。この巨大な胸部に遮られて、穏やかな顔と8つの莢（さや）が組み合わさった吸血用の吻（ふん）をもつ頭部は、ほとんど視界に入ってこない——その顔面の下に、触角、口肢、複眼——こうした器官の出入力回路を調整する、ごく小型の脳が隠されている。

わたしは、ロンドン地下鉄リヴァプールストリート駅の、暑い歩行者通路の人ごみの中に立って、眼鏡を片手に、鼻をタイル張りの壁に押し付けるようにして、蛹から孵ったばかりの、この素晴らしいイエカ（*Culex molestus*）の個体に見とれているところだ。とはいえ、わたしはこの昆虫学的夢想から、ゆっくりと覚醒させられようとしている。覚醒の原因は、わたしにぶつかるすんでのところで身をかわし、詫びるというよりは、むしろ咎める調子で「失礼」とつぶやきながら、足早に通り過ぎてゆく通行者のせいばかりではない。天井から吊るされた有線テレビカメラの存在。そして、挙動不審者を見かけた際は駅員に届けるように、と乗客に向けて繰り返し呼びかける、ロンドン交通局の構内放送。これらに気づいたわたしが、居心地の悪さを感じ始めたせいでもある。

生物学者にとって、都心が専門的な研究活動の実践地になることはまずありそうにない。プロの生物学者にとって、都市とは必要悪にすぎないのであって、長時間を過ごす場所ではありません——説明を求められたときは、ぶっきらぼうにこう答えるべし、というのが生物学者たちの不文律である。真の世界は都市域の外部、森や谷や野にあるのだ。野生の生きものたちのいるところに。［原文Where the wild things areは、Maurice Sendakの絵本*Where the Wild Things Are*（1963）のタイトルから。邦訳は『かいじゅうたちのいるところ』（冨山房、１９７５、じんぐうてるお訳）］

しかし、正直に言えば、ひそかに都市を好んでいることをわたしは認めなくてはならない。わたしが好きなのは、都市の組織化されたなめらかで効率的な部分というよりは、どちらかと言えば、文化の絨毯がすり切れて下地も露わな、忘れられた片隅に出現する、都市の煤けた有機物的な構成部分——人工と自然が出会い、生態学的な関係が営まれる都市の腹部——である。その雑踏と、外観の徹底的な不自然さにもかかわらず、都心部は、生物学者としてのわたしの目には、小規模生態系の多様多彩な集合体に見える。一見したところ不毛で、隅々まで煉瓦とコンクリートで覆われた、ビショップスゲート〔ロンドン都心部の地名〕の街路においてさえ、不敵な頑強さで生き続けているさまざまな生命のかたちを、わたしは発見することができる。この高架横断道路の壁の、漆喰で覆われた見えない割れ目からは、キンギョソウが途方もない勢いで伸びている。あそこには、セメントと漏れ出た汚水との間で恐ろしい化学反応が起こって、オフホワイトのガラスのようなつららが生じているが、今度は、そのつららを支点（アンカーポイント）にして、煤で汚れた円い網がいくつも張られている。オニグモの巣だ。ひびの入った強化ガラスと窓枠との隙間から、条状に生えてくるエメラルド色のコケは、窓枠に塗られた赤いペンキを浸食する泡状の錆びと覇権を競っている。野生化したカワラバトは、病に冒された足で、プラスチック製の針を植え付けた壁の出っ張りの上でバランスをとる。（その隣に、怒ったハトが翼を拳にしたステッカーが掲げられている。曰く、「プラスチックの針は、われわれの権利である集会の自由を制限する冷笑的な弾圧行為である。本闘争はなお継続中！」）そして、駅地下通路の壁にとまったカである。

地下で脅威の進化を遂げるカ

それはたんなるありきたりのカではない。*Culex molestus*という名前を持つこのカは「ロンドンチカイエカ」とも呼ばれる。この名が与えられた由縁は、まずは、1940年のドイツ軍によるロンドン空襲の際に、リヴァプールストリート駅の地下鉄セントラルラインの線路内やプラットフォーム上に避難したロンドン市民たちが、このカから大被害を受けたことだった。

さらにその後、1990年代に、ロンドン大学の遺伝学者キャサリン・バーンがこのカに関心を示したこともロンドンチカイエカという名前が残る要因となった。バーンは、保線作業員が毎日行う点検作業に同行して、この都市の地下鉄道網の最深部へと降りて行った。かれらが侵入するトンネルの最深部では、太さが手首ほどもある電気ケーブルがもつれ合った束を支える煉瓦の壁が、列車の制動片（ブレーキシュー）から飛散する埃で真っ黒になっている。そこで唯一場所を表示するものは、チョークやスプレーで書かれた、あるいは非常に古い琺瑯（ほうろう）引きの板に記された、謎めいた暗号だけだった。ここが、ロンドンチカイエカ（地下鉄蚊）が生息し、繁殖する場所である。カたちは、通勤客から血を失敬し、汚水溜めや換気坑からあふれ出した水に産卵する。バーンはそんな場所からカの幼虫を採集した。

　バーンは、セントラル、ヴィクトリア、ベイカルーの3路線7か所から、幼虫入りの水のサンプルを採取すると、自分の実験室に持ち帰り、幼虫が育って（私があの地下道の壁で見たような）成虫になるのを待って、その後、成虫から遺伝的な分析のためにタンパク質を抽出した。20年前、エディンバラで開かれた学会で、わたしはバーンの研究結果発表を聴講した。聴衆は経験豊かな進化生物学者たちだったが、彼女の発表を聴いて、参加者はみなひとしく興奮していた。先ず、3つの地下鉄路線のカには、それぞれ遺伝的な差異が存在するというのだ。その理由は、バーンの説明によれば、地下鉄の3路線はそれぞれに別個の世界を創り出しているからだ。それぞれの路線に群れるカたちは、それぞれの路線の筒状のトンネルの中で、そこにピタリと収まった列車の絶え間ないピストンのような動きで攪拌されて、別々の集団となっている。セントラル、ヴィクトリア、ベイカルーの3路線に生息するカたちが遺伝的に混じり合う唯一の方法があるとすれば、「3路線のカたちがみな、オックスフォドサーカス駅で列車を乗り換える」ことだ、とバーンは指摘する。しかし、別々の地下トンネルに生息している蚊たちは、互いに遺伝的な差異を持つばかりではなかった。彼らは地上に生息する親類たちとも異なっていたのだ。差異は遺伝子レベルにとどまらず、生態的レベルにおいても存在した。ロンドンの街路では、カはヒトではなく、鳥から吸血する。かれらは、鳥の血を餌として初めて産卵することができる。かれらは大きな群れとなって交尾し、また冬眠する。一方、地下鉄のカは、通勤者の血を吸うのだが、吸血する前に産卵を行う。かれらは交尾のための群れを形成せず、限定された狭い空間の中で性的快楽を求め、また年間を通して活動する。

バーンの研究以来、明らかになったのは、地下鉄のカはロンドンに特有のものではないということである。それは、世界中の地下室やビルの地下や地下鉄構内に生息しており、それぞれ人の手が造りだした環境に適応してきた。車や飛行機に閉じ込められたカのおかげで、その遺伝子は都市から都市へと拡散したが、同時に、地域ごとの地上生息者たちとも交配することで、新たな遺伝子を取り込んだ。そして、もう一つ明らかにされたことは、この現象が生じたのはごくごく最近だということだ。おそらく、*Culex Molestus* に進化が起こったのは、人間が地下に建物を造り始めてからのことだというのだ。

リヴァプールストリート駅の地下通路の人ごみの中で、わたしのあの地下鉄カにしっかりと最後の一瞥を送りながら、わたしは、その小さくて脆いからだの中に進化が生み出した、目に見えない多様な変化のことを想像した。触角中のたんぱく質は、鳥のにおいではなく、人間の臭いに反応するように、形を変えた。人の血がいつでも調達でき、気温の大きな低下もない地下の環境で、体内時計を制御する遺伝子は、カが冬眠に入るのを妨げるようにリセットされたか、働きを止められた。さらには、あれだけの性行動の変化が生じるためには、どれほど複雑な遺伝的変化が必要だったことだろう。オスが群れ集まってつくる巨大な蚊柱めがけて、メスが飛び込んでは飛び出してくる、といった行動を取っていたカが、個体数も疎らな地下通路の狭い空間で、たまたま遭遇したオスとメスが一対一の交尾による受精を行うカへと変わったのだから。

進化について再考する

ロンドンチカイエカの進化という事実は、わたしたちの集団的想像力に訴えかける。なぜわたしたちはこの事実に喜びを感じるのだろう？　そしてなぜわたしは、長い年月を経てもなおこれほど鮮明に、キャサリン・バーンの学会発表を思い出すのだろう？　一つには、わたしたちはこれまで、進化とは、何百万年もの時間をかけて、感知しえぬほどの緩慢さで種を形成する、ゆっくりとした変化——したがって、人間の都市の歴史程度の短い時間ではとうてい起こりえないこと——であると教わってきたのに、地下鉄カがはっきりと教わっえてくれたことは、進化がたんに恐竜や地質学的時間の問題ではないという事実だったからである。進化とは、実際、いまここで観察することが可能な現実なのである。二つには、「野生」の動物や植物たちが、もともとは人間が人間のために造った都市を自らの生息地にして適応しつつあるのは、わたしたちが環境に及ぼす影響がそれほどまでに大きいからである。そう考えれば、わたしたちが地球に強いている変化のうちには取り消すことのできないものもある、と気づかざるを得ないということだ。

わたしたちがロンドンチカイエカの話に耳をそばだてる三つ目の理由は、進化の代表的な事例に、身近でかわいらしい作品がひとつ加わることになりそうだからだ。遥か彼方のジャングルに生息するゴクラクチョウの羽毛の美や、あるいは高山の頂に咲くランの花の見事な形状が進化によって完成されたものだということを、わたしたちはみなよく知っている。しかし、実際の進化とはかなり世俗的な出来事である。わたしたちの踏む地面の下、都市の地下鉄のもつれ合って煤けた電気ケーブル線の間では起こりえないものかというと、どうやらそうでもないらしいのだ。そして地下鉄カこそは、身近で、他に類のない、素敵な進化の一例――生物学の教科書には、ぜひ記載されていてほしい、そんな実例だからである。

さらに、このカの事例がもしすでに例外的でないとしたら、どうだろうか？　もし地下鉄のカが、人間と人間が創り出した環境に接触をはかる全植物および動物種の代表例にすぎないとしたら？　地球の生態系に対するわたしたち人間の支配力が非常に揺ぎないものとなった結果、地球上の生命が、全面的に都市化していくこの惑星への適応手段を進化させる過程にあるのだとしたら、どうだろう？　わたしたちがこの本で取り組むことになるのは、このような問題である。

都市こそ地球最大の「環境」

この課題を取り上げるのが、時期尚早ということも決してない。2007年のこと、世界はきわめて重要な水準点を超えた。この年、歴史上初めて、都市に居住する人間の数が農村地帯におけるそれを上回ったのである。以来、都市と農村の人口の差は急速に拡大し続けている。21世紀半ばまでに、推定93億とされる世界総人口のおよそ3分の2が都市に暮らすことになるだろう。注意してほしい。これは、あくまで、全世界の人口の話だ。西ヨーロッパに限ってみれば、すでに1870年以来、都市人口が農村人口を常に上回っていたし、アメリカ合衆国で、都市人口と農村人口の逆転が生じたのは1915年のことだった。ヨーロッパや北アメリカのような地域は、すでに1世紀以上にわたって、大陸規模の都市化に向けた着実な歩みを続けてきたのだ。アメリカ合衆国における最近の研究が明らかにしたところでは、地図上の任意の地点と最寄りの森との平均距離が、年ごとに約1・5%の割合で遠くなっているのである。

地球の歴史において、これまで一度たりとも、ただ1種類の生命体がこれほど支配的であったためしはなかった。「ほう、では恐竜についてはどうなの」と疑問を呈する人があるかもしれない。だが、恐竜とは、おそらく数千もの種からなる動物の類概念である。何千種もの恐竜をホモ・サピエンスという単一種と比較するのは、世界中の個人経営の八百屋とテスコ［イギリスに本境地を置く巨大流通企業］とを比べるようなものである。いや、わたしたちが今日置かれている状況は、生態学的な意味で、地球がついぞ経験したことのない状況なのだ。すなわち、単一の大型種が惑星全体を完全に覆いつくし、自分たちに都合のよいように変えつつあるということだ。現時点において、ホモ・サピエンスは、植物に由来する全世界の食糧のまるまる4分の1を、そして全世界の真水の流出量〔土壌に吸収されない雨水〕の半分をわがものとして利用している。これも進化史上空前の出来事である。進化が生み出した他のいかなる生きものも、地球規模で、生態学的に、これほどの中心的役割を演じたためしはないのである。

要するに、わたしたちの世界は人間が完全に支配する世界となりつつあるのだ。2030年までに、地球の陸塊の10％近くが都市化され、残りの大部分も人間によって改変された農場、放牧地、プランテーションで覆われることになるだろう。これらを合わせると、自然がこれまで生み出したことのない類の、動植物にとってまったく新しい生息地が揃う。それでもなお、生態学や進化、生態系や自然について語るときに、わたしたちは頑なに人間を議論から除外し、人間の影響がまだ無視できる程度の場所――いまや減少する一方の、わずかに残された動植物の生息地――に近視眼的な関心を寄せる。あるいは、わたしたちはできるだけ多くの自然を隔離して、人間の(「非自然の」を含意する)世界の危険な影響を受けさせまいとしているのである。

人類の影響も自然の一部

こうした姿勢を維持することはもはや不可能である。そろそろ、人間の活動は生態学的に最も大きな影響をもつものであるという事実を認めるべき時である。好むと好まざるとにかかわらず、わたしたちの存在は地球上で起こるすべての出来事とあらゆる点で密接に関連したものとなったのだ。いまだにわたしたちが自然を人間的環境から切り離して考えることができるのは、頭の中で空想を飛躍させるときのみである。外の現実世界においては、わたしたちが伸ばす触手は自然という織物にしっかりと絡みつく。わたしたちはガラスと鋼鉄製の新奇な建造物だらけの都市を建設する。わたしたちは灌漑を行い、水路を汚染し、ダムで堰き止める。畑では作物を刈り取り、殺虫剤を散布し、人工肥料を施す。わたしたちは気候変動の原因となる温室効果ガスを大気中に放出する。わたしたちは非在来種の動物や植物を野に放ち、また食料その他の需要を満たすため、魚や獣や樹木を収獲する。人間以外のあらゆる生きものが、直接的に、あるいは間接的に、人間と出会うことになる。そして、ほとんどの場合、こうした遭遇は当の生きものにとって、取るに足らないものでは済まないのである。それはその生きものの生存と暮らしを脅かすかもしれない。しかし人間との遭遇はまた、新たな好機、すなわち新たなニッチ［生態学的地位］を創り出す可能性も生むのだ。ちょうど、ロンドンチカイエカ（*Culex molestus*）の祖先たちにとって、そうであったように。

さて、それでは、好機や難局に直面したとき、自然はどのように振舞うものなのだろうか。自然は進化するのである。とにかく可能であれば、自然は変化し、適応するのだ。かかる圧力が大きければ大きいほど、それだけ進化の速度は高まり、より広く浸透する。あのリヴァプールストリート駅で、わたしの傍らを急ぎ足で通り過ぎた、ネクタイを締めた商売人たちがよく承知しているように、都会には大いなるチャンスもあれば、その一方で、大いなる競争もあるのだ。生き残ろうとするならば、1分1秒たりとも無駄にはできない。自然もまさにその通りのことを行っているのだ、ということをわたしはこの本の中で明らかにしたい。減少しつつある無垢の自然ばかりにわたしたちが目を向けている間に、わたしたちの背後では、都市生態系が進化を続けていたのだ――わたしたち自然愛好家(ナチュラリスト)が鼻にもひっかけなかった都会の真ん中で。わたしたちは、都市化以前の、崩壊しつつある生態系を守ることに躍起となってきたが、その間に、自然が将来のためにまったく新しい都市型生態系を創るための足場をすでに築き上げつつある、という事実を無視し続けてきた。

わたしが明らかにしたいのは、都市生態系が自らを構成するさまざまな方法と、都市生態系が、将来、この惑星における主要な自然の形となる可能性についてである。しかし、話を始める前に、わたしには打ち明けておかねばならないことがある。

理解され難い「都市という自然」

都市環境における自然への理解を育む目的で集まる人たちの数は増えつつあるが、彼らはしばしば、開発者たちに自然破壊への口実を与えているとして非難される。密かに敵と通じて、自然保護への裏切り行為を行っていると誹(そし)られることすらある。数年前に、アムステルダム大学の同僚ジェフ・ホイスマンと二人で、オランダの全国紙『デ・フォルクスクラント』に意見を載せた。わたしたちの主張は、自然はダイナミックで、不断に変化しているものだから、わが国の生態系の構成や形態を、数世紀前の風景画に描かれている通りに、そっくりそのまま保存しようとするべきではない、というものだった。わたしたちは、外来種や都市の自然も許容するような、より実際的な保全戦略をとるべきこと、そして生態系の厳密な構成種よりも、生態系の滑らかな推移に注意を向けるべきことを主張した。

わたしたちの考えは一部の人たちにはあまり受け入れられなかった。わたしたちのもとには、同分野の研究者たちから怒りの電子メールが送られてきた。自然に対する暴虐を続けるためなら、どんなに見え透いた口実にでも飛びつこうとする右翼政治家どもの手に落ちたのだと言って、わたしたちを非難するのだった。憤った読者のなかには、「オオヒキガエルやウサギに自然がすっかり荒らされた、オーストラリアやニュージーランドの人たちに同じことを言ってみろ」と書いてくる人たちもいた。

こうした攻撃にわたしは深く傷ついた。わたしは少年時代、甲虫の採集とバードウォッチングに明け暮れる日々を送った。双眼鏡と植物ガイド、そして甲虫の採集瓶を持ち、故郷の町を囲む野原のなかで、たった一人、立て続けに何日もの時を過ごした。営巣中のオグロシギの写真を撮ったり、一面に広がる咲き始めのハクサンチドリの間を歩いたり、初めてグレートシルバーウォータービートル［大型の水生昆虫：ガムシ］を採集したりした野原は、今では、拡張するロッテルダムの大都市圏に吸収されてしまった。初めてブルドーザーがわたしの活動の場を均し始めるのを、わたしは、両の拳を怒りで握り締め、無力さに悔し涙を流しつつ眺め、永遠に失われてしまった自然の仇をとることを誓った。後年、生態学者としてボルネオを研究拠点とするようになって、マングローブ林が駐車場に、手つかずの熱帯雨林がアブラヤシの単一栽培地に変わるのを見つめたときも、わたしは無力だった。

しかし、このおなじ自然への愛と懸念が、進化の力、そして生物世界の執拗な適応力への理解をわたしにもたらしてもくれた。人口の増大は既定の条件である。地球規模の大災害、あるいは独裁者による産児制限でもない限りは、21世紀が終わるまでに、都市および都市的環境の拡張によって、人間は地球を窒息させていることだろう。こうした理由から、わたしたちはできるだけ多くのまだ損なわれていない野生の土地を保全しなくてはならないのだ。だから、本書がそうした努力の価値を低く見ているというような、誤った解釈はしないでいただきたい。しかしながら、同時に、わたしたちは次のことにも気づかねばならない。無垢の野生地域以外の場所における、従来の保全活動の実践（「雑草」とか「害獣（虫）」などと罵りつつ、外来種を根こそぎにするような）によって、実はわたしたちは、人類の将来を支えてくれる生態系そのものを、破壊している可能性がある、ということに。この本でのわたしの主張は、まさに、いまここにおいて、未知の新しい生態系を形成しつつある進化の力をわたしたちが受け入れ、それを利用することで、都心部に自然が育っていくのを許容する方向に向かう必要があるということである。

I

都市の暮らし

群集ひしめく街路は数知れず、
丈高き鉄の偉容が、ほっそりと、
強靭に、軽々と、
快晴の大空めざして絢爛とそそり立つ

——ウォルト・ホイットマン、「マナハッタ」
(『草の葉』1855)[岩波書店、1998、酒本雅之訳]

Chapter 1 生態系を自ら創り出す生物たち

ロッテルダム市の西方、約20マイルほどの地点にヴォーネ砂丘がある。ロッテルダムの港が拡張されるにつれその面積を減らしつつあるが、植物を育む砂丘が緩やかにうねりながら続く（少なくとも、国土の狭隘なオランダの基準からすれば）広大な地域だ。一面に敷き詰められた苔や地衣類の上に腰を下ろし、希少なイエローウォートやマーシュヘリボリンの花に囲まれてサンドウィッチを食べるのもよいだろう。彼方には、鉄鉱石と石炭の巨大な山があちこちに散らばり、小止みなく吹く風に乗って、キーン、カーンという音が切れ切れに耳に届く。

小学生のころ、自分のコレクションが増えていくのを楽しみに、ほぼ土曜日ごとに甲虫の採集に勤しんだのはこの場所だった。わたしは、同じく少年期のナチュラリスト仲間と、時には疲れ知らずの生物学の先生に付き添われて、ミューゼ川に沿って自転車を走らせ、フェリーで川を渡り、石油貯蔵用タンクと精製所の威圧的な化学工業施設の間を縫うように進みながら、植物と昆虫の観察・採集を行った。日曜日には、1日かけて、戦利品の分類、展翅、種の同定を行い、すべてを注意深く鉛筆でノートに記録した。それは、1週間の退屈な学校生活が再開する前の、この上ない至福と安らぎの時だった。

オランダにはおよそ4千種の甲虫がいるが、わたしが当時自分に課したのは、その4千種のうちできるだけ多数をヴォーネで採集することだった。2〜3年経つと、わたしの部屋の棚の、防虫剤を入れた昆虫用の引き出しの中には、８００種を超える甲虫が収集されており、そのなかにはオランダではそれまで未確認だった種も含まれていた。

コレクション拡大に打った一手

最初の２００〜３００百種は容易に手に入った。国内に広く分布する普通種であり、道を這って横切っているのや、木の葉の端に止まっているのを捕らえさえすればよかった。だがコレクションが大きくなるにつれ、いわゆる「特別な生息地」に産する、捕獲がより難しい種をコレクションに加えるため、さらに進んだ採集技術が必要になった。たとえば、好蟻(こうぎ)性生物——自然界における地位をアリの巣の中に確立した生きもの——がそうだ。わたしの昆虫学ハンドブックには、好蟻性生物を見つけるのに最適な季節は真冬と書いてあった。その理由は、アリの巣に生息する生きものたちは冬場にはみな巣の深みへと降りて、身を寄せ合っていること、加えてさらに重要な点は、彼らが低温のため仮死状態にあり、わたしを刺したり噛んだりできないことだ。

そこで、霜が降りたある冬の朝、わたしは自転車にシャベルをくくり付け、内陸の砂丘に生えるマツの木立の1本を目指した。そこに、アカヤマアリの大きなドーム型の巣があることを知っていたからだった。アリ塚はまだそこにあった。窒素成分の豊富なこの場所に芽生えた、肌を刺すイラクサの茎はすっかり枯れて、塚を覆っていた。わたしはシャベルをアリ塚深く突き立てた。シャベルに何杯分も、マツの針葉と氷の結晶が混ざった土を掘り上げた末に、ついに、アリたちが隠れている、霜の届かない深みに到達した。わたしは使い慣れた甲虫濾し器を取り出した。古くから使われている創意に富んだ道具で、ドイツ人が考え出したそれは、丈夫な布製のバッグに篩と漏斗がついている。この装置に、掘り出した巣材を何杯も手ですくって入れ、強く揺すって昆虫と大粒の巣の残骸とを分離し、最後に、篩を通ったものを、大きな白いプラスチック製の仕分けトレイに落とした。そして、わたしは腰を下ろし、待った。

ほどなく、凍結を免れたアリたちが縮こまったからだをゆっくりと広げ、脚を伸ばし始めると、おぼつかない足取りでプラスチックトレイの底を歩きまわり出した。しかしわたしは、アリにはまったく関心がなかった。わたしが追い求めていたもの、それらがアリたちの間に点在しているのをわたしは見つけた。まずは、茶色のクラウンビートル。脚を丸く艶やかな体に密着させている姿は、どこから見ても植物の種のようだ。あっちにいるのはディトーハネカクシ。驚いて腹部を丸めている。これらこそわたしが探し求めていたものだ。好蟻性甲虫。アリの巣の外では、決して見られないものだ。わたしは採集した甲虫を毒瓶（古いジャム瓶にティシュペーパーを入れ、そこに数滴のエーテルを垂らしたもの）に入れ、家に持ち帰り、慎重にピンで留めた。ピンには甲虫を掘り出した巣のアリを糊付けしたカードを付けた（わたしが持っていた権威ある甲虫本の勧めに従ったのだ）。次に、わたしは好蟻性甲虫検索表を取り出して、わたしが見つけ出したすべての甲虫が、ほんとうに好蟻性甲虫――もし真冬に苦労してアリの巣を掘り出さなかったら、決してわたしが目にすることはなかったはずの――であることを確認した。

アリの社会に溶け込むトリック

アリの専門家として非常に高い評価を受けるバート・ヘルドブラーとエドワード O.ウィルソンは、最も信頼のおけるかれらの大部の著作『アリ』（*The Ants*）のなかの1章を、アリと同棲する生きものたちの記述に当てている。そこには14ページに及ぶ「簡略」一覧表が掲げられていて、甲虫のみならず、ハエ類、チョウの幼虫やクモ類なども記載されている。ワラジムシ、ニセサソリ、ヤスデやトビムシなどの仲間、半翅類、そしてコオロギの仲間など、など。地を這い回る虫の仲間には、必ず、這ったり、のたくったりして、アリの社会の中へと入り込み、そこでなんとか生計を立てる手段（トリックス）を見出した連中がいるのだ。

手段には2種類あった。第一の手段はアリの世界に溶け込むことだ。アリの生活する世界はほぼ化学が支配する世界だ。一つのアリの社会内では、香りやにおいのブーケを贈りあって、相互伝達が行われる。互いにやり取りするにおいのメッセージは、単純な「やあ」、元気づけの「結構、結構、すべて申し分なし」、興奮気味の「わーい、巣から2リーグほど西に、上等な食物があるよ」、あるいは、大慌ての「気を付けろ！ どこかの馬鹿野郎が巣にシャベルを突き立てているぞ！」などの内容を、フェロモンを使って表したものだ。

アリの化学言語は社会的免疫系としても機能する。それは「自己」と「非自己」とを区別するのだ。同じ巣の仲間と匂いが異なる生きものはなんであれ、容赦なく攻撃を受ける。そこで、アリの巣に侵入しようとする好蟻性生物は（アリに危害を加える意図など全く持ち合わせていないものですら）そのアリのＩＤコードを解読する必要があった。かれらは発覚を避けるため、進化して「アリ語」を話すようになった。多くの好蟻性生物は身体に特殊な腺が備わっていて、宿主であるアリが使う信号分子（とくに「宥和」信号）を作り出す。それは房状の体毛から送り出され、空中を漂っていく。たとえば、ハネカクシの1種ロメクーサ（*Lomechusa*）のような好蟻性生物の仲間には、バイリンガルのものさえいる。冬の間、ロメクーサはアカカミアリ（*Myrmica*）の巣に暮らし、かれらと化学物質を使ったおしゃべりを楽しむ。しかし春になるとロメクーサはアカカミアリの巣を離れ、アカヤマアリ（*Formica*）の巣に夏の住まいを定める。すると、どうしたことか、その化学語彙を難なくアカヤマアリ語へと変換してしまうのである。

好蟻性生物がアリ社会の中で自らを養うために進化させた第二の手段は、自分たちが安全安心に暮らせるニッチを見出すことである。そのためには、アリの強迫神経症的性格が役に立つ。庭の石を持ち上げると、しばしば、アリの巣をのぞき見する羽目になるが、そんなときには決まって、巣の中は右往左往するアリたちと散乱する幼虫や卵たちとで、カオス状態になっているだろう。しかし実のところ、アリの社会は高度に構造化されていて、社会を円滑に動かす種々のサービスごとに区画が定められているのだ。それは、中世の都市に似ていなくもない。コロニーから出る汚物を捨てる廃棄物投棄地区がある。周辺部の巣穴と見張り部屋には、巣の防衛部隊が暮らしている。生活必需品を蓄える貯蔵室があり、卵・幼虫・蛹、と成長段階別に分けられた育児室がある。さらには、女王の私的な居住区……などなど。

アリのなかには、家畜小屋にアリマキを飼い、搾乳する（分泌液を採取する）ものもいる。畑地を持っていて、食用のキノコを栽培する、あるいは固い種子を食べるために発芽させるアリもいる。さらには、巣の交通網もさまざまな部分に分けられている。食糧調達のための基幹道路、巣の内部の（両端が他の道に接続している）街路、周囲の枝道、さらには巣と後背地とを繋ぐ無限に分岐する道。中心となる計画の立案も予算もなしに、アリたちは、人間の都市計画者（アーバンプランナー）がしばしば及びもつかないような、洗練された交通網を作り出すことができるのである。

アリの作る環境を利用するものたち

こうしたアリの巣とその周囲の多様な基礎構造のいちいちに、特殊化した好蟻性生物が生息しているのである。まず、外部から巣の出入り口につながる道にすでにこの手の虫は潜んでいる。セイヨウクロアリ（*Lasius fuliginosus*）の主要基幹道路は木の幹を上り下りしているが、ここをうろつき回っているのがアンポーティス・マルギナータ（*Amphotis marginata*）という甲虫である。この虫こそは本物の追い剝ぎ（ハイウェイマン）だ。昼の間は道沿いの隠れ家に身を潜めているが、夜になると姿を現し、巣に戻る途中のアリを停止させる。次に、短いが強力な触角を使って、アリの口を軽く叩き、頭頂を素早く連打する。これは、巣の中のアリが物をねだるときの動作を模倣したもので、かなりの説得力があり、アリはびっくりして、胃の中の収穫物を吐きだすのである。

そして、吐き出された食物を、この甲虫は、あっという間になめ尽くしてしまうのだ。しかし、しばしばアリも自らの過ちに気づき、この浮浪者に攻撃を仕掛けようとする。ところが、アンポーティスは平たい大きなからだに重い鎧を着けているから、攻撃を受けても、身体を縮こませ、付属肢［足、触角など］を引っ込めると、まるで装甲車のように攻略不能となる。その結果、騙された働きアリはあっさりと諦め、手ぶらで巣に戻ることになるのである。

　クロアリの巣の中では、また別の甲虫が商売に励んでいる。ペッラ・フネスタ（*Pella funesta*）というハネカクシの幼虫は、クロアリの巣のごみ収集作業員（ガーベッジマン）だ。彼らの棲み処は堆積した廃棄物である。そこでアリの死骸を喰らっているのだ。見つからないように、死屍の下から食ったり、ときには死骸の間に潜り込んだりする。働きアリに襲われると、幼虫は腹部を持ち上げる。腹部の腺からは、アリをたちまち鎮静化する、ないしは困惑させる――「アリ酒」とでもいうような――効果を持つ化学物質が分泌される。ペッラ・フネスタの成虫も死んだアリを漁るが、それに加えて、時には集団で生きているアリを狩る。ハネカクシたちはライオンの群れのように、追跡し、そのうちの1匹が獲物のアリの背に乗りかかり、首に大あごを食いこませてアリの神経と喉を切断しようとする。こうした攻撃は失敗することも多いが、成功した場合には、群れの全員で獲物を分かち合うのである。

　しかし、育児室こそはアリの国の黄金郷（エルドラド）である。生まれたての幼虫のために、ここ育児室には、最高品質の食物（たとえば、殺したばかりの新鮮な昆虫など）がアリたちによって運び込まれるのだから。ここに夢のニッチを見出した好蟻性生物は多い。かれらは化学物質を使ってアリの幼虫を装うことで、働きアリから食物をねだるか、あるいはアリの幼虫そのものを捕食するのである。しかし育児室には堅固な防御態勢が布かれている。侵入者は、発見されれば直ちに殺されるのだ。したがって、育児室暮らしへの適応力を進化させた好蟻性生物は、同時に、敵としてアリに感知されることを避けるために、非常に洗練された技術を進化させる必要もあった。クラヴィガー（*Claviger testaceus*）という奇妙な甲虫はこうした生物の一つである。この昆虫の形態や生態は、アリの巣の中において生活することに何百万年もかけて適応してきたことをはっきり示している。体色は青白く、奇妙な細長い頭には眼が欠けていて、触角は不思議な、こん棒のような形。背中には、金色の毛が太い束になって生えている。この虫の場合も、秘密はこの毛の束にある。毛の下には腺があって、化学物質を分泌するのだが、この物質がどうやら死臭を放つらしいのだ。もちろん、昆虫の死骸の臭いだ。クラヴィガーに出くわした働きアリは、これを殺されたばかりの獲物と間違えて（この虫の死んだふりにも騙されて）、葉柄状のつかみやすい形をした上半身をくわえてもち上げると、この上なく美味しいごちそうでいっぱいの育児室へと運んでいくだろう。育児室では、きっとアリはこの虫の上にさらに腐りかけの肉片を積み上げ、消化酵素を含む唾液を吐き出してこれを覆うと、そそくさと次の仕事に移っていく――成長中の幼虫たちのために良いことをしてやったと思いながら。しかし、実は、昆虫の死骸の山の下から這い出すやいなや、クラヴィガーはアリの卵、幼虫、蛹を喰らい始めるのである。

クラヴィガー・テスタセウス、ペッラ・フネスタ、アンポーティス・マルギナータは、科学者が存在を想定する約1万種の好蟻性生物——これらが属する科は無脊椎動物門中100に及ぶ——の中のわずかに3種にすぎない。この好蟻性生物の爆発的進化は、アリの社会が存在するようになって以来、今に至るまで——少なくとも、約7千500万年にわたって——恐らく続いている。その理由は、アリという昆虫が、生態学者が「生態系工学技術生物」と呼ぶ実力者のエリート部隊に属しているからである。

様々な「生態系工学技術生物」

「生態系工学技術生物」という用語は、クライブ・ジョーンズ、ジョン・ロートン、モシェ・シャカクという3人の生態学者による造語で、1994年に『オイコス』誌に載った論文で使われた。論文には次のように書かれている。「生態系工学技術生物とは、生物的あるいは非生物的素材の物理的状態に変化を生じさせることによって、他の生物にとっての資源の有用性を調整する……(中略)……生物のことをいう。こうした働きにおいて、生態系工学技術生物は生息地を改変し、維持し、また創造するのである」。手短に言えば、生態系工学技術生物とは自分たちの生態系を自ら創り出す生きものである。アリがこの定義に適った生物であることは容易に見て取れる。アリは生息環境中に勢力を拡張していき、進んだ自己組織化の力によって、巣に資源を集中させる。巣の内部は、アリが運び込む食物という形でエネルギーが絶え間なく流入する、まったく新しい生態系をなしているが、これは他の種によって利用される可能性を持っている。1万種の好蟻性生物たちは、アリの工学技術によって創り出された生態系が提供する好機を利用するために進化した新しい種なのだ。しかし好蟻性生物としての資格を持たない種ですらも、アリが自分たちの環境に変更を加えたことによる影響をおそらく被るだろう。一例を挙げれば、わたしが掘ったアカヤマアリの巣の周囲に点在する窒素豊富な土壌に育つ、あのイラクサがそうだ。

　アリ以外にも多くの重要な生態系工学技術生物たちが存在する。自分の身体規模をはるかに超えた構造物を創り出すアリ以外の生きもの——たとえばシロアリやサンゴ——が想起されよう。しかし生態系工学技術生物が微小な生きものである必然はない。ビーバーを例として取り上げよう。ビーバーの家族ほど優れた水文学（すいもんがく）〔自然界における水の循環を研究対象とする学問〕的工学技術チームは他に存在しない。かれらは歯を使って倒した木と岩を使って、最長数百メートルに及ぶダムを建設する。水の流れが緩やかな河川では直線的なダムを造るが、流れが速い川では、水の圧力によく持ちこたえられるように、ダムの形を曲線状にする。ダムができると川の流下速度は落ち、川幅が広がる。その結果、湿地が形成され、オオカミのようなビーバーの捕食者たちにとっては足を踏み入れにくくなるとともに、冬季におけるビーバーの餌（水生植物や若木）の供給が安定化する。ビーバーたちは運河を掘り、陸上なら重すぎて運べない丸太を運び、そして棲み処を作る。大きめの小屋のような住居で、建築材料は大枝、小枝、草、補強材としては泥・木片・樹皮が使用される。このように大幅に環境を改変するので、ビーバーが環境に与える影響は決定的に大きく、他のあらゆる種にとって新たなニッチが生み出される。ビーバーが生息地を捨て、造ったダムが朽ち果て、決壊しても、生じた洪水により、新たに川辺の草原が発達し、その後、数十年間にわたってそれが持続することもある。

過去にビーバーがこうした大きな影響を与えた場所の一つが、北米大陸東海岸のムーヒカンタック川［現在のハドソン川］の河口にある大きな島だ。長細いこの島は緩やかな起伏に富んでいて、この地方のレナペ族の呼び名では「小山の多い島」である。２００～３００百年前までは、小山のほとんどが、クリ、ナラ、ヒッコリーの豊かな森に覆われていた。そして、森は豊富な降水を吸収しては、ゆっくりと吐き出し、計62マイル［約99キロメートル］に及ぶ、大小の穏やかな流れを島中のいたるところに生み出していた。島はビーバーにはうってつけの環境で、生息数は多かった。島の南部、傾斜の穏やかな谷に2本の小渓流が合流する場所があった。ビーバーがダムで渓流を堰き止めた。すると、谷はアメリカハナノキ［カエデ］の生える沼地に変わり、徐々に、こうした場所を好む動物たちが住み着くようになった。アメリカオシドリ、グリーンフロッグ、ブラウンブルヘッド［ナマズの一種］などである。アメリカハナノキ以外の植物では、ノーザンウォータープランテイン［オモダカの一種］やスミレサイシンなどがあった。こうした事実の全てはある研究によって明らかにされたものだ。ニューヨーク野生生物保護学会の景域生態学者エリック・サンダーソンが主導する画期的な（グラウンドブレーキング）――方法においても発見においても――研究だった。島の気候、土壌のタイプ、地形についての情報、ならびに島の景域［景色であり、かつそこに生物が暮らす世界］と野生生物に関してオランダ人およびイギリス人が残した古い記録を利用し、さらにその地域の全食物網をコンピュータモデル化することで、４００年前にその島がどんな景域を呈していて、どんな動植物を育んでいたのか、その状況を再構築することに成功したのだった。

今日、かつてそこに存在したものはなにひとつ残っていない。それもそのはず、その島とは現在のマンハッタンなのだ。ゆえに、エリック・サンダーソンの研究は「マナハッタ・プロジェクト」とも呼ばれる「マナハッタは先住民レナペ族による命名とされる」。このプロジェクトの目的は、街の任意の場所から現在の人工構造物を全て排除し、ヨーロッパ人が足を踏み入れる以前のその場所の豊富な野生生物とその生息環境の状態について、コンピュータモデルによる最適評価を行い、カラーで詳細に示せるような、ナビゲート可能な地図サイトを立ち上げることだった。

初のヨーロッパからの移民たちや、その隣人であったアメリカンネイティヴたちにとって、おそらく現代の道路や高層ビルや繁栄ぶりを想像することが困難だったのと同じくらい、「400年にわたる開発の結果、今のわたしたちには昔の豊さを想像することが困難になってしまった」とサンダーソンは書いている。サンダーソンの目的は2009年9月12日までに達成された。この日は、オランダ東インド会社所有の船に乗ったヘンリ・ハドソンが初めてこの島を目にしたときから400年目の記念日である。ハドソンは、400年前、航海日誌に次のように書いた。「ぜひ足を踏み入れたくなるような、素晴らしい場所だ」

プロジェクトのサイト(http://welikia.org)を訪れて、操作可能なマップを利用してみると、なるほど、グーグルアースに導かれて、地球上にわずかに残された、汚されていない未開地の一つにたどり着いたかのように感じられる。島全体が海岸線まで森で覆われ、ところどころ森が途切れるところは、草原(メドウ)、沼沢地、小川、レナペ族の居住地となっており、海岸沿いには数か所、浜と断崖が存在している。楽園のような場所だ。だが「街路（ストリーツ）」ボタンをクリックすると、一面の緑に重ねて、現代の街路図が現れるのだ。そこでにわかに、今までじっと見つめていたあの迸る小川が、現在のハーレムかグリニッジヴィレッジあたりを流れていたことに気づくのである。また、たとえばビーバーの生態系工学技術がアメリカハナノキの生える沼地をつくりだした、あの小渓流の合流地点は、かつては現在のタイムズスクエアのど真ん中にあって、渓流の一本はニューヨークポスト紙のビルから発し、もう1本はジャクリーヌ・ケネディー・オナシス高校の地下から流れ出していたのだった。

この文章が向かう先について、すでに読者はうすうす感づいているかもしれない。マナハッタ・プロジェクトの操作可能マップのボタンをクリックすることで、わたしたちは2種類の生態系工学技術生物の間を繰り返し行き来しているのだ。マナハッタのビーバーたちは姿を消してしまった。かれらに取って代った生物を、わたしたちは「自然の究極的生態系工学技術生物」と呼んでよいのではないか。その学名はホモ・サピエンス。この種は、現代のマンハッタンという、かれらが自らのために工学技術を駆使して創り出した生態系の中を、まるで巣の中のアリのように、走り回っているのだ。そして、優れた生態系工学技術生物については常に言えることだが、そうすることで、ホモ・サピエンスは共存する動物や植物のためのニッチをつくりだしてきたのだ。こうした動植物たちを、好蟻性生物（マーミコフィリーズ）ならぬ、好人性生物（アントロポフィリーズ）と呼んでも良かろう。わたしたちが本書の中に発見するのは、こうした好人性生物たちであり、人間の工学技術が生み出した生態系の中で、かれらが自らのために苦労して獲得するニッチ［生態的地位］である。

Chapter 2
都市という生態工学技術の結晶

ホモ・サピエンスを自然の究極的生態工学技術生物と考えるわたしは、「自然」という言葉をあえて意図的に使っている。人で溢れ、騒々しく、汚染された、コンクリートの大都市は、「自然」という言葉を聞いてわたしたちが通常思い浮かべるものとは、一致しないからである。わたしたちが思い浮かべるのは、どちらかと言えば、わたしが今この文章を綴りながら、たまま目にしているものに近い何かである。

わたしは、現在、ボルネオ島の野外研究センターのベランダに腰を下ろしている。この地で、数日かけて、熱帯生物学の授業の準備をしているところだ。わたしの位置から5ヤードほど離れた地点から、人為的な攪乱を受けていない熱帯雨林が始まる。わたしの視線が及ぶ範囲だけでも、100種類もの植物が存在しているだろう。重装備の熱帯雨林の木々は板根(ばんこん)を生やし、枝にたまった有機堆積物からはさまざまなシダが葉を伸ばしており、ツタ類やツタ性ヤシなどが絡み、そのなかにはナナフシアリの巣を付着させているものもある。この2時間ほどの間、この文章を書こうとしているわたしの集中力は何度も妨げられ、そのたびにわたしは視線をあの緑の植物群の中へと注いでいる。これまでに、ヒゲの生えた2匹のブタがブーブー鳴きながら通り過ぎるのを見たし、オオリス1匹、トサカの白いアカハラシキチョウ1羽、少なくとも20種類ほどのチョウ、羽音を響かせながら大急ぎで一直線に飛んで行ったメタリック・グリーンの大きなコガネムシなども見た。また、わたしは、紛れもないオナガサイチョウの鳴き声（次第に速くなる「ウーフー」の繰り返しの後に、狂気じみた甲高い笑い声で頂点に達する）を、そして、遠くでセイランが鳴く声（「ワウワウ」）を聞いた。

ここは、学生たちが自分たちの研究区画を印すために地面に突き立てている、色付きの旗の付いた杭を除いて、完全に無傷の森だ。森に覆われた斜面を昇り詰めた先は高さ5千フィート［約1千500メートル］、幅15マイル［24キロメートル］ほどの円形の疑似クレーターになっている。これが知られるようになったのは1948年のことで、あるパイロットが、クレーターの縁を成す急峻な岩崖に、飛行機を危うく激突させそうになったからだった。この野外研究センターが建つまでは、この「失われた世界」には、一人として人間が暮らしたことはなかったと考えられている。自然と言えるものがあるとすれば、ここここそがそれである。人間による破壊行為を一切知らぬ、野生の、汚れなき自然だ。

都市は巨大な「自然構築物」

それにしても、自然について語るとき、なぜいつもわたしたちは、暗示的にであろうと、あるいは明示的にであろうと、自然という等式から人間という因数を除外するのだろうか。なぜ、あそこのあの木から垂れ下がっているアリの巣を自然と考え、人間の都市を自然とは考えないのだろうか。わたしたちが、熱帯雨林の生態学的作用において、あのアリたちが担う重要な役割を称賛するその一方で、人間が景域（ランドスケープ）を支配するやり方に対しては嫌悪感を露わにするのはなぜなのだろうか。両者の間に本質的な違いは全くないのだ。あのアリという生態系工学技術生物たちは、周囲の環境から材料を得て巣を造る――人間と全く同じように。アリの社会が成長すると、働きアリたちは、自分の巣の幸福しか頭にないから、生活範囲の小さな土地から食料となりうるどんなものでも集めてくる――人間と全く同じように。きっかけがあれば、周辺環境から食糧と建築材料の供給が尽きることがない限り、彼らのコロニーは数を増やし、繁栄を続けるだろう。まさしく、人間の都市と同様である。にもかかわらずわたしたちは、アリの社会および地球規模の食物網（フードウェブ）においてアリの社会が果たす役割を「自然」と考え、人間社会についてはこの同じ食網の上に押し付けられた不自然で不要なものと見なす。なぜだろうか。

自然および自然な（ザナチュラル）存在の定義を試みて、これまで多くの哲学者や生態学者や自然保護論者たちが大量のインクを流してきたので、その流れにわたしの分のインクを加えることは避けようと思う。しかし次のことははっきりさせておこう。わたしは人間の都市を、ほかの生態系工学技術生物たちが自分たちの社会を運営するために建造する巨大構造体と同等の完全な自然現象と考えているのである。唯一の違いは、アリ、シロアリ、サンゴやビーバーなどは、数百万年にわたり、自分たちの役割を慎ましやかなレベルで安定的に維持してきたのに対して、人間が駆使する生態系工学技術は、わずか2千〜3千年間で、数千・数十万倍もの規模に成長したことである。一つの種として、わたしたちがこんなに密度が高く、複雑な社会のなかで暮らすことに適しているのかどうかはまた別の問題である。この話題には、本書の末尾において再び触れることになるだろう。しかし、まずは、現代の巨大都市を調査して、そのありのままの姿を明らかにしよう。それが刺激的で、まったく新しい、生態学的な一つの現象だということを。

人間の生態系工学技術の進化

当初、わたしたちヒトという種は、脳の小さな祖先たちの中から出現したばかりで、現在のレッドデータブックの基準なら、危急種認定されかねないほど希少な存在だった一方で、当時、すでにわたしたちは、三流の生態系工学技術生物だった。狩猟採集生活を営んでいたわたしたちの祖先は、できれば、岩棚や洞窟など、自然の避難所のある都合のよい場所を見つけて、そこにしばらく住み着き、その環境のもたらす資源を利用しつくすと、別の場所へと移っていった——ビーバーとさして変わらなかった。イヌの祖先のような「原家畜（プロトドメスティック）」動物たちもわたしたちの後を追って来ては、キャンプ地をうろついて、ごみを漁ったかもしれないし、もしかするとわたしたちは移動する際、すでに自らの手で家畜化した動物を連れ歩いたり、栽培植物を携えたりしていた可能性もある。たとえば、籠に入れた食用のげっ歯類だとか（ラピタ人たちが船に乗せて連れ歩いたポリネシアンネズミのような）、あるいは薬用植物の切り枝だとかを。新しい地に移住することは、周囲の緑を焼き払ったり、伐開したり、食用や薬用の植物の手入れをしたり、望ましくない植物を刈りはらったりする活動を伴うものだった。わたしたちは狩りで獲った動物や魚、また川で採った二枚貝や巻貝を調理するための炉も作った。わたしたちは蜂蠟、蜜とタンパク質の豊富な蜂の子を得るためにミツバチの営巣地を襲い、その地域の巨型動物を狩り、森で果物や木の実を集めた。ビーバーのように、わたしたちは小川を堰き止めたかもしれない。もっとも、わたしたちの場合は、ダムの下流の浅くなった流れで跳ね回る魚を手に入れるためだったが。こうしてわたしたちが環境に与える影響は、開墾することによって生じるごく狭い地域の気候の乾燥化、大型獣の地域的減少、少数の外来種の導入など、軽微なものだったろう。だから、荷物をまとめ、新たな猟場を求めて、わたしたちがその地を離れると、環境はたちまちのうちに回復したものだった。

状況が大きく変わったのは、わたしたちが農耕を開始した時だった。食べ物を探すのではなく、栽培するという革命的な発明は、わたしたちの生活に二つの重要な結果をもたらした。第一に、居住地の周囲に自給のための作物を育てることは、遊牧民的な生活をおくることがもはや必要ではない、あるいは有益ではない、ということを意味した。なんといっても、苦労して農地を整備し、作物を植え付けることは長期的な投資だった。土壌がすっかり生産力を失うまでは、そこに留まっているのが得策だったのだ。第二に、それが意味するのは、わたしたちの栄養段階（トロフィックレベル）が変化した——栄養段階とは食物ピラミッドにおける生きものの位置——ということだ。太陽のエネルギーを利用し、大気中の炭素を「食べる」緑の植物の位置は、世界の主要な「一次生産者」として、栄養段階1である。栄養段階2を占めるのはこの一次生産者を消費する草食動物である。さらに、食物ピラミッドの第3段階には、これら草食動物を食べる肉食動物が位置する、云々といった具合だ。食物ピラミッドがピラミッド形をしているのは、ある段階で生産されるエネルギーのうち、ひとつ上の段階まで運ばれるのは、わずか10分の1程度にすぎないからだ。残りは、その途中で、廃棄物、熱、そして一段階上の生物の身体を動かすための動力として消費されてしまうわけである。エネルギーは一つの栄養段階が支え得る命の量に変換されるので、どんな生息環境にも、たくさんの植物（段階1）、植物を食う何百万匹もの昆虫（段階2）、昆虫を食う何千羽もの鳥（段階3）、多数のイタチやタカ（段階4）、そして、おそらくは、1頭のトラ、ないし1羽のワシといった、ピラミッドの頂点に立つ猛獣や猛禽（段階5）が見出されることだろう。狩猟を旨とする生活からほぼ農耕生活へと移行することで、人間は一つの種として、栄養ピラミッドにおける位置を一段階下げることになったが、このことによって、利用できるエネルギーは格段に増え、したがって成長する余地もはるかに広がったのである。

そして、事実、わたしたちは成長した。5千〜6千年前、わたしたちは灌漑技術と耕作技術を非常に高いレベルまで発達させたので、土壌の栄養分の枯渇を理由とする頻繁な耕作地の移転はもはや必要ではなくなった。農業の順調な発展によって、村人全員が農耕に従事しなくても済むようになった。農業は専門家に任せて、それ以外の人たちは別の必要な仕事を始めることが可能になった。それは、すなわち、こうした定住地が、食糧を始めとする必要品を後背地に送り出す供給地になったということを意味した。そうなると、次に発達してくるのは輸送技術であり、輸送手段を作り出し、管理することに長けた人たちの存在である。都市はまた、組織された戦争が始まる場所にもなった。いまだに狩猟採集生活を続けている部族を征服することによって、さらに農耕中心型の、村落形成型の生活様式が広まっていった。そのころ——およそ6千年前のこと——メソポタミアに最初の本物の都市が出現した。最初は一つずつ、ぽつりぽつりと現れたが、数百年の時が経つうちに、世界中のますます多くの地域が都市化の兆しを示し始め、インドとエジプトにおける新しい都市の突然の出現は、その後さらに急速な勢いで、パキスタン、ギリシャ、中国……へと広がっていった。イェール大学のメレディス・リーバたちの研究に基づいて作られたアニメーションは、5千700年前から今日に至る時間のなかで、いかに世界中で都市が出現してきたのか、その様子を見せてくれる。初めは、ゆっくりと。だが次の瞬間には、鍋のなかでポップコーンがはじけるように次々に都市が立ち上がり、20世紀になると、都市化の勢いは耳を聾するようなクレッシェンドの激しさに達する。

地球上の都市拡大の未来

今後、数十年にわたり、都市化の勢いは増大する一方であり、メガシティー（人口1千万以上）が次々に誕生すると予測される。中国の経済的中枢の一つ、珠江（チューチャン）デルタにおいては、ベルギーの決して広くはない国土よりもさらに狭い面積に、今や、非常に多くの都市がひしめき合っている。その地域はメガロポリスと呼ばれ、総人口1億2千万を擁しており、これはロシアの全人口とほぼ同規模である。2030年までに、全世界人口のほとんど10%がわずか41のメガシティーに暮らすことになるが、これらの都市のほとんどは中国東部、インド、西アフリカに集中する。キンシャサは、20～30年前は静かで沈滞した場所だったが、2千万の人口を抱える都市に発展するだろうし、ラゴスの人口は2,400万を超えるだろう。これらの数字を聞いて啞然とするかもしれないが、比較して言えば、最も激しい都市化が実際に生じるのは、かつて農業国であった国の、中小規模の都市（人口500万以下）においてであろう。この種の都市は、年2％を超える速度で、急速に人口が膨張しつつある。一方、すでに存在する巨大都市の人口の年成長率は0・5％にすぎない。これからの10年で、発展途上地域においては、比較的小さな都市が吸収する人口は、より規模の大きな都市に流入していく人口の2倍となるだろう。2000年から2010年の間に、真に大きな中心都市を欠く国、たとえばラオスのような国の都市人口は、実際に2倍になった。

こうした統計的数字は、都市の定義について専門家たちの見解が一致していることを示すものではない。社会経済的な定義は時代ごとに、また場所ごとに変わるものである。ノルウェイでは200人規模の居住地をすでに都市と見なすが、日本では都市と呼ばれるには5万人が必要である。都市の地位が行政的に決まることもあるかもしれない。都市のなかには「公認の（オフィシャル）」ものもあって、それゆえ、公認都市は国から一定の支援を要求することができる。例えば、ロンドンの12の自治区（バラ）のうち、わずか2自治区のみが公認都市であり、それ以外の自治区も、また総体としてのロンドンも、法的には自らを都市と呼ぶ資格は与えられていないのだ。話をややこしくしないように、わたしは実用主義的な方法を取ることにしよう。そして、単純に、人口と建造物の密度が著しく増加し、それに伴って、インフラと平均収入も同様に増大した地域を都市と考えよう。しかし、これらは単に都市の人間的要素だ。人間的要素の後に続いて現れるものこそ、興味深い、都市の生態学的特徴である。

Chapter 3
繁華街の生態学

「パーン！」、ソウ・ヤンは両手を使って、ライフル銃を発砲する真似をした。炎熱の、真昼のシンガポールの空に向かって、片手は想像上の銃身を支え、もう一方の手が見えない引き金を引いた。そして、もう一発、「パーン！」この物まねは、イエガラス（*Indian house crow*）の状況について尋ねたわたしの質問に対する返答である。「わたしの地域では、イエガラスは撃ち落とされるのです」。説明するかれの声には怒りが籠っていた。「なんの理由もなしに！　誰かが苦情を言う。ただそれだけで、殺される。そのうえ、今では、だれもが車輪付き(ウィーリービン)のごみ収集箱を使っています。そうなると、カラスはもう残飯にありつけません。以前は、ごみ袋をみな破って開けていたものでしたが」

わたしたちはシンガポールの南海岸の岸辺に沿って歩いていた。引退したコンピュータ技術者であり、ナチュラリストであり、地元の軟体動物の専門家である、わたしのホストのチャン・ソウ・ヤンは一瞬立ち止まって、カラス狩りの真似をしてみせると、ふたたび歩を進め、ロウチョー運河とカラン川との合流点に向かった。そこには岬が突き出していたが、ソウ・ヤンは入り江を見下ろす岬の上へと私を案内してくれた。そこにいたイエガラス（*Corvus splendens*）の群れは飛び去ったが、たちまち、かれらに代わって、ひと群れの興奮したジャワハッカ（*Acridotheres javanicus*）がやって来た。いたずら好きな目をした、艶のある黒に白が混じった美しい鳥で、脚は明るい黄色、同色の嘴がふさふさの羽毛のトサカで飾られている。ハッカたちはあちこちと走り回り始め、ムラサキツメクサ（*Axonopus compressus*）とオジギソウ（*Mimosa pudica*）の間を探って、餌を啄んでいる。ソウ・ヤンは水際を指さした。そこにはムラサキツメクサに替わって、黄花のウォーターミモザ（*Neptunia oleracea*）［水含羞草］が群生していた。さらに、左、右と指さしながら、岸に産み付けられたリンゴガイ（*Pomecea*）［日本でジャンボタニシとして知られる］のいくつものピンク色の卵塊、空気を吸いに上がってきた大きなピーコックバス（*Cichla orinocensis*）、そして水面直下を静かに泳いでいく小さなアカミミガメ（*Trachemys scripta elegans*）へと、ソウ・ヤンはわたしの視線を向けさせた。

シンガポールの都市生態系

カラン河畔公園（リヴァサイドパーク）は豊かな熱帯生態系である。とはいっても、野生の、牧歌的な楽園というわけではない。シンガポールの高層ビルの間に押し込まれた小さな緑地だ。マンゴー、ココナッツ、イチジクの木立が点在する数面の芝生。ベンチには、自撮りに興じるマレー人の少女たち。曲がりくねった小道をジョギングするヨーロッパ人たちと、スケートボードに乗るインド人の若者たちの肩は触れんばかり。ヘルメットを被り、前かごにココナッツを3個入れた自転車に跨った、年配の中国人女性。ソウ・ヤンとわたしが立っている岬と、巻貝のピンク色の卵塊をあちこちに付着させた堤防は、どちらも頑丈なコンクリート製である。下流に巨大なマリーナバラージ［ダム施設］が建造されたため、川はもはや潮の影響を受けない。ハッカとカラスたちが、捨てられたココナッツの殻や、その他のピクニックの残り物を啄んでいるところだ。カメや巻貝が餌にする淡水性の藻類が、煉瓦とペットボトルの表面を覆っている。この都市の下水道から汚水が漏れ出したり、溢れたりするために、川の水には570万のシンガポール市民たちの紛れもない化学物質の痕跡が含まれている。シンガポールのナニャン工科大学のスゥー・ヨングランが行った調査では、カラン川の水1リットル当たり0・1ミリグラムの薬剤（主にイブプロフェンやナプロクセンといった鎮痛剤）が含まれていることがわかった。ほぼ同量のエストロゲン（化粧品や薬剤に由来）とペットにつくノミやダニの駆除に使われる殺虫剤も見つかっている。シンガポールの他地域では、川の水1リットルにつき最大値1・2ミリグラムのカフェイン（茶さじ1杯分のコーヒーに含まれる量に相当）が含まれていた。

さらには、ソウ・ヤンとわたしが目撃した動植物のなかに、シンガポールの在来種は一つとして存在しない。イエガラスはインド、スリランカ、ミャンマー、雲南の原産で、1948年、突然、シンガポールの港に現れたのだ。どこからやって来たのか、確かなことを知るものは誰もいない。もしかすると、マレーシアから次々にプランテーションを渡り歩きながらやって来たのかもしれない。マレーシアでは、コーヒー農園に大量発生する毛虫対策として、当時をさかのぼること50年ほど前に放鳥が行われていたからだ。あるいは、密航者として船に乗ってきたのかもしれない。いずれにしても、カラスたちは新しい土地にとてもよく適応した。1960年代には数百羽だったのが、21世紀初めには、数10万羽にまで増えたのである。過去15年間で少なくとも30万羽を間引きもしたし、またごみ漁りを防ぐためだったり、シンガポール中の通りに植えられているコウエンボクに営巣するのを阻止するためだったりと、様々な対策を試みたにもかかわらず、イエガラスはこの都市のどこにでも見られるありふれた生きもの（そして、ソウ・ヤンの隣人たちによれば、厄介者）となったのである。ジャワハッカは、1925年ごろに、生息地のジャワないしバリからペットとしてやって来た（ハッカは飼い鳥として大人気であり、物まねの名人である）。1960代における、鳥類学者のピーター・ウォードの記述はまだ次のようなものだった。「郊外の庭を訪れる臆病な鳥だが、都市部で目撃されることはまれである」。以来、ハッカたちは明らかに、臆病さなどすっかり捨て去り、今ではこの都市で最も数が多く、もっとも喧しい鳥となったのである。個体数から見れば、おそらくシンガポールの人口に匹敵するだろう。「コーヒーショップの椅子は糞だらけです」。ソウ・ヤンの声は悲し気である。

遍在的なムラサキツメクサは、東南アジアではどこに行っても踏みつけずに歩くのが難しいほど普通に見られる、アノクソプス属の丈夫な草だが、中南米が原産である。同じことは、触るとたちまち葉を閉じることで人気のあるオジギソウにも当てはまる。これらの植物の粘（ねば）つく種は、衣服や靴底や車輪に付着して、何世紀もかけ、地球の反対側からヒッチハイクでやって来たのだ。さらにウォーターミモザも、どこから来たものかはだれも知らないが、在来種でないことは確かである。メキシコから導入された可能性がある、とソウ・ヤンは考えている。

運河の底で触角を立て、プラスチックシートに沿ってゆっくりと滑るように動いていくのが見える巨大なリンゴガイは、原産地の南アメリカから迎え入れられたものだ。おそらく水族館の廃水から世界中に広がり、蚕食を開始したようだが、最も脅威となる侵略的外来種のリストに載ったがゆえに、今や、巻貝のなかでも誇り高き存在である。同じリストに載っている別の水族館脱走組に、アカミミガメがいる。これは北米東海岸原産種である。一方、アマゾン川を故郷とするピーコックバスがシンガポールという都市国家に定住したのは、シンガポール人の魚類専門家イング・ヘオク・ヒーとタン・ヘオク・フイによれば、「熱狂的すぎる釣りファン」のおかげである。

シンガポールの都市生態系は、世界中の都市のそれと同じく、もはや土地の在来種のみから成り立っているわけではない。都市人間集団と調子を合わせて、いまや都市生態系もまた世界中からやってきた「移民」たちの集まりなのである。古来より行われてきた地球規模の人の移動や交易を通して、意図的であれ、偶然であれ、人間は多くの動植物を移動させ続けてきたのだ。人間の活動の熱気が最も高まる場所——港湾都市として世界第2位の規模を持つシンガポールのような——には、そんな外来種が数多く生息しているのである。このような都市生態系の形成は、膨大な時間をかけた進化によるものでも、生物種が自らの選択によって自力でコロニーの形成を図った結果でもない。もっぱら人間の勤勉がもたらしたものである。多くの都市の生態系がいまや完全に非在来種中心に成り立っている。海面下の生態系はとりわけそうだ。たとえば、サンフランシスコ湾の海洋生態系を支配するのは外来の生物たちである。こうした生物のほとんどがバラスト水——積み荷を下ろした船が船体のバランスを取るために底荷として汲み上げる海水（もともとそこに生息する生きもの丸ごと）で、次の寄港地で排水される——に潜んで、船をただ乗りしてきたのだ。

ソウ・ヤンはわたしの額に滴る汗を見て言った。「喉が渇きませんか。何か飲みものでも？」かれはクロフォード通りを渡って、高層アパートの迷路へとわたしを導いた。わたしたちは小さな公園に出た。複数のアパート群に囲まれているので、聳え立つ煙突の底にいるかのようだ。ムラサキツメクサと、観葉植物としてヤシが数本植えてある。アパートに設置された何百台ものエアコンは、唸りを上げつつ、間断なく熱い排気を送り出していた。わたしたちは屋外のフードコートのテーブルに座を取り、プラスチック製のテーブルの脚の間で餌を漁るジャワハッカたちを眺めた。鳥たちは嘴をわずかに開いて、体温の上昇を防いでいた。かれらも都市（アーバン）ヒートアイランド効果を感じているのである。

都市部特有の気象現象

都市（アーバン）ヒートアイランドは、1965年、地理学者トニー・チャンドラーの『ロンドンの気候』に初めて記述が見られるが、同書にはこの現象を起こす原因が複数指摘されている。第一に、車や汽車をはじめとする機械ともども、狭い地域に蝟集する何百万人もの人間による活動が過剰な熱を生み出し、その熱が高層建造物群の間に滞るのである。第二に、道路や歩道や建物に使用されている石材やアスファルトや金属類が、日中に太陽から直接、あるいは窓ガラスの反射光から熱を吸収し、夜間にゆっくりとその熱を放出する。都市の規模が大きければ大きいほど、ヒートアイランドの規模も大きい。住民数が10倍増えるごとに、気温は約3度上昇する。世界最大級の都市では、周囲の農村地域との比較で、気温が12度以上も高くなることがある。さらに、都心部には高温の空気柱がゆっくりと立ち上がり、そこに向かって四方から風が吹き込む。空気柱は上昇するにつれ、冷やされ、空気柱に含まれる都市の塵の粒子を核にして水分が凝結し始め、その結果、都市型の集中豪雨と言われる現象が生じる。言い換えれば、都市の中には、その規模が大きいために、特有の気候を生み出すものもあるということだ。こうした都市では、風は常に都心に向かって吹き、周囲の田園地帯と比べて際立って気温が高く、降水量も多いのである。

シンガポールのヒートアイランドの発生中心域は、まさに、ソウ・ヤンとわたしが汗を滴らせながらサトウキビジュースを飲んでいるこの場所である。シンガポール国立大学の計測によれば、シンガポールの穏やかながらもすでに熱帯的な気温に、セ氏7度ほど加えた程度の温度らしい。さて、そろそろ、ソウ・ヤンのエアコン完備のトヨタに乗り込んで、マリーナバラージに向かう時間である。

マリーナバラージに行くには、シンガポールの未来的な都市の心臓部、ダウンタウン・コアの周囲を4マイル［約6・4キロメートル］ほど走らなくてはならない。そこには、巨大で、奇抜な現代建築が、10車線の高速道路群に囲まれていて、まるで急流の中の巨岩のようである。車の窓からは、ビルの谷間に置き忘れられたような植物の緑が見え、都市の生態系が分断されていることに気づかされる。この都市の表面の大部分はコンクリートか鋼鉄で覆われているが、こうした環境が養いうる生物は、アマツバメやハヤブサのような岩場に暮らす鳥と、外気の影響を受ける表面に薄い膜状の生態系をつくりだす微小な生命体だけだ（バクテリア、地衣類、藻類。加えて、シミやトビムシのようなごく小さな生きものも、こうした2次元の生息地でなんとか暮らしを立てることが可能だ）。他の生命体のほとんどは都市表層の不浸透性の環境下で生息することはできない。かれらが生きていくには、いくらかの土壌（ソイル）が必要なのだ。「土壌」といっても、シダ（*Pteris multifida*）の胞子が空気に運ばれて発芽する、歩道の割れ目の土程度でも土壌と考えて差し支えない。あるいは、捨てられたスターフルーツの種が発芽して、根を張り、水分を蓄えはじめ、線虫やアリやコケなどの生息に適した小さな生態系の基礎をつくる排水口の縁も土壌だ。それは数ヤード四方程度の緑地だったり、道路沿いの並木、バルコニーに置かれた植木鉢、オファーロードの橋梁の支柱を這い上るツル植物やツタのやぶだったり、それに、現代のストーンヘンジのごとく靄のなかから巨軀を浮かびあがらせる、誇大妄想的な建造物マリーナベイイサンズリゾートの屋上庭園だったりもする。あるいは、カラン河畔公園のような小規模公園、またはブキティマ自然保護区やセントラルキャッチメント自然保護区のような熱帯雨林の名残など、比較的規模の大きい2，3の緑地もある。シンガポールの地図を一目見ると、断片化した熱帯雨林があちこち点在していることがわかる。広大な建物密集地の灰色と茶色の間に点々と、緑がまだら模様を描いているのだ。

島の環境的特異性

2世紀前、ジョホール王国のスルタン（イスラムの君主の称号）が英国に帝国商館の建設を許可したころにこの島を覆っていた熱帯雨林208平方マイル［約530平方キロメートル］のうち、現在残されているのは1平方マイル［約2・6平方キロメートル］にも満たない（ブキティマとセントラルキャッチメントに残る）。加えて、2次植生の緑地が8平方マイル［約20平方キロメートル］ほど存在している。地図で見たときにちょうど切手サイズくらいの緑地を構成する植生だ。剝き出しのコンクリートの上で一生を送る能力のない生きものには、都市の中で自己を養っていくために、こうした大小の緑の島が必要だろう。

しかし島には問題が一つある。島がより小さく、より孤立していれば、その分だけ養える命は少なくなるということだ。1960年代に、昆虫学者のエドワード O・ウィルソンと理論生態学者のロバート・マッカーサーは、よく知られているように、自ら「島嶼(とうしょ)生物地理」と名付けた、新しい生態学理論を作りあげた。次のようなものだ。一群の島を想像してみよう。これらの島は洋上にある本物の島でもよいが、断片化し孤立した生息地であれば何でもよい。それぞれの島に生息する種（たとえば、チョウ）の数を決める条件は2つある。島に到達することのできるチョウの種数、およびその島においてチョウの種が絶滅する速さである。島が小さければ小さいほど、そして本土から遠く離れていればいるほど、チョウは到達せず、したがって定着しない確率はそれだけ大きくなる。しかし1種類のチョウがそこに定着した場合、そのチョウの生存はやはり島の大きさにかかっている。大きな島なら、個体数をおそらく数千まで増やすことが可能だから、種の生存はかなり安定的である。ところが、小さな島では個体数20程度しか容れる余地がないかもしれない。となると、熱波や病気によって容易に全滅する可能性があろう。こうした効果がすべて組み合わさると、一組の数理的法則がうまれる。この法則によって、島に生息する生物種の数が――驚いたことに――予測可能であることを、ウィルソンとマッカーサーは発見したのである。およそ、島の規模が10倍になるごとに、見出される種の数は2倍になるのだ。この法則はチョウに当てはまるばかりでなく、甲虫やそれ以外の昆虫にも、小島にも当てはまるのである。

　アスファルトの海に緑の群島が浮かぶ大きな町や都市は、島嶼生物地理学者たちの楽園である。たとえば、英国のブラックネルの町では、生態学者たちが道路の環状交差路（ラウンドアバウト）の真ん中の狭い円形のみどりの中に生息するカメムシ科の昆虫（「ほんとうの」カメムシ、アリマキ、セミを含む昆虫の仲間で、植物にたかるものがほとんど）を研究した。タール舗装された道路の海に浮かぶこれらの島は、島嶼生物地理理論に正確に従っており、環状交差路の大きさ（面積は4千300平方フィート［約390平方メートル］から6万5千平方フィート［約5千850平方メートル］まで）とカメムシ科の昆虫の種数との相関性は完ぺきだった。

　中央部に緑地のある環状交差路を建設することは、都市に群島的な環境を創出する一つの方法である。しかし膨張する都市は、既に存在している森を切り刻むことでも島を創り出す。都市の生態系がかつてそこに生息していた生物種の一部しか含んでいないのは、これが原因である。2003年に『ネイチャー』に載った論文で、オーストラリアの生態学者バリー・ブルックは、シンガポールのリーコンチャン自然史博物館のナヴジョット・ソジーとピーター・イングとともに、19世紀初頭に都市化が始まって以来、シンガポールの動植物相に生じた事象を正確に列挙している。アルフレッド・ラッセル・ウォレスやスタンフォード・ラッフルズといったヴィクトリア朝時代の収集家や、シンガポールの自然協会(ネーチャーソサエティ)(1954年設立)のような学識者団体のおかげで、この都市の自然誌について多くのことをわたしたちは知っている。まさしく、シンガポールの自然のほとんどは歴史そのものだ。ブルック、ソジー、イングが明らかにしたように、過去200年にわたり、かつて途切れることなく続いていた雨林が伐採され、変容させられ、断片となるにつれ、一種、また一種と、この島から種が消えて行った。世界一の巨大なラン、タイガーオーキッドが最後に確認されたのは1900年ごろだったが、一方、トラそのものが島から永遠に姿を消したのは、最後の1匹が撃ち殺された1930年のことだった。ボウシゲラ(Great Slaty Woodpecker)は20世紀後半に姿を消した。今日では、動物や植物の種類によるが、原産種の35~90%が絶滅したか、あるいはシンガポール動物園とシンガポール植物園における厳しい管理下でのみ生存している。

都会の観察者たち

わたしたちはサステイナブルシンガポールギャラリーに車を止め、徒歩でマリーナバラージを横切って、向かい側のマリーナイーストパークに向かった。そこからは、最近刈られたばかりの芝生の中を曲がりくねるコンクリートの小道を進む。大型のトンボが何匹も芝の上をジグザグに飛びながら、夕暮れとともに集まり始めたブヨの群れを狙っている。オレンジ色のベストを着け、日除け帽を被った市の緑地管理担当職員が、非の打ちどころがないほど見事に刈られた芝生をスマホに記録すると、マウンテンバイクに跨り、去って行った。黒と黄の混じった大きなヤスデの、乾燥して折れた死骸が、自転車専用路上あちこちに転がっている。焼け付くコンクリートの横断に失敗した犠牲者たちだ。アノプロデスムス・サウススリィィ(*Anoplodesmus saussurii*)――これも外来種です、とソウ・ヤンがいう。

砂地の道を右手に行くと、海岸性の灌木が生えた細長い土地を抜けて、広大な埋め立て地にたどり着く。そこからは、数十艘もの船が沖に停泊しているのが見える。望遠鏡や双眼鏡を持ったバードウォッチャーたちが、沖に延びた砂嘴(さし)の先端に集まっている。「シンガポールのバードウォッチャーの数は約2千人です」とソウ・ヤンが言う。「チョウとトンボの研究家は200～300人。それに貝類を熱心にやっている人が少しいますが、十分ではありません」。ソウ・ヤンは双眼鏡を取り出した。「何を見ているのかな」とつぶやきながら、バードウォッチャーたちをじっと見つめている。「ほう！　イエガラスが1羽いて、それを見ているのですよ」。

最高級の用具を装備した12人の都会のバードウォッチャーたちが、そこにたまたま1羽だけいた都市に定着した侵入種を、観察しているのだ。プロ、アマチュアを問わず、生物学者も都市に生活するのが普通だ。図書館や、自然史博物学のコレクションや、ネイチャークラブがあるのも都市である。生物多様性への関心も知識も都市に集中しているから、都市は世界で最もよく研究されている生息地の1つであるが、これも多分驚くようなことではなかろう。わたしたちの仲間である生きものについて、感情が激しく燃え上がるのも都市においてである。次章では、イエガラスが都市自然研究の世界へと案内してくれるが、受難と悲劇的な死と政治的な動機による殺害の物語が語られる。心して読んでいただきたい。

Chapter 4
都市の自然愛好家（ナチュラリスト）

イエガラスに侵攻された都市はシンガポールだけではない。これまで人間は広範囲にわたり、熱帯地方にイエガラスを持ち込んできた――意図的に（名誉ある無給の「ごみ収集者」として、ないしは害虫の防除者として）、あるいは密航者として偶然に。シンガポール以外にも、東南アジアの多くの国々や、中東と東アフリカにも、現在、イエガラスは生息している。実を言うと、イエガラスはもはや非都市的な領域を生息地としておらず、姿が見られるのは、熱帯地域の町や都市に限られるのだ。生物哲学者（バイオフィロソファー）のトム・ヴァン・ドーレンが書いている。「この鳥に固有の『自然環境』があるとするなら、それはわたしたち人間である、と言ってもよかろう」

ところが、１９９４年のこと、重大事件が勃発した。北緯52度のロッテルダムの港に、雌雄ペアのイエガラスが突如現れたのだ。おそらく、エジプトから貨物船に乗ってやって来たようだ。驚いたことに、熱帯性のカラスたちは、オランダで最低気温マイナス20度を記録した１９９６年から１９９７年にかけての厳寒の冬を生き抜いたうえ、翌年には巣作りをし、ヒナを育てたのだ。それ以降、個体数は増加し、サッカー場周辺の木々に繁殖コロニーを形成した。かれらは、港に捨ててある船荷のロープから引き抜いてきた色とりどりのナイロン繊維で裏打ちした巣を作り、港付近の「さかな御殿（フィシュパレス）」という屋台から失敬してきたフィッシュアンドチップスの食べ残しをヒナたちに与えた。２０１３年までに、その数は約30羽に達し、バードウォッチャーたちは定期的に港までやって来て、この艶のあるカラスをかれらの「生きものリスト（ライフリスト）」に加えた。

通常は地球上で最も高温の地域で繁殖する鳥が、極方向に向かってそのニッチを突然にシフトできる仕組みについては、いまだに謎のままである。都市ヒートアイランドのおかげもおそらくあっただろうし、海に近い気候の穏やかさも味方したことだろう。しかしそれでも――まあ、この問題およびこれに類する謎については、また後ほど取り上げることにしよう。ここでは、まず、この興味深い鳥の集団の悲しい運命について検証したい。だれもが、かれらに対して、地元のナチュラリストたち同様の好感を抱いていたわけではなかったのだ。

カラスVSハンターVSナチュラリスト

先ずは、地元自治体が非好意的であったことは間違いない。定着した土地では必ず有害生物化するという評判に慄（おのの）いた市は、カラスたちを駆除せよと命じたのだ。ロッテルダムの野鳥愛好家たちの多くは、大いに狼狽したものだった。最初は、この鳥を法的な保護対象種リストに載せることにまんまと成功したので、それを根拠に、市の計画に対する動物福祉（アニマルウェルフェア）ＮＧＯによる異議申し立てが功を奏した。すると市当局は保護を無効にする法的手続きを取った。そして2014年、法廷の裁定が下った。市がプロのハンターを1人雇って、カラスの総殺処分を可能にする道が開かれたのだった。

しかし駆除することは「言うは易く、行うは難し」だった。ハンターの行く手にはフク・ファン・ホラントの住民たちが待ち構えていた。かれらは「イエガラスを救え」委員会を組織し、ハンターの鳥殺しの目論見に対して激しい抗議を行った。そのハンターが在来種のコクマルガラス（*Corvus monedula*）を誤って撃ってしまったことも（「奴ら、もうほんとに、まるでそっくりなもので」、と、かれはオランダの日刊紙*Algemeen Dagblad*に愚痴った）、もちろん、事態を好転させなかった。さらに、イエガラスは予想以上に賢かった。かれが最初の数羽を仕留めるうちに、他のカラスたちはたちまち用心深くなった。「わたしの車を見た途端に、警戒して鳴き始める奴らの声が聞こえるわけで。あの鳥ども、まったくもって利口な連中ですよ」。

そうこうするうち2年が過ぎ、事態は膠着状態に入ったようだった――カラスを出し抜こうと、ハンターが自分の車ではなくて妻の小型車で現場に乗りつけたり、正体を見破られまいとおかしな赤い帽子を被ったりした一方、カラスの方は、数を減らしつつあったものの、素早い回避的行動で死を免れていた。それでも、狩りを何度も繰り返し、空気銃を何発も撃った果てに、今や、ほとんどのカラスが殺され、ロッテルダム博物館に収蔵されている。だが噂では、まだ生き残りが数羽いるらしい。しかしながら、生き残りがいるにしても、その数と、正確な生存場所について信頼できる情報を入手するのはむずかしい。ナチュラリストたちが目撃した野生生物を記録しておけるオランダのウェブサイトwaarneming.nlは、再びハンターの思うつぼにはまらぬように、イエガラスについての情報をもはやまったく流していない。また生き残ったカラスの熱心なサポーターであるフェイスブックも同様に沈黙を守っている。そんなわけで、わたし自身が「さかな御殿」を訪ねる準備で、「イエガラスを救え」委員会のサビーネ・リートケルクに連絡をとった際に待ち受けていたのは、逃走者の居場所を尋ねる人が出くわすであろう種類の猜疑心だった。フェイスブック上での長いやり取りの甲斐あって、わたしの善意についても、またわたしがハンターたちの隠れ蓑ではないことも彼女に納得してもらうことができた。はじめは、いまだにフク・ファン・ホラントにカラスが暮らしていることを彼女は認めようとしなかったが、最後には、生き残っている数羽のカラスは、もはやさかな御殿をうろついてはおらず、抜け目なく、より安全な場所に移ったことを打ち明けた。「カラスたちは人々の間に身を潜ませています…ハンターたちが狙えませんから。運がよければ、ショッピングセンターで会えるかもしれません」とサビーネはわたしに言った。

そこで、ある夏の朝のこと、わたしはロッテルダムの港湾側郊外のイエガラスたちの居住地、フク・ファン・ホラントの商業中心地へと調査にでかけた。2〜3軒のカフェ、新聞販売店、激しく競い合う2軒のスーパーマーケット、そして1件の酒屋が、短く刈り込まれたニレの並木のある吹きさらしの広場を囲んでいた。双眼鏡を構えたわたしの目にまず入ってきたのは、コクマルガラスとセグロカモメだった。だが、2度目に広場を見回しているときだった。一羽の孤独な、紛れもないインドイエガラス（ほんの数週間前にシンガポールで見たカラスたちと完全に一致していた）が、重そうなショッピングバッグを提げた歩行者たちに紛れて、わたしのすぐ目の前の道路を横切って歩いていくではないか。いや、闊歩していたというべきだろう。悠々と地面を踏んでいく長い脚、優雅な、金属光を放つ黒い躰、銀色気味の灰褐色の冠毛、高い額、そして長い嘴。わたしは素早く盗み撮りすることに成功したが、直後、鳥は歩道に跳び乗り、羽音を響かせて一本のニレの枝の茂みの中へと飛び込んで、わたしの視界から消えた。その木は1軒のカフェのテラスのすぐ隣にあったので、私はテラスのテーブル席に座り、コーヒーを注文した。わたしのすぐ脇の木の葉のなかに隠れて、カラスは粗野な声と美しい金属的な声を交互に発しながら鳴いていた。撮った写真をフェイスブック経由でサビーネ・リートケルクに送ったところ、すぐに返事が来た。「見つけたわね。よかった。そう、その鳥はその場所にいることが多いの。とてもよく鳴くのよ。それに、美しいでしょう？」

都市で死んだ動物たち

数時間後、ロッテルダム博物館の収蔵庫で、わたしはボール紙製の標本箱をのぞき込んでいた。そこには、政府に雇われた射撃手の鉛の銃弾を受けた、26羽のロッテルダム産イエガラスが収められていた。はく製にされ、翼を広げられ、丁寧にラベルが付けられていた。おそらく、その同じ朝に、わたしが通りを横切っていくのを見たあのカラスの兄弟や親や叔父や叔母たちなのだろう。艶やかな黒い羽毛に包まれて並べられている鳥たちは、硬直し、ギャングの抗争後の現場に並べられた死体袋のように見える。「確かに美しい鳥です」と博物館長のキース・

メリケルは同意した。「もちろん、悲しい話です。フク・ファン・ホラントで起こっていることですが。政治的な理由で、カラスたちは殺されているのです。生態学的な理由からではありません。しかし当局を説得して、殺された鳥をわたしたちの博物館に収蔵できたことには、わたしたちは喜んでいます。さもなければ、かれらはただ殺すだけで済ませてしまったでしょうから。なんといっても、この種のヨーロッパ産個体群ではこれが唯一のものなのです。きわめて特別なものですし、素晴らしい研究材料です」。

イエガラスは、この博物館で増加しつつある都市博物標本のコレクションに加えられた最新の収蔵品なのだ。メリケルはわたしをキツネのはく製でいっぱいのスティール製の棚に案内した。はく製は虫害を防ぐために透明なプラスチックで包まれていた。10年ほど前から、キツネたちは周囲の田園から都市へと侵入を開始したが、交通事故犠牲者が出るたびに、見事な標本となって博物館の収蔵庫に収められるのだ。最近収蔵されたキツネからは、仕事熱心な学芸員たちによって、胃の内容物も採取され、保存された。それを見ると、1食5品のコースのなかに、田舎風味から都会風味へと、キツネの食事内容が推移したことがはっきりわかる。すなわち、野ばらの実、小さなウサギ、リンゴ、ドネル・ケバブ、そして濃厚シロップ漬けサクランボといった内容となっている。

博物館はこの都市から姿を消しつつある種にも、また特別な注意を払っている。例を挙げれば、キタリスはこの都市で最大の公園クラーリングセ・ボスにかつて生息していたが、1990年代に絶滅してしまった。メリケルは一匹のはく製のリスを持ち上げると、板の上に据え付けてある木の枝に不器用にピンで留めた。「2〜3年前に、老婦人がこれを持って来られたのです。通常は、こうした装飾用に作られたものはあまり歓迎しないのですが、ご婦人によれば、これは1966年にクラーリングセ・ボスで死んでいたリスだというのです。となると、これはキタリスの個体群がまだ健在だった時代の唯一の標本ということになります。ですので、まあ貴重なものといえますね」

階上の一般展示場には、都市の自然というテーマの展示がさらに奔放に展開されていた。あるショーケースの中には、都会のハクチョウとハトがペットボトルとスチロール樹脂と亀甲形の金網と輪ゴムを使って造った巣が展示されていた。これらの巣材は、地域によっては本物の木の枝よりずっと容易に手に入るものだ。別のショーケースには都心部で見つかった驚くほど多様な種類のガが展示されていた。植物標本の中には、通常は海岸の塩分を含む土地に育つが、凍結防止の塩撒きのおかげでこの都市の道路の路肩沿いに生育している野草や、南ヨーロッパの山地の岩棚を本来の生育地としながら、今ではヒートアイランド化したロッテルダムの石壁の間にも生い茂っている野草などがあった。

マックフルーリー・ハリネズミ

しかしながら、傑作は『物語：動物と死』なる展示だった。博物館の中央ホールに並んだショーケースに入れられていたのは、動物たちが都市を共通の棲み処とする人間と正面衝突したときの、特に印象深い事例として、入念に仕上げられた動物たちの標本だった。マックフルーリー・

ハリネズミは、マックフルーリー・アイスクリームのプラスチック製カップ上部の穴に頭を突っ込んだときに、死を迎えることになったハリネズミ（*Erinaceus europaeus*）のことで——そのときの情けない恰好のままではく製にされている。このハリネズミは、この人気のファーストフードデザートの犠牲となった多くのハリネズミの一例にすぎない。標本に添えられたカードには次のように書かれている。「食べ残しのアイスクリームを求めて、ハリネズミたちはカップの蓋の開口部に頭を突っ込むのだが、棘がつかえて、頭を引き抜くことができなくなる。飢え死にするか、眼が見えぬまま歩きまわり、水に落ちて、溺死するのである」。もう一つの名品ははく製のイエスズメで、黒のマーカーで「ドミノスズメ」と書かれたプラスチックのバター容器と並べて展示されている。2005年のこと、このスズメはあるホールにまんまと忍び込んだが、そこにはドミノデイと銘打ったテレビ番組の生中継のために400万のドミノ牌が並べられてあった。パニックに陥ったスズメが倒したドミノ牌が2万3千を超えるころまでには、事態を終息させるべしという決定がなされ、銃を持った一人の男（実は、現在イエガラスたちの敵になっているプロの射撃名人その人だった）がその栄誉をになった。ここでもまた、博物館が添えたカードの説明以上のものはないので、引用する。「このスズメの死は大騒動を引き起こした（続いて、この大騒動についての大騒動も）。……（中略）……真剣な働きかけを行った結果……（中略）……博物館はこの死んだスズメとスズメを保管していたバター容器を収蔵することができたのである」

この博物館はロッテルダムの動植物を収蔵しておくための中心的施設であるばかりではな

い。この都市の動植物相のどこか特定の部分に自分の熱意を注ぐことを望むすべてのロッテルダム市民にとっての拠点でもある。世界のあらゆる都市と同じで、こうした市民層の人口は急速に増加中だ。都市には、昆虫や植物標本を作ったり、あるいはスマートフォンに搭載されたカメラで蝶や植物や鳥を撮影して、その観察結果をObservadoやiNaturalistといったグローバルな「市民科学」インターネットプラットフォームに記録する、といった活動に情熱を注いだりする人々が大勢いる。その中には、あるいは都市域で危機状態にある生物多様性のためや、アイコン的な古木、または希少種などの保存のために闘っている活動家もいるかもしれない。ロッテルダムにはさまざまな自然愛好会(ネーチャークラブ)が存在する(中には、「イエガラスを救え」のような単一問題を扱うクラブもある)。そして、メリケルが言うには、この博物館のロッテルダム都市生態学部門は、熱心なアマチュアナチュラリストたちの一大ネットワークを維持しているのである。

「周辺」の喪失

こうしたマニアたちのなかには、初めはロッテルダムの王立オランダ自然史協会(KNNV)の地方支部の会員だった人もいる。協会の設立は1917年にさかのぼる。同様に、世界中の大都市に拠点をもつ自然協会(ネイチャーソサエティー)は20世紀前半、あるいはさらに古い時代に設立されている。パリ、ベルファスト、ボンベイ、そしてロンドンの自然史協会の設立年は、それぞれ1790年、1821年、1883年、そして1913年である――都市ナチュラリストは決して最近の現象ではないのだ。しかし、メリケルの前任者のイェッレ・ロイマーは、その著『ロッテルダムの野生生物』の中で、20世紀中ごろに世界中の自然愛好会に興味深い変化が起こったことを指摘している。これを説明するために、ロイマーは『マナハッタ』――すでに触れたエリック・サンダーソンのマナハッタ計画について書かれた本だ――の参考文献一覧を例にとる。そこには19世紀初めから今日にいたるニューヨークの動植物相のフィールドガイドが記載されている。20世紀半ば以前は、フィールドガイドのタイトルにほぼ例外なく「周辺（ヴィシニティ）」という語が使われていることにロイマーは気づいた。『ニューヨーク周辺の地衣類概観』（1823）、『ニューヨーク周辺地域のカエル及びヒキガエル』（1898）、『ニューヨーク周辺の植物』（1935）などである。しかし1950年代後半以降は、新しいガイドのタイトルから、こうした「近郊（エンバイロンズ）」を意味する表示は消えた。『ニューヨークの自然史』（1959）、『野生のニューヨーク：ニューヨークの野生生物、原野、そして自然現象』（1997）、『セントラルパークのトンボとイトトンボ』（2001）……。

これは過去数十年の間に何かが変わったことを明らかに示すものだ。境界を越えて野生の後背地へと探検に出ていくための、居心地のよいベースキャンプとして付随的に都市を利用するより、自分たちが住んでいる都市そのものがナチュラリストの主要な関心事となったのである。アマチュアナチュラリストに限らない。すでに1960年代、70年代に、ドイツのベルリン大学の植物学者ヘルベルト・スーコップを中心に、都市の生物多様性を研究するグループが形成され、盛んに活動していた。そのころは冷戦時代で、西ベルリンは、ほぼ入国不可能な共産主義国東ドイツにおける西側の飛び地的な都市だった。そのため、西ベルリンの生態学者たちは自分たちの限定された環境だけを研究対象とせざるを得なかった。それでもかれらは献身的に研究を行い、その結果、スーコップの学部は真面目な都市自然研究の発祥の地となったのだ。

他の都市もこれに倣った。メルボルンにはオーストラリア都市生態学研究センターがあり、シアトルは都市生態学研究所を有している――同研究所所長のマリーナ・アルベルティについては、本書の終わりあたりで紹介されるだろう。ワルシャワはマルタ・シュルキンの「都市自然の進化と生態研究所」を擁する。英語で書かれた最初の都市生態学の教科書は1970年代に英国とアメリカ合衆国で出版され、『都市ナチュラリスト』や『都市生態系』のような科学ジャーナルが刊行されてからすでに20年余りが経過した。都市生態学協会のような国際的な協会もあって、年次総会には世界中から都市生態学者たちが集まってくる。

そんなわけで、プロの生物学者たちは都市域の生息地にますます関心を集中させるようになりつつあり、都会のナチュラリスト向けの市民科学ウェブサイトがインターネット上に次々に出現中である。また世界の大都市はどこも、人々が地域の鳥や植物や昆虫を調べるのに役立つ本やチラシを刊行している。そして、地元の野生生物の質の高い写真を撮ってはクラウドソーシングを使って種の同定を行う人たちの数は、ますます増加している。さらには、都市の自然についての長編映画さえ作られている。たとえば、2015年の映画『アムステルダムの野生生物』はオランダ国内6か所の映画館で上映された。

市井の自然愛好家の貢献

こうした活動を通して、わたしたちは都市の生物多様性について次第に多くのことを学び始めている。時には、ナチュラリスト個人の禁欲的な献身が大きな成果を上げることもある。たとえば、昆虫研究家のデニス・オーウェンである。オーウェンは、１９７０年代に、英国レスター市内の自宅の庭に通称マレーズトラップという罠を仕掛け、7年にもわたって、根気強く採集を続けた。マレーズトラップは薄地のナイロン製テントのようなもので、昆虫が飛びむと逃れ出ることができない構造になっている。昆虫はこのテントの中を飛び回った挙句、哀れにも、天辺に据えらえたアルコール入りのビンに入り込んでしまうのである。この罠を使って、オーウェンはほぼ1万7千匹、計81種のハナアブを採集した（これは英国に生息することが知られているハナアブ全種の約4分の1に当たる）。罠に入ったヒメバチ科［寄生バチの仲間］のハチの総種数は驚いたことに５２９種にも上る。おまけに、オーウェンは自ら補虫網を振って、庭で見つけたチョウを採集し、なんと、1万８２８匹を同定した［チョウは、通常、マレーズトラップには入らない］。同定したチョウの種数は、合計21種だった。オーウェンは捕らえるたびにチョウを逃がしてやった。同じ個体を再度数えることがないように、捕らえたチョウには、その羽の1枚にいちいちペンで印を書き入れたのだった。

このような超人的献身はめったに実行されることではないので、多くの都市生物多様性の「調査（エクスペディション）」は共同事業である。１９７０年代、ロッテルダムの王立オランダ自然史協会は、都心部の鉄道3路線に挟まれた三角形の荒地に生息する昆虫と植物の全種を目録化した。1996年、ワシントンで開催されたイヴェントのタイトルとして「バイオブリッツ」という造語が初めて使われたが、以来、都市生態学分野ではお馴染みの用語となった。これは、公園をはじめとする比較的小規模の生息地において、プロ・アマ混合の科学者集団が、24時間限定で、大急ぎの生物多様性調査をするものである。アメリカ合衆国には、「都市自然チャレンジ」というイヴェントさえある。全国の大都市（2017年には16都市が参加）の市民科学者たちが1週間にわたる生物多様性調査競争において、勝ち負けを競う行事だ。さらに遊び心に溢れた発案もある。フランスの「アスファルトの美（ベルドゥビチューム）」という集団は、全国規模での「生態学的ストリートアート」を実行した。アマチュアの植物学者たちが都市の通りや歩道に生えている野生植物を同定し、当該の植物の脇に種名を、色とりどりのチョークを使った飾り文字で書き込むというものだ。

新種の発見を望むアマチュアが、フィールドに出ないままに、思いを遂げることすらある。デニス・オーウェンがマレーズトラップを使って自分の庭で捕獲した寄生バチのなかには、2種類の新種が含まれていた。1995年10月半ばのこと、福田（Mitsuhisa Fukuda）は、南日本の宇和島にある自宅の床下を穿ってパイプを通し、ポンプで吸い上げたところ、地下の泥水の中から眼が退化した2種の新種の水生甲虫を採取した。2007年にニュージーランド、ウェリントンで開催されたバイオブリッツでは、新種の珪藻が発見された。2014年、ブラジルの軟体動物専門家の2人がサンパウロ（世界最大の都市の1つ）の都心のど真ん中にあるごく小さな公園、ブーレ・マルクス公園に潜んでいた新種のカタツムリを発見した。そして、同じその年に、新種のカエル、アトランチック・コースト・レパードフロッグ（*Rana kauffeldi*）が、自由の女神像からほんのわずかな距離にあるニューヨークのメトロポリタン地区で発見された。

こうした一方で、一見豊かにみえる都市の生物多様性は、ほとんどの生物学者やナチュラリストが都市に居住しており、他所よりも、自分たちが研究生活を営む市街地において野生生物を記録することが多かった、という事実が引き起こす幻想にすぎないとはいえないか。529種類のヒメバチがレスター（近郊の田園地帯ではなく）で見つかったという事実は、結局、デニス・オーウェンの住所に由来するものだ。アムステルダムにはアムステルダムセ・ボスという公園があり、20世紀半ばには、甲虫の専門家A．C．ノネケンスが好んで遊び場としていたが、その結果、その公園に生息する甲虫として、約1千種（オランダの甲虫のうち約25％に当たる）が記載されることとなった。同様に、ブリュッセル市はベルギーに産する全植物種の約半数を誇る──おそらく、これもブリュッセルを拠点とする植物好きなベルギー人の大集団の活動のおかげだ。

とはいえ、これはまだ答えのほんの一部にすぎない。というのは、たとえ生態学者が、田園から都心への環境傾度に沿って方形の調査区を無作為に抽出する、いわゆる田園─都市縦断トランセクトを実行すると、都市部における生物多様性の下落幅は予想ほど大きくないのがふつうである。それどころか、特に植物と、場合によっては昆虫についても、ときに都市部が多様性の頂点となることさえあるのだ。

それでは、先述のナチュラリストたちの活動が明らかにしつつある生物多様性とは、どのようなものなのだろうか。わたしたちの都市において、わたしたちはどのような種類の植物群落や動物群集、菌類やバクテリア類と共存しているのだろうか。あきらかに外来種は多そうである。だが本来の生息地に類似した何かをたまたま都会のなかに見出した在来種もいる。さらに種によっては、都会のジャングルの片隅に忘れられたように残ったわずかな野生植生にしがみついたまま、命脈を保ち続けているものもある。となれば、都市において、一つの種が栄えるか滅びるかを決定する要因は、そもそも何なのか。続く2つの章では、何が都市への適応種をつくり出す——あるいは、壊す——のか、その要因を調べてみることにしよう。

Chapter 5

「都会ずれ」したものたち

それは、オランダ語のゴシックアルファベットで書かれた、463ページもある書物である。しかも、ライデンからグローニンゲンへ向かうインターシティー列車内での、不調なWi-Fiを通してアクセスに苦心しながら閲覧しているグーグルブックス［書籍の全文検索サービス］上での、質の悪いスキャンによるものだった。と、まあ、これは都市植物（アーバンプランツ）に初めて言及した文章をわたしが見つけそこなったことへの言い訳である。ベルリンを拠点とするヨーロッパの都市生態学の始祖ヘルベルト・スーコップによれば、ヨアキム・フレデリク・スコウの大著『一般植物地理学基礎』のどこかに、最初の都市植物についての記述が埋もれているはずなのだ。スーコップの言葉を信用して引用するが、スコウはこの膨大なテクストのどこかに、強調のために文字間のスペースを広くとって、次のように書いているという。「都市や町の近傍に生育する植物、例えば、*Onopordon Acanthium*［ゴロツキアザミ］や*Xanthium strumarium*［オナモミ］は、

Plantae Urbanae〔都市植物〕と呼ばれる。ほとんどの場合、これらの植物が都市や町の近郊に見出される理由は、外来種だからである」と。

都市部で生物多様性を高める要因とは

興味深いのは、200年前に植物学者たちが、外来種が都市の生物多様性に重要な貢献を果たしていることを、すでに認識し始めていたということである。今日外来植物を都市へと運び込んでいる主要な手段は、その当時には、まだ存在しなかった。ガーデンセンターもなかったし、小鳥の餌の植物の種が撒き散らされることもなく、国際的な農産物取引も行われていなかった。今日では、ペットの国際取引も行われれば、動物が飛行機や汽車、自動車に偶然に乗り込んで、長距離を移動することすらあるが、当時、そんなことが今日ほど頻繁に起こるわけはなかった。このような活動が非常に多くの外来種を都市へと運び込んでいるので、今日の都市の生物多様性は、世界中から集まった種の、スコウの時代よりはるかに進んだ折衷的混成状態であっても驚くには当たらない。ヨーロッパ及び北アメリカの都市では、野生植物の35～40％が外来種である。そして北京の都心部においては、その割合は53％にもなる。ときとして、社会経済的要因がこのような外来種の割合の決定に果たしている役割はあまりにも明白なのである。アリゾナ州フェニックスにおいて植物学者たちが行った調査では、フェニックス市内からその周辺部にわたって200を超える区画（30ヤード×30ヤード〔27メートル×27メートル〕）を無作為に設定し、区画ごとに植物の多様性を測定した。その結果、ある区画において植物の種類の多様性を決定するのは、その近所の住人たちの富裕度だということがわかった。住民たちが裕福であればあるほど、植物の多様性はそれだけ大きくなるのである。その効果（かれらはこれを「贅沢効果（ラグジャリーイフェクト）」と呼んだ）は、旅行と交易、そして手入れの行き届いた庭からの外来植物の絶え間ない逃避が、都心部における植物の豊かさの要因となっていることの明らかなしるしである。

都市（アーバン）ナチュラリストたちが頻繁に出くわす、都市の生物多様性の高さについては、少なくとも4通りの説明ができる。その第一は、先述の絶え間なく到着する異国の住人たちだ。二つめの説明としては、人々が好んで定住し、後に都市へと発展するような場所は、しばしば最初から生物学的に豊かな地域だったという事実である。地図帳を開いて、世界の大都市の在処を調べてみてわかるのは、こうした都市が、高原や砂漠などのような生物学的に貧しい地域には位置していないということである。それどころか、都市がある場所は、生物多様性のホットスポットが見つかるのとそっくり同じ場所なのだ。すなわち、河口域、氾濫原、肥沃な低地帯をはじめとする、人間も野生生物も等しく十分な食べ物を手に入れられ、多様なニッチが獲得可能な場所である。言い換えれば、都市が豊かな生物多様性を持つ第二の理由は、都市が建設される以前に、既にそこは豊かな場所だったということである。この豊かな多様性の幾分かは、都市が発展するにつれ、都市の中に埋もれるようにして残ったパッチ状の生息地にしがみついて、その後も存続してきたことだろう。既に見たように、シンガポールの野生動植物相の多くが、都市の発展を生き抜いた原生林の小さな切れ端のなかに生息しているのだ。

避難先としての都市

都市に生物学的豊かさをもたらす三つめの要因は、都市境界に隣接する地域において、良質の生息地が失われたことである。今日では、多くの都心域は、都市周辺の田園に比べれば、生態学的オアシスなのだ。かつてのオアシスは田園だった（畑に牧、生垣に灌木の茂み、小川に溜め池。これらが小さな土地に混在する、ロマンチックな雰囲気の場所だ）。そこでは、景域が変化に富んでいて、いたるところに多様な種が生息できる環境が用意されていたものだった。そんなわけで、19世紀のニューヨークを拠点とするナチュラリストたちは、ビッグアップルの周辺域へと乗り出していったのだ。このような田園の至福感と比べると、工場だらけで汚染された、都心のくたびれた荒地の生物多様性は決定的に貧しいものだった。ところが、今日では、形勢は逆転した。田園では、機械掘りの真っすぐな水路で分割された畑地や植林地は過度に手入れをされていて、——とりわけ、膨張する都市が耕作可能地を浸食しつつある状況のなかで——単位面積当たり収穫量を無理にでも最大化するような農法が行われている。こうした農地においては、生物多様性を育む余地など、ほとんど、あるいは全く残されていない。このような不毛な、幾何学的に分割されたランドスケープと比較すれば、裏庭、屋上庭園、古い石壁、草で覆われた排水路、そして都市公園などがないまぜになった、都心の乱雑な環境は多くの野生生物にとっての安息の地なのだ。

植物学者のジェーナ・ココロウシュコヴァとピョートル・ピュシェクは、チェコ共和国の都市プローゼンについて、この逆転現象を実証した。かれらは大量の古い刊行物や調査報告書を渉猟し、植物標本を調べて、過去１３０年に及ぶこの都市とその周辺部の植物相における変化を記録した。都市の内部においては、植物の種数が着実に増加するのが確認された。19世紀後半には４７８種だったものが、１９６０年代には５９５種、そして現在は７７３種といった次第である。これに対し、都市周辺の田園においては、逆の傾向が示された。各時代の種数は、１１１２から７６８、そして７４５へと減少した。なぜだろうか？　おそらくその理由は、20世紀になって、農業の集約化がますます進んだ結果、田園は植物にとって以前に比べ厳しい環境になったが、都市においては、全く逆のことが起こったのである。いくらか詩的な物言いを許していただけるなら、田園では罪を問われ非合法とされる雑草が、都市の城壁の内側に避難場所を見出したといってよいのではないか。

　都市においてほぼ文字通り避難権（サンクチュアリ）を享受している生きものは大型の脊椎動物である。シドニーのヤブツカツクリ、シカゴのコヨーテ、ロンドンのキツネ、ムンバイのヒョウ、そしてグジャラートのヌマワニなどがいる。世界中の都市で、大型の、そしてしばしば危険な鳥や哺乳動物や爬虫類の流入が目撃されている。もちろん、これらの動物はその大きさゆえによく目立つが、それは時に氷山の一角であって、その下には、眼には見えにくいものの何千もの変化が都市の生物多様性に生じているのである。ただ、こうした大型獣の場合、彼らにとって本来の生息地よりも都市のほうが居心地がよいのは、都市住民の示す姿勢が寛大だからである。

　コヨーテを例にとってみよう。１９８０年、『アメリカンミッドランドナチュラリスト』誌に、種族を裏切ってネブラスカ州リンカーン市の中心街で暮らしていた1匹のコヨーテに関する論文が発表された。それ以来、このイヌ科の獣たちはひっきりなしに都市への移住を続けているのである。オハイオ州立大学の都市動物学者スタンリー・ガートは、シカゴに生息するコヨーテ数百匹の耳にタグ付けし、マイクロチップを埋め込む作業を続けてきた。ガートによれば、現在、シカゴ市内には推定2，000匹を超えるコヨーテがいるという。またガートは、400匹のコヨーテに無線装置とGPS付きの首輪を装着させ、かれらが鉄路に沿ってうろつき回るのを追跡し、かれらが信号待ちをしたり、車庫の屋根の上で子育てしたりするのを観察した。うんざりするほど都会ずれしても、コヨーテたちが都市を離れないのは、都市生活から様々な恩恵を受けるからだ。主要な恩恵の一つは、都会では迫害されることがない、ということらしい。田園のコヨーテに比べて、都会のコヨーテが暴力的な死に遭遇する可能性は4分の1である。「わたしたちが現在目撃しているのは、幾世代にもわたって、人間からひどい迫害を受けた経験のない肉食獣たちです」。ガートは2012年、『ポピュラー サイエンス』誌に語った。「コヨーテたちは、50年前のかれらの祖先たちとは相当に異なる見方で、いま、都市を見ているのかもしれません。50年前なら、人間の姿を見たときには、かれらが撃ち殺される確率はかなり高かったのですから」。

「ここでも、同じだよ」とオーストラリアのヤブツカツクリ（*Alectura lathami*）が、地球の裏側から口を挟むかも知れない。過去数世紀にわたってオーストラリアの人たちは、奥地に出かけた折にこの「孵卵器鳥」（砂と木の葉を使って大きな塚を作り、その発酵熱で卵を孵化させる）を銃で仕留め、揚げて作ったスナックが大好物だった。しかし今日では、1970年代初めに狩猟禁止令が施行されたおかげで、このかつてのブッシュタッカー〔自然から採取される食べ物〕は華々しい復帰（カムバック）を果たした。戻ってきたのは田舎にばかりではない。とりわけ思いがけなかったのは、かれらが都市に現れたことだ。おそらく、奥地にくらべて、都市では禁止令がより尊重されるからだろう。ヤブツカツクリの専門家、グリフィス大学のダリル・ジョーンズによれば、過去20年で、ブリスベンにおける個体群の規模は7倍にもなり、シドニーは2番手に甘んじることになった。この大型の鳥が都会への指向を発達させるなどとは思いもよらぬことだった。というのも、この鳥の巣作りの習性を都市のなかで維持するのは不可能だと思われたからである。ところが、そんなことはなかった。鳥たちには、人の裏庭を掘り起こし、花壇をまるまる使って、最大4トンにもなる巣塚を造るだけのことだった（間違いなく、これこそ生態系土木技師だ）。オーストラリア放送協会がヤブツカツクリの被害を最小限にするために、国民に以下のような助言をしたのも驚くに当たらない。（1）貴重な植物の周囲には岩を配し、（2）大事な植物がない場所にあらかじめ堆肥を積んで塚を造り、鳥の関心をそちらに引き付けること。いやはやこれでは、花壇をすっかり植え直すのと変わらない労力がいる。

断片化する多様な環境

都市の生物多様性の豊かさを説明する四つ目にして最後の理由は、パッチ状に存在する生息地の多様性そのものである。考えてみるがよい。人間の目で都市を見るとき、そこに見えてくるものは商店街、駐車場、街路、ビジネス街、歩行者専用区域などだろう。しかし頭上高く翔けていくハヤブサ、大通りに沿って飛行していくハナアブ、あるいはパラシュート降下中のふわふわのトウワタの種子にとっては、都市とは岩棚、湿った窪み、帯状に生えた苔、そして地下を流れる川がつぎつぎと現れる万華鏡だ。このような生息地の小さなかけらの散らばりは、驚くほど変化に富んだ景域を形成しており、数多のニッチが相まって、ひどく断片化してはいるものの、豊かな生物多様性を支えている。

都会の庭園の限りない多様性を考えてみよう。タイルと小石を敷き詰め、外来植物を完ぺきに刈りこんだ無機質な庭……緑の垂直な壁……構うものとてない雑然としたな裏庭……フェンスで囲まれた芝生だけの庭……鉢植えのヤシや岩場に自生する植物を配した屋上庭園……家庭菜園……つるつるの岩の斜面と池がある湿生庭園……。この個人主義の時代には、庭の種類は庭師の数だけある。1999年、生態学者のケヴィン・ガストン（その後、エクセター大学に移った）が率いるシェフィールド大学の生物学者たちは、シェフィールド市内の庭園を対象に、複数年にわたる生態学研究プロジェクトを開始した。当初、プロジェクト名はBUGS: Biodiversity of Urban Gardens in Sheffield［シェフィールドにおける都市庭園の生物多様性。BUGSには虫の意味も］であった。

BUGSの面々がまず始めに手掛けたのは、電話による調査であった。市の電話帳から無作為に番号を選んでダイヤルし、電話に出た人には、所有している庭に関して一連の質問をする。もちろん、電話に出た人がみな協力的だったわけではない。調査チームが残した論文の一つには、次のような冷静な記述がある。「研究目的が相手に伝わる前に、通話が打ち切られる場合もあった」。インタビューした250人の自宅所有者からの情報に基づく推定によれば、人口50万のこの都市には17万5千の庭が存在し、その面積の総計は市の総面積の4分の1に相当するものだった。そしてこれらの庭には、2万5千の池、4万5千の巣箱、5万750の堆肥場、そして36,000本の樹木が存在した。言い換えれば、膨大な生態学資源が存在した。しかし都市の庭が地域の緑地の総面積に加えられることはまずほとんどない。かくしてBUGSのプロジェクトは、都市の庭が、生態学者チャールズ・エルトンが(1966年刊行の著書『動物社会の型』で)宣告したような生物学的砂漠であるどころか、野生生物で満ち溢れていることを証明したのだった。

BUGSプロジェクトに協力して、61名の市民たちがかなりひどいプライバシーの侵害を許容してくれた。自由な振舞いを許された生物学者の集団がフィールドワークをする様子を見たことのある者なら、これが何を意味するかはご存じのはず。一団はメジャーを取り出し、庭ごとにその正確な寸法をとり、地被植物(グランドカヴァー)の種類を調べ、その広がりを測り、即座に庭の図面を描いた。かれらは植物ガイドとノートを携えて動き回り、見出せる限りの樹木、灌木、草本をもれなく同定した。そのなかには鉢植えの植物も池の水中植物も含まれていた。こうした作業の一方で、かれらは昆虫が「坑道」を穿った葉の採集も行った。ある種のガやハエやその他の昆虫の幼虫によって掘られた曲がりくねったトンネルのことだ。坑道の多くにはそれなりの際だった特徴があるので、実際に昆虫の姿を見ずとも、専門家にはそれを掘った主の正体がわかるのである。

それぞれの庭の縁に沿って、かれらは「落とし穴式の罠（ピットファールトラップ）」を3つ仕掛けた。白いプラスチック製のコーヒーカップを地面に埋め込み、うっかり入り込んで抜け出せなくなった昆虫やその他の節足動物を捕らえることを目的としたものだ。確実に捕獲するために、一団はコーヒーカップをアルコールで満たした。普通は、毒性がもっと強いエチレングリコールなどを使うのだが、代わりにエタノールを使ったのは、かれらの報告書によれば、「子どもやペットの目にとまる危険性がある」からだ。その後、さらなる無脊椎動物を求めて、かれらは落ち葉混じりの土を何袋分も掘り出した。それでもまだ十分ではないとばかりに、飛翔する昆虫を捕らえるためにマレーズトラップ（前章で見たように、デニス・オーウェンがレスターの自宅で使ったのと同じ罠だ）まで仕掛けたのだ。都市の庭での焦土作戦にも等しいこの調査方法、にもかかわらずほとんどのお宅で、お茶とビスケットがかれらに振舞われた、と報告には書かれている。

これら61の庭から成る調査対象地において、かれらは1千166種の植物を見出した。植栽された庭から予想される通り、これらの種の大多数（70％）が外来種であった。しかし、それでも344種（これは英国の全植物相の4分の1に相当する）の在来種も確認されたのだった。かれらが見出した個体数3万ほどの無脊椎生物は約800種に分類された。決して馬鹿にできない数字ではあるが、オーウェンがたった一つの庭で見つけた種数に比較すれば、大きな数ではない。しかしそれよりも重要なことは、種の数そのものではなく、むしろ庭ごとに見られる変化のほうである。見つかった昆虫とクモの総種数の2分の1。1か所の庭だけで見られる種はこんなものだった。研究者たちは「種類数・面積曲線」を作ってみた。グラフは、リストに新たに庭が加わるごとに種類数が増加するパターンとなったが、曲線が安定平行状態になる兆しは見られなかった。言い換えれば、庭ごとに、動植物相はほぼ完全に異なるということだ。

これはたかだか61の庭の話だ。シェフィールド市内の庭の総数からすれば、視認できないほど小さな一部であり、さらに連合王国（the UK）全土の庭の総面積に比べれば、取るに足らない繊維の切れ端のようなものだ。全土に広がるあらゆるタイプの庭や空き地を総合した生物多様性を想像してみよう。さらにそのほかの忘れられたごく小さな生息地についても、同様な想像をしてみよう。顧みられることのない道路わきの排水溝、路肩の草地、苔むした屋根…など。

もちろん、都市は生きものに挑戦を強いる場所ではあるが、少なくとも、長い距離を移動した末にこのような小さく孤立した生息地で生存し続ける能力を有する動物や植物にとって、都市は驚くほど変化にとんだ、モザイク状の景域であり、非常に多くの種に微小生息地を提供しているのである。これに、すでに挙げた都市の生物学的豊かさの3要因（外来種、都市建設以前からの生物多様性のホットスポット、迫害からのサンクチュアリ）を加えてみるなら、前章の都市ナチュラリストたちが記載を進める種名のリストが非常に長くなる理由を、わたしたちは理解し始めるのである。

リストは非常に長い。しかしでたらめではない。どんな種類の動物や植物でも都市で生活が可能なわけではない。種の中には、都会ずれした生活にうまく適応できない性質を持つものがいる一方、この生活にうってつけの性質を持ったものもいる。そうした種固有の性質とその進化を描くことが、本書の神髄である。この神髄に少しだけ近づくために、まずは都市における「前適応（プリアダプテーション）」という興味深い現象に注目してみよう。

Chapter 6
生物は予め都市に対応している？

わたしの生まれ育った町ライデン市の中央駅の前を、わたしたちはゆっくりと歩いていた。オランダのほとんどの鉄道駅と同様に、駅前は自転車でいっぱいだ。駅中央口の左右に広がる2段式の屋外駐輪施設は自転車が満杯で、何千というクローム製のハンドルが朝日に輝き、まるで穏やかな内海のさざ波のようだ。わたしは金属製のスポーク、ばね、チューブ、フレーム、スプロケット、チェーンなどがもつれ合った様子を眺めることができるが、一緒にいるカリフォルニア大学デイヴィス校の高名な生物学者ヒーラト・ヴェルメイは見ることができない。3歳で失明して以来、指先、鋭敏な聴覚、そして強力な頭脳といった視覚以外の繊細な機能を駆使しながら、ヴェルメイは古生物学者、生態学者、進化生物学者、そしてベストセラー作家としてキャリアを積み上げてきたのだ。

ヴェルメイがそれでもわたしたちの前にある大量の自転車の存在を感知できるのは、駐輪場が、とても可愛らしいのにちっとも評価されない、ある都会の小鳥の生息地になっているおかげだ。イエスズメ（*Passer domesticus*）である。タイヤとタイヤの間の地面を跳ね回り、タイルの目地に溜まった砂で砂浴びをし、スポークの上に止まったかと思えば、サドルから後部の荷台へと軽やかに飛び移る。その間も、この灰褐色の小鳥の一座は、絶え間ない軽快な羽ばたき音と、チュンチュンというおしゃべりの声を発しているのである。ヴェルメイは微笑み、その見えない眼の目じりには、ほとばしるように、やさしい皺が現れた。「そうだ」ヴェルメイは口を開いた。「君の言うとおりだ。イエスズメはどこにだっているのさ」

前適応とはなにか？

わたしがヴェルメイをこの自転車ラックのスズメたちの群に会わせたのは、前適応（プリアダプテーション）の力について話題にしたかったからだ。

前適応とは進化生物学において、多少とも不可解で、物議をかもしている言葉だ。つまるところ、進化とは、自然の後知恵である。つまり、今日の適応は昨日の自然選択の結果として起こるもの。だから、将来の計画に備えた進化というものはあり得ず、したがって生きものを未知の事態に備えさせることは決してできない。にもかかわらず、どうしたら動物あるいは植物を「前適応」させることができるのだろうか？

あのスズメたちに話を戻そう。ライデンの駅前でスズメたちが占有している生息地は、この種が進化することで占有を目指した場所ではない。スズメは過去の進化の過程において、自転車収容棚に遭遇することは一度もなかった。にもかかわらず、ヴェルメイとわたしが、それぞれ耳と目で観察していると、スズメたちが自転車の間での生活に完璧に適応しているように思われるのだ。かれらの短い翼は、ペダルからサドルへといった、ごく短距離の飛行にはうってつけである。群れで小走りに走り回り、金属がもつれ合った混乱の中で、絶えず短くチュンチュンと鳴きながら、互いに連絡をとり続けている。かれらは群れで飛び立つ習性があるが、その後、ほんのわずかでも危険を察すると、自転車の間に入って群れを解き、散らばる。スズメたちが自転車置き場にこれほど適応して見えるのは、おそらく、かれらイエスズメの自然の生息地が棘のある高木や低木の茂みだからだろう。かれらにとっては、太さも、密集度も、傾き加減も、曲がり具合もさまざまな金属製の棒が林立するその広大な空間が、自分たちの故郷の茂みにそっくりなのである。

スズメたちの自然の棲み処を、わたしたちは実際に知っているわけではない。イエガラスと同様に、その生活が人間の居住地と非常に深く関わり合うようになったために、もはや野生状態では見られない鳥の仲間なのだ。人類出現以前のスズメの祖先たちは、おそらく、乾燥地域の低木植生が混じる野を生息地とし、群れをつくって茂みに営巣し、草の種子や昆虫を摂取し、地平上にハイタカ(sparrow hawk)の姿を認めると、その棘だらけの隠れ家へと逃げ込んでいた。やがて人間が現れ、農耕が始まると、生物種のなかには自然の生息地を捨て、人間のいる環境を選んだものたちがいたが、イエスズメもそうした種の1つであった。かれらは人が捨てた穀粒を啄み、人家や厩(うまや)の屋根に巣を営んだ。そしてついには、自転車置き場へと進出したのである。

言い換えれば、パッセル・ドメスティクス［イエスズメの種名］が都市種（アーバンスピーシーズ）となったのは、全くの偶然ではあるものの、人が都市のなかに創り出すニッチにかれらが適応するための準備のような生活様式に、すでにかれらが適応していたからなのだ。都市が提供する環境のなかには、都市以前の時代にある生物種が営んだ生活の局面のいくつかにたまたま類似した状況が見つかる。このような種が都市の新しいニッチに前適応しているわけである。真っ先に都市に移住してくるのはこのような種だ。

ライデン駅の様々な前適応

ライデン駅とその周辺には、イエスズメ以外にも、前適応した鳥たちが生息している。駅中央口の大時計の上に止まっている街（マチ）バト［ドバト］は、野生のカワラバト（*Columba livia*）の子孫である。カワラバトの原産地はヨーロッパと北アフリカで、自然の棲み処――ねぐらと営巣のため――は岩崖のある地域に限られる。崖などはおろか、モグラ塚の高さを越える隆起さえないオランダの低湿地は、どう見てもカワラバトの生息域に含まれることはなかった――人間が人工岩崖の建設を始めるまでの話ではあるが。カワラバトたちが翼を休めるのにうってつけの――たとえ鳥よけのプラスチック製の針を植え付けてみても、かれらを思いとどまらせるのは難しい――出っ張りや窓敷居のある、煉瓦やコンクリートの建物が造られたのだ。

同様に、甲高く鳴きながら上空を飛び交っている、煤色の、鎌のような翼のアマツバメ（Apus apus）たちも崖を棲み処にする野鳥の代表だ。かれらがライデンの街を己のものにできたのは、

1970年代に建った団地の錫製の樋の下の隙間や、17世紀の教会の屋根瓦の下、古い風車の煉瓦の間にできた空間といった、この岩場の鳥の巣作りに理想的な場所が用意されていたおかげである。明るい赤色の長い嘴をもった黒白のミヤコドリは、駅の背後に広がる芝生をわがもの顔で横切って歩いているが、本来は海岸の鳥で、浜に営巣し、丈夫な嘴を使って泥の中から二枚貝を引っ張り出す。ライデンにおいては、干潟に代わって芝生を、二枚貝に代わってミミズを、小石の浜に代わってライデン大学医療センターの平らな屋上を、かれらは手に入れたのだった。イエスズメ、カワラバト、アマツバメ、ミヤコドリ。これらの鳥は、それぞれが、何らかの形で都市での生活に前適応していたのだ。かれらは選ばれし者たちである。都市環境によって、利用可能な全鳥類相のなかから選抜されたのだ。

　ライデン中央駅周辺を飛び回っている鳥たちが前適応（プリアダプテッド）している（あるいは「適応傾向がある（プリディスポーズド）」、ヴェルメイはこっちを使う。進化が将来を考える、という誤解を防ぐためである）らしいと思われる理由はかなり明白だ。鳥たちの本来の生息地の性格と、都心部のそれとの関連性が容易に見て取れるからだ。同様に、わたしたちの家屋内に住み着いている小型の節足動物たちの多くは、もともと洞窟を棲み処とする種だった。かれらのなかには、わたしたちの祖先が穴居人の生活をやめ、家を建てて暮らすことにしたとき、その相棒として一緒に引っ越しをしたものもいたかもしれない。トコジラミ（ベッドバッグズ）（*Cimex lectularius*）に最も近い仲間が洞窟に棲むコウモリの寄生動物であるということは、そこがトコジラミの本来のニッチだったということを示唆する。ユウレイグモ（*Pholcus phalangioides*）は世界中の家屋に棲んでいるが、石材を使った、湿っぽい、閉鎖空間を好む。自然界では、洞窟や地下空間に生息する。わたしたちが煉瓦やコンクリートの殻（「家」）のなかに作り出す空洞は、このクモにとっては、自然界での地下の生育地に勝るとも劣らない棲み処なのだ。

しかし、前適応の中にはもう少し理解しにくいものもある。たとえば、交通車両による容赦のない「捕食」である。「わたしたちは車両の接近を音で聞いたり、眼で見たりすることができるが」とヴェルメイは言う。「鳥の事故死からわかるのは、鳥の中には車両の接近を感知できないものがあるということです。さらに、鳥は種類によって、窓ガラスに衝突するものとそうでないものとがあるが、なぜか。これは興味深い問題です。それに、カラスのようなある種の鳥は、世界中どこでも、都市や都市郊外で暮らすことが抜群に得意です。そして、コマツグミは北米では都市鳥なのに、同じ科の仲間には、他に都市鳥がいないのはなぜなのか」。

前適応の型を探す

こうしたあまり明白ではない前適応を理解する一つの方法は、複数の異なる都市にまたがって存在する共通の型（パターン）を探すことだ。たとえば、アウストラル・デ・チレ大学の生態学者、カルメン・パス・シルバとオルガ・バルボサが南チリの中規模都市において行った研究がそうだった。選ばれたのはテムコ、バルディビア、オソルノの3都市である。これらの都市（それぞれ人口1万から35万ほど）は、バルディビア雨林エコリージョンと呼ばれる、豊かな生物多様性をもつ地域にある。シルバとバルボサは同僚とともに、まずは、各都市とその周辺部を、地図上で

1枡が250×250ヤード［約228×228メートル］のメッシュ状に分割する。続いて、都市ごとに110の枡、近郊の田園からは50の枡（合計で480枡）をそれぞれ無作為に選ぶと、実際に現地に赴き、それぞれの格子内にいる鳥を調べた。かれらが行った調査は単純で、各エリアの中心部に地点を定め、午前中に6分間だけその場所に立って、目と耳で確認した鳥をすべて記録するというものだった。

この研究は2012年の繁殖期間中を通して行われたが、その結果、これら3都市内部に棲む鳥が、都市周辺の田園の鳥類相から無作為に抽出された鳥たちとは異なる、ということが明らかになった。どの都市でも似たような数種の鳥が優位を占めていた。チリツバメ（*Tachycineta meyeni*）とチマンゴカラカラ（*Milvago chimango*）、及び、すでにお馴染みの汎存種イエスズメとカワラバトといった種である。コマドリに似たムナフオタテドリ（*Scelorchilus rubecula*）はチリの田園地帯ではありきたりの鳥だが、町中には侵入しようとしない。アカメタイランチョウ（*Xolumis pyrope*）と美しいパタゴニアヤマシトド（*Phrygilus patagonicus*）も同様だった。それでも、多くの種についてはそれほど際立つ相違はなかった。かれらは都市の内部にも外部にも生息していて、その比率がわずかに異なるだけだった。

都市生活に向いている要因とは

都市への前適応の決定的な要因を突きとめるために、シルバとバルボサは、まず、鳥を種ごとに食性で分類した。摂取食物が腐肉、果実、種子、昆虫、花蜜のどれか、あるいは肉食か雑食かで分けたのだ。次に、かれらは鳥たちの自然の生育地を森林、開放地形、水域／湿地、あるいは、えり好みなし、に分類して、記録を取った。最後に、かれらは一連の統計学的実験を行い、生育地と食性それぞれについて、タイプ別に分類した鳥の中から無作為に選択した場合に、都市鳥の暮らしのあるべき姿がどうなるかを知ろうとした。この分析からわかったのは、都市鳥類相は無作為的に構成されたものでは全くないということだった。南チリの都市に棲む鳥にとっては、雑食ないし種子食で、生育地のえり好みが激しくないことが、明らかに有利なのだ。これは道理に適っている。前章で見たように、都市ではさまざまなタイプの生育地がモザイクを成している。したがって、都市域外において、変わりやすく、予測のつかない環境（たとえば、森のギャップや氾濫原のような動的で不安定な場所）に適応した種は、都市生活に十分に適応できる技術を身に着けているのだ。しかし、なぜ種子食いが有利なのか？　それは、そもそも人間が種子食いだからだ。わたしたちは食をほぼ穀物に依存しているから、わたしたちの食べ残しの多く（パンの外皮、鍋底から剝がされて捨てられた米粒、のみならず、食べかけのクラッカーやビスケットのかけらまで）が、種子と堅果を啄む鳥の食餌にぴったり合致するのだ。

そういうわけで、都市鳥には、岩質で複雑な構造の基質を好む種や、人間と共通の食の嗜好を持つ種、あるいは生育地に関して選り好みをしない種が含まれる。しかし都市鳥となるのに必要なものは、食と順応性だけではない。意思伝達を考えてみよう。ほとんどの鳥は鳴き声によって相互の意思伝達をはかる。交通、サイレン、警報、人の叫び声や動力工具などが入り混じった騒音は、鳴き声による意思伝達の阻害要素となるのではないか。その中で、いったいどうやってかれらは意思疎通を図るのか。シルバとバルボサの同僚で、コロラド大学のクリントン・フランシスは、どの鳥が人為的な騒音への対応能力に優れているのかを究明するための研究に取り掛かった。驚いたことに、この研究のためにかれが実験の準備を始めた場所は、大都会ではなかった。かれが赴いたのは、ニューメキシコ州北部の砂漠だったのだ。

ここ、砂漠の真ん中のラトルスネークキャニオンには、特に都市開発といえるほどの営みは皆無である。しかし人為的に生み出される騒音が存在する。この地域は、この国で最も高い生産性を誇る化石燃料採掘地の一つで、一帯には約2万もの油井とガス井が点在している。ガス井には騒々しい圧縮ポンプを備えたものがある。昼夜なくポンプを稼働させて、ガスを地中から吸い上げてはパイプへと送り込んでいるのである。ガス井には圧縮ポンプを必要としないものもあって、そこは至福の静けさである。そこで、この場所は騒音が鳥類に及ぼす影響を研究するための理想的な「自然の実験室」になる、ということにフランシスは気づいたのだった。ここには、都市と田園を比較するときに障害となるような問題がまったく存在しないのである。なんといっても、都市においては、騒音だけを研究対象にしようとしても無理である。騒音と同時に、これまで見てきたような、他のあらゆる変化が都市環境中には存在するからだ。だから、たとえば、モッキンバードが都市域外に比べ都市域内に見られることが少ない、ということが分かったとしても、その原因が騒音であるとはっきり言い切ることはできない。都市の生息地を特徴づける他の要素のどれかが原因となっている可能性もあるからである。しかし都市を離れた砂漠にあって、周囲をマツとビャクシンの森に囲まれ、背景に圧縮ポンプが酷く耳障りな唸り声を立てているところもあれば、いないところもある、といった環境は実験者にとっての夢の国だったのだ。

フランシス率いる一団が行った研究は、騒々しいガス井と静かなガス井を1セットずつ選んで、7分の間に目と耳を使って鳥を探すという点で、シルバとバルボサの行った研究と似たものであった。圧縮ポンプが騒がしい井戸では、かれらは石油会社の支配人を説得して、7分間だけポンプの電源を切ってもらった。そのままでは、騒音に邪魔されて、鳥の探知は困難だったろうからだ。研究結果ははっきりしていた。ナゲキバト（*Zenaida macroura*）のように、囀るときの声の調子が低い鳥は圧縮ポンプのある井戸付近にはいなかった。これらの鳥は、ポンプの音がとても騒がしいので、囀りが仲間に届かないがゆえに、この場所に寄り付かなくなったのだ。一方、声の高い鳥は棲む場所を気にしてはいないようだった。チャガシラヒメド（*Spizella passerina*）のようなソプラノで囀る鳥は、ガスポンプが発するバリトンをはるかに超えて伝わっていくのだ。鳥たちのなかには、ノドグロハチドリ（*Archilocus alexandri*）のように、圧縮ポンプの近くに好んで巣を掛けるものさえいた。近ければ、近いほどよいというわけである。フランシスは、このハチドリの捕食者であるウドハウスのスクラブジェイ（*Aphelacoma woodhouseii*）がこの騒音に耐えられないのが理由ではないか、と考えている。つまりハチドリにとっては、この騒音は身の安全を守ってくれるものなのだ。

さて、さて、驚くなかれ。都市の騒音もほぼ低周波なのだ。その都市において最も普通に見られる野鳥は、比較的高い声の持ち主のようなのである。騒音公害と鳥類のなかのマライア・

キャリーたちの前適応との関係を証明するために、なんと、砂漠での調査が必要だったのである。

そういうことで、前適応は都市生態系には決定的な意味を持つものだ。コンクリートや車、ゴミや汚れなどによって篩(ふるい)にかけられ、どの種が都市に踏みとどまることになるのかを決定するのが前適応なのだ。主な都市の動植物相は在来種と外来種から成るが、これらの種はどれも、都市の難しい環境に類似した環境のいくつかに、幸運にも、対処できるように進化してきたものたちなのである。

この本のはじめに紹介した好蟻性生物に、少しだけ話を戻そう。進化の結果アリの社会の中で生活するようになった生きものたちだ。かれらも昆虫をはじめとする無脊椎動物から無作為的に選ばれたわけではない。『マーミコロジカル・ニューズ』誌の論文で、カリフォルニア工科大学のジョー・パーカーは、すべての好蟻性生物の根底には前適応がある、と主張している。パーカーによれば、好蟻性生物の多くはエンマムシである。この甲虫は頑丈な前翅を持っていて、そのため装甲車のような姿をしているが、これがアリの攻撃からかれらを守るのだ。頑丈な前翅があったため、もっと小型の昆虫たちが失敗したアリの巣への侵入に、かれらは成功したのだ。同じく、多くの好蟻性生物がセラフィーネ属［ハネカクシの仲間］である。かれらは身体の内部を強化しているために、怒ったアリに大あごで噛まれ、締め付けられても、大した影響を受けないのだ。さらに、好蟻性生物には他にアレオカリーネ属［ハネカクシの仲間］がいる。かれらは腹部後部の腺から化学物質を分泌し、アリとの化学戦を戦うのに役立てている。

現在わたしたちの都市で起こっていることは、数百万年前に起こったこと、すなわち小さな土壌に棲む生きものが大胆にも最初のアリのコロニーへと侵入した事件に、おそらく似ているのである。アリの巣の中での厳しい試練に前適応していた生きものたちは、その後、進化によりさらに洗練され、円熟した好蟻性生物へと変わっていった。アリの社会における好蟻性生物の長い時間をかけた進化と比べて、人間の都市に前適応した動植物は、生活を開始したばかりだ。しかしだからといって、初期段階にあるかれらの都市指向がさらに進化し改善されることがないとは言えないのである。

II

都市という景域

これらの進行中の緩慢なる変化を、
わたしたちがこの目で見ることはない。
いくつもの地質学的時代の長大な時間を
経た後に、それは初めて確認されるのだ。

——チャールズ・ダーウィン、『種の起源』(1859)

わたしはそうは思わない。

——ホーミー・D・クラウン、
『ありのままで』(1990)［1990年代のTV番組］

Chapter 7 進化にかかる時間はどれくらい？

アルバート・ブリッジズ・ファーンは１８４１年に生まれた。英国の鱗翅目（チョウとガ）収集家の紳士録の一種である『アウレリアン・レガシー』の項目には、「多才なナチュラリスト」「勇敢で、精力的、騒々しいくらいに陽気な気質の男性」と説明されている。この本はかれを「スポーツマン」とも呼んでいるが、その時代にあってこの語は、かれが田舎道をジョギングしていたり村の若者たちとラグビーに興じていたりする様子がしばしば目撃されたことを意味するものではなかった。それはむしろ、22口径のライフルでコウモリを撃ち落したとか、ウォルシンガム卿の領地において30発の連射で30羽のシギを仕留めたという伝説的な偉業だとかに触れた言葉だ。ファーンは、明らかに、殺戮を好んだのだった。

しかしファーンが殺した生きもののほとんどはチョウとガであって、それをかれは、細心の注意を払いながら、針で留め、標本にし、ラベルを添え、同定し、分類整理した。１９２１年にファーンが亡くなった後に残された鱗翅類の標本は、多くの人が当時の英国における最も優れた個人コレクションと見なしたほどのものだった。残念なことだが、このコレクションは少しずつ競売にかけられた結果、あちこちに散らばってしまった。グロスタシャー大学のアダム・ハートによれば、現在、そのいくつかは、ロンドンの「自然史博物館の奥深いどこかに」存在する。確信があるわけでもないようだが、そのコレクションの中にファーンが1870年代にルイス近郊で採集したアヌレットガ（*Charissa obscurata*）の標本が含まれているにちがいない、とハートは考えている。

アヌレットは見栄えのしない種であり、ファーンが南ウェルズで採集した華やかなイリスコムラサキ（*Apatura iris*）といった一級品と比べると、見劣りがする。あるいは、針で留められ、何列にもわたって並べられているアカマダラ（*Araschnia levana*）に比べても冴えない。アカマダラは黒、橙、白の美しいチョウで、大陸ヨーロッパ産だが、1912年、ディーンの森に違法に持ち込まれた結果、ファーン一人の手によって全滅させられた。かれは、きれいであろうとなかろうと、外来種は一切認めないのだった。しかしその見た目の退屈さにもかかわらず、アヌレットはファーンに名声をもたらした。名声が訪れたのは1878年の130年後のことだったが。

ダーウィンが返事を書かなかった手紙

2009年のこと、科学コミュニケーション教授のハートは、授業の準備で、グロスター市立博物館絵画館をよく訪れていた。「教材用標本を探して、わたしは奥の部屋の収蔵品を調べていたのです」とハートは言う。そこでかれが偶然見つけたものは、１８７８年11月18日付の一枚の手紙の出力データ（プリントアウト）だった。手紙はファーンが書いたものだったが、プリントアウトがそこにあったのは、博物館にファーンがかつて所有していた、書き込みの跡のある本が一冊所蔵されていて、司書がファーンに関心をもったことがあったからだ。特にこの手紙が今も残っていて、過去には転写までされ、現在はデジタル化されているのは書き手のせいではない。チャールズ・ダーウィンという名宛人のせいである。

１８７８年、高齢のダーウィンは、すでにイングランドで最も有名な科学者の一人となっていた。『種の起源』が出版されて以来、新しい世代が成人に達しており、ミスター・エヴォリューションとして、かれの名声は確立されていた。世界中の研究者たちがダーウィンと文通し、ダーウィンは受け取った手紙についても、出した手紙についても、その管理には細心の注意を払った――社交上の理由からではなく、科学的な理由からだ。文通相手が伝えてくる情報はダーウィンの研究にとって非常に重要な意味があった。ケンブリッジ大学（ダーウィンの蔵書が大量に保管されている）で行われているダーウィン書簡プロジェクトの文書管理人の方々の説明からは、その様子がまるで目に浮かぶようだ。「ダーウィンは研究対象が変わるたびに、何度も何度も同じ手紙を読み返しました。鉛筆の色をかえて、手紙に書き込みをし、切り刻んだのです。そうした断片に適切な注を付したうえでファイルするため、あるいは自分の実験帳に貼り付けるためです。手紙は標本のように解剖され、そこからあらゆる有用な情報片が吸い取られ、その後、かれの出版物のなかで生まれ変わったのです」。

わたしたちが知る限り、アルバート・ファーンがダーウィンに手紙を出したのは一度きりだった。その手紙はダーウィンの蔵書中に残っており、ダーウィン書簡プロジェクトがしかるべくこれを転写し、そのテクストをオンラインに載せた。ハートが見つけたのはこのテクストのプリントアウトだった。それは短い手紙にすぎないし、ダーウィンはこの手紙に手を加えもしなかったし、返信もしなかったようなのである。ファーンは書いている。

「拝啓、

これからわたしがお伝えしようとすることに、あなたが興味をもってくださるかもしれないと考えましたことを、このような手紙であなたを煩わせる言い訳としなくてはなりません。英国に産する全鱗翅目中、おそらく地域による変異が最も著しい種はアヌレットでありましょう。この種はニューフォレストの泥炭の上ではほぼ黒色、石灰岩の上では灰色、ルイス付近の白亜ではほぼ白色、粘土と、ヘレフォードの赤土の上では褐色といった具合に色の変化が見られます。

こうした変異は「適者生存」を示すものでしょうか。わたしはそう考えております。ニューフォレストの白亜の傾斜面において、他のどれと比べてもより黒ずんだ色をした標本を得たときには驚き、以来、この謎を解こうと考えてきました。これはひょっとして適者生存なのではないかと。

この暗い色の標本との関連で見ると、興味深い事実があります。このガを産する白亜の傾斜面は、過去25年間、麓の石灰窯から立ち上がる大量の黒煙に曝されてきたのです。牧草は大いに茂ってはいるものの、そのお陰で黒ずんでいます。

また、人づてに聞いたことですが、ルイスでは非常に明るい色のアヌレットは、以前と比べてずっと稀にしか見かけなくなったとか。またここでも、数年前から、石灰窯が稼働しているということです。

あなたにお伝えしたい事実は以上です。

敬具

A.B.ファーン

「それがちょっとしたワレ発見セリ（ユリイカ）的瞬間だったことをわたしは認めないわけにはいきません」とハートは言う。「この書簡は長い間無造作に放置されていました。その重要性に気づいたものはだれもいなかったのでした」。その重要性は、2010年刊の『カレント バイオロジー』誌に載った進化生物学論文でハートが指摘しているように、もちろん、ファーンの観察が、現在進行中の自然選択を初めて記録したものだった可能性があるということである。その手紙でファーンは、明るい色のアヌレットは、本来、白っぽい石灰岩にうまく溶け込んでいたが、いまや煤で黒ずんだ岩を背景にした無防備な餌食と化し、野鳥などの捕食者にさかんに襲われているのではないかと示唆していた。一方で、黒っぽい翅を持った突然変異種が出現し、白っぽい祖先ほどは目立たないために、「自然選択」されていったというわけである。ファーンが正しければ、これは進行中の進化の初めての観察例ということになろう。ファーンが正しく予測したように、ダーウィンは感激してもよかったはずなのだ。とすれば、どうしてダーウィンはファーンの手紙を無視したのだろうか。

ファーンの手紙が読まれなかった理由

もちろん、1878年11月8日その日、ダーウィンがたまたま手紙を読む気になれない状態だった可能性はある。大切なランの手入れをしていたかもしれないし、孫たちとの遊びに興じていたかもしれないし、あるいはいつもの全身倦怠感の発作に襲われて臥せっていたかもしれない。しかし、もちろん、わたしたちは返信しなかったダーウィンの姿勢にもっと深い意味を見たいと考える。それが何かを意味するとすれば、ダーウィンは自らが発見した自然選択の力を見くびっていたのではないか、そしてその働きが数年や数十年といった期間で観察できるとはかれには想像し難いことだったのではないか、というのがわたしの推測である。なんといっても、『種の起源』の第4章にダーウィンは書いているのだ。「これらの進行中の緩慢なる変化を、わたしたちがこの目で見ることはない。いくつもの地質学的時代の長大な時間を経た後に、それは初めて確認されるのだ」。

この偉大な書物の少し前のページで、一歩一歩ゆったりとした揺ぎない足取りで、ダーウィンはかれの理論の四つの基礎を列挙していた。一つ——変異が存在する。すなわち、多くの点で（時にはほとんど気がつかないほど微妙に）、それぞれの個体は他の個体と異なる。二つ――この変異は遺伝的である。すなわち、子孫は親に似る。三つ――余剰が存在する。すなわち、子孫のほとんどは生き残らない。四つ――選択が存在する。すなわち、生き残りは無作為的ではなく、棲んでいる世界に最も適応したものが選ばれる。ダーウィンの考えでは――その後、ダーウィンの洞察の重要性を十分に理解した人の考えでも――自然選択は自然法則である。ダーウィンが書いたように、「自然選択は絶えず、世界のここかしこで、あらゆる変異を――どれほど微かなものであろうと――やかましく吟味しつづけているのだ。悪いものは拒絶し、すべて良いものは保存し、加算していく」。

しかしながら、「絶えず」とは言いつつも、ダーウィンは自然選択がリアルタイムで観察できると実際に信じているわけではなかった。おそらく、その理由は、自然選択が進化を生じさせるのにかかる時間を正確に計算するだけの数学的手腕がダーウィンには欠けていたからかもしれない。初めてそんな計算が行われたのは1920年代のことで、J．B．S．ホールデンやロナルド・フィッシャーのような数理生物学者によってだった。ダーウィンの理論を代数方程式で表すことで、ダーウィンの悲観論は十分な根拠があるものかどうかの検証が可能になったのだ。

検証の結果、ダーウィンの悲観論に根拠はなかった。ダーウィンの誤りは、おそらく、かれが自然選択は直線的な過程であると想像したことだった。ダーウィンはひそかに次のように考えたかもしれない。10万匹の淡い色の翅をもつガの個体群を想像してみよう。そこに、ほんのわずかな優位性をもった、1匹の翅の黒い突然変異体が出現する。その優位性はほとんど感知不能なもので、たとえば1パーセントであったとしよう。ということは、生まれ、生き残り、繁殖する黒い翅のガ100匹に対し、白い色のガの場合はその数は99匹ということになるだろう。それほど小さな差異である。そこで、その10万匹の白い翅のガに黒い突然変異個体が1匹だけ混じった個体群が進化して、白が完全に消滅し、完全に黒い翅の個体群に変わるまでに、どれほどの時間がかかるだろうか。永遠？　いや、違う。200〜300世代しかかからないのだ。

その理由は、自然選択が直線的な過程ではないからだ。初期段階では、翅の黒いガはまだ稀な存在であり、1匹、1匹と、きわめてゆっくりとした速度で増えていく。しかし、黒い翅が現れる頻度が3％に上がると、進行速度は上昇する。なぜならば、これら数千匹の黒い翅のガはみなが同じ優位性を有していて、交尾によって子孫を遺伝子プール［互いに繁殖可能な個体からなる集団が持つ遺伝子の総体］に残していくので、この個体群の遺伝子プールは日ごとに黒の割合を増やしていくことになるからである。

オンラインでシミュレーションを行えば、自分自身でこれを確認することができる。たとえば、ラドフォード大学のウェブサイトでは、個体群の規模、突然変異体の優位性（いわゆる選択係数）、その突然変異体の初期出現頻度を入力すると、仮想の個体数が見事なS字形のカーブを描きながら増加する様子を見ることができる。設定をいろいろ変えて遊んでいるうちに分かるが、ガの個体群の大きさが1万であろうと、10万であろうと、たとえ100万であろうと、大した違いはないのである。どの場合でも、優位性が１％であるにもかかわらず、黒い翅の個体群に進化するまでに、１千世代とはかからないのだ。選択係数を５％にすると、進化が起こるまでたった２００世代である。ガの種類によっては、２００世代は１００年未満である。ということは、少なくとも理論上は、優位性のあまり強くない自然選択でさえも、長大な時間の経過を待たずに、劇的な結果をもたらす可能性があるのだ。

どうやら、ダーウィンは進化がこのような敏捷な反応を示すものだとは思っていなかったようだ。しかしながら……。『種の起源』の初版から第4版においてダーウィンは、「わたしの信じるところでは、自然選択の働きは常（オールウェイズ）に非常にゆっくりとしたものである」と強調して書いていた。だが初版刊行10年後に出版された第5版においては、「常（オールウェイズ）に」を「一般に（ジェネラリー）」に変更している。ということは、自然選択がたいそう緩慢な過程であるという考えに、ダーウィンはついに疑問を持ち始めていたのかもしれない。それはともあれ、ダーウィンはファーンの情報に気づきそこねたために、好機を逃してしまった。その結果、「工業暗化（インダストリアルメラニズム）」という超高速の進化を明らかにするのは次世代が果たすべき仕事となったのだ。その時、研究対象となったのはアヌレットではなく、ビストン・ベツラーリア（*Biston betularia*）［オオシモフリエダシャク］というガであった。一般的に「シモフリガ」と呼ばれるこのガは、文字通り都市での生物進化の典型的な例として教科書に載ることが多いから、みなさんも学生時代に習ったことがあるのではなかろうか。しかしこのガについては、後日談として、紆余曲折あったので、わたしがあえて語りなおすのをお許しいただきたいと考える。

Chapter 8 生物学で最も有名なガ

わたしたちは都市の急速な成長を今日的な現象と考えるかもしれないが、1770年から1850年にかけてのマンチェスター市の爆発的な成長ぶりは、21世紀のどんな巨大都市も敵わないほどだった。2万4千の人口が35万へと膨張したのだ。石炭を動力に使ったこの都市の織物産業は、都市周辺の田園地帯から労働者を吸収する一方、田園に向けて汚染物質を吐き出した。膨大な量の煤、硫黄、窒素ガスが工場の煙突から渦巻くように吐き出され、空を黒く染め、陽光を遮り、風のない日にはあたり一面を濃密な霧が覆うので、人々は通りを挟んだ向いの住民の顔すらわからないほどだった。煤の粒子が常に霧となって漂い、あらゆるものに付着した。家屋も歩道も、都市周辺の田園地帯の樹木をも汚したのである。

1819年の秋の日を想像してほしい。マンチェスターから少し外れたある森では、きっと次のような出来事が生じたに違いない。シモフリガの幼虫のイモムシが1匹、煤で黒くなったカバノキの幹をゆっくりと下っていく。蛹になるために地面を目指しているのだ。まさにシャクトリムシらしく、真の脚［胸脚］（身体の前部にある）で樹皮をつかみ、次に、湿っぽくて柔らかな偽の脚［尾脚］（長い杖のような身体の後端にある）を真の脚［胸脚］の位置まで引き上げ、身体が丸まってオメガΩの形になる。さらに、偽の脚だけで樹皮にしがみつきながら、幼虫は真の脚を幹から離して前方に身体を延ばし、また身体をΩにし、胸脚を離し、摑み、身体をΩに……倦むことなく、ついに木の根元に達するまでこの運動を続けるのだ。

イモムシに生じた歴史的瞬間

イモムシはその定義上未成熟体であるが、その体内にはすでに精巣が形成されており、盛んに精子細胞を生産しながら、いずれやって来るその時の準備をしているのだ。蛹化の後に来るその時、この生きものは変態し、白地に黒い細かい点を散らした翅が特徴的な、性的に活発な成虫のシモフリガへと変わるわけである。あるいは少なくとも、これがこのイモムシの親のみならず、ブリテン島に生息するすべてのシモフリガのその日までの姿だった。しかし、われらのイモムシがついに木の下の草で覆われた地面に一歩を印したその時、かれの生殖細胞の一つに奇妙なことが起こったのだ。それはシモフリガの進化の方向を変えることになる出来事だった。細胞の機構が相同染色体を分離し、まとめ上げ、精子細胞のもとを作っている間に、染色体の1つからDNAの断片が遊離した。いわゆるトランスポゾン、染色体から自らを切り離し、別の染色体に自らを挿入することができる、「跳ねる遺伝子」で、いわば遺伝子のカット&ペーストだ。そしてそれこそは、この幼虫のトランスポゾンが実行したことだった。草の根元に頭を突っ込んでかき分けながら懸命に進んで行くイモムシには全く知られることのないまま、トランスポゾンを移動させる酵素（トランスポザーゼ）が、2万2千文字分の長さの小さなDNA片（トランスポゾン）を本来の位置から切り離し、ガの翅の色を制御するcortexとよばれる遺伝子の真ん中に挿入して、本来の機能の発現を阻止したのである。

イモムシが地面に穴を掘って潜り込み、変態し蛹となって、冬眠に入り、ついに羽化して1匹のガとなる間、突然変異を起こした精子細胞は静かに、その時が来るのを待っている。それは、膨大な数の他の正常な精子細胞の群とともに、ガの精子束の1つを形成し、オスが交尾に成功すると、射精に伴ってメスのシモフリガの体内へと入る。そして、全くの運まかせで、メスの卵の1つを受精させることになる。受精卵はやがて孵化して若いイモムシになるが、この虫の細胞は全て突然変異したcortex遺伝子のコピーを含んでいる。この突然変異体は、その夏いっぱいを、兄弟たちとともにカバの木の葉をむしゃむしゃと食べつづけ、ついにその時が再びやって来ると、地面を掘って潜り込み、蛹化する。

しかし蛹が草の根の下に静かに横たわっていたとき、その休眠中の虫の外見からはわからないが、内部では1つの革命が進行していたのである。この蛹の発達中の翅は赤茶色の殻にまだ被われていたが、その翅の中で、cortex遺伝子にくさびのごとく打ち込まれたトランスポゾンは、あの繊細な白黒の斑点を散らした模様を生み出す仕組みを阻害することになったはずだ。羽化したガが姿を現し、カバの木をよじ登り、一本の枝にしがみついたとき、伸びて、固まってきた翅は白黒ではなく、無煙炭のように真っ黒であることが判明した。ガがとまっていたのと同じ枝に付着していた煤の色合いに似ていないこともなかった。

この黒い翅のビストン・ベツラーリアは生き残り、繁殖した。このガが残した黒い翅の子孫の小集団は、ゆっくりと数を増やしていった。19世紀初頭には、数匹の黒いガがマンチェスター市民昆虫学者の目に留まったが、初めて採集され科学文献に記載されたのは、1848年にマンチェスター在住のガの収集家R.S.エドレストンが捕獲し、標本にした個体だった。事態はこの時からエスカレートしていく。黒いガが急速に殖えはじめたのだ。1860年代にはマンチェスターのいくつかの地域で、黒い変異体のほうが白い個体よりも普通に見られるようになりつつあった。黒化遺伝子は、マンチェスターという繁殖拠点からイングランドの他地域にも浸透していった。1870年代には、マンチェスターの南40マイルほどのスタフォードシャと北東のヨークシャでも、黒いガが確認されている。19世紀末期までには、南部の一部田園地帯を除いて、ブリテン島に生息するビストン・ベツラーリア個体群の多くが、翅を白くする本来の遺伝子をほぼ失っていた。この変異が大陸ヨーロッパと北アメリカに広がるまで、さほどの時間はかからなかった。

「工業暗化」の発見

蛾の専門家たちは戸惑い、昆虫学の専門誌では議論が沸騰した。要因について、湿度と食餌の変化から、産卵の際に「周辺の事物がメスのガに与える強力な印象」まで、幾多の憶測が語られた(遺伝子とその働きについてまだ明らかにされていない時代である)。しかし、1896年に刊行された著作『イギリスの蛾』の中で、現在わたしたちが工業暗化と呼ぶ概念を公にしたのは、ヴィクトリア朝の高名な鱗翅類学者のJ．W．タットだった。

この現象が生じる所以をわたしたちは理解できるでしょうか、考えてみましょう。……（中略）……ブリテン島南部の森では木の幹は白っぽいので、ガには捕食を逃れる十分な可能性があります。しかし、白い翅のシモフリガを黒い木の幹に止まらせたら、どうなるでしょうか？　そうです、大変に目立つことになりますから、最初にこれを見つけた野鳥の餌食となるでしょう。しかし、シモフリガのなかには他より黒い体色を持つものがいることから、次のように理解することは容易でしょう。すなわち、ガの色が黒ければ黒いほど、木の幹の色にそれだけ近くなりますから、ガを発見するのはそれだけ困難になるというわけです。この通り、これが現実です。体色の薄いガほど鳥に捕食され、体色の濃いものは逃れるのです。

「この通り、これが現実です」。今日では、ほとんどの進化生物学者がタットの明示的な（そしてアルバート・ファーンの暗示的な）工業暗化についての説明に同意を示すだろう。酸性雨で樹皮に着いた地衣類が滅び、剝き出しになった木肌に煤が付着して黒くなったため、シモフリガやアヌレット、その他の昆虫の体色のまだら模様は、擬態としての効果を失ったのだ。体色のより暗い、新たな、すなわち現存の変異種が、それ以前なら地歩を築くことはなかったであろう、今や、背景の暗転によって天敵に発見されにくくなったわけである。そして、自然の選択によって仕上げが行われたのだ。

しかしこのように説明される過程が一般に受け入れられるまでには、ビストン・ベツラーリアの翅のまだら模様に匹敵するほどの複雑な歴史があった。尊敬される鱗翅目研究家の意見は尊重されはしても、それだけでは十分でなかったのだ。タットの整然とした説明が現に進行中の進化を示す初めてのケースとして承認されるためには、証拠による証明が必要だったのだ。

シモフリガの暗化解明史

シモフリガの進化問題に最初に挑戦したのは、数理生物学者のJ．B．S．ホールデンだった。１９２４年、かれは黒いガがマンチェスターを乗っ取るまでにかかった時間（50年）を使って、選択〔淘汰〕係数、すなわち黒いガに比べたときの白いガの相対的不利を計算した。その結果、ホールデンが出した値は約50％であり、それは、鳥の攻撃を生き延びて産卵に至るガの数の比率は、白2匹に対し黒3匹であることを意味する。当時、ホールデンの同僚の多くは、自然選択がそれほどまでに強くなる可能性が示唆されたことに戸惑った。そのうえ、擬態と野鳥とを関係づけるための根拠が希薄だった。野鳥がシモフリガを捕食しているところが目撃されたことはそれまで一度もなかったのだ。論争を先に進めるのにはさらに30年を要した。

小鳥がシモフリガを捕食するところを目撃した最初の人物は、ヘイゼル・ケトルウェルである。１９５３年7月1日のことだった。バーミンガムの工場群の煙を浴びる小さな林地、カドベリー野鳥保護区で、ヘイゼルは、双眼鏡を通して、木の幹にとまった1匹のシモフリガをじっと見つめていた。と、突然、一羽のヨーロッパカヤクグリがシダの藪から飛び立ち、木の幹のシモフリガをつかみ取ると、再び視界から消え去ったのだ。

これは重要な出来事だった。初めて、決定的な意味を持つ観察――鳥は木に止まっているシモフリガをほんとうに捕食するという――がなされたという理由からばかりではない。これが、進化生物学上で最も有名な実験の一つが行われている最中に起こったからでもあった。ヘイゼルは、医師であり独学で動物学者となったバーナード・ケトルウェルの妻であった。バーナードはそのころオクスフォード大学の依頼を受けて、自然選択と工業暗化についての研究実験を行っていたのだ。それは偶然の人選ではなかった。博学で、精力的で、熟練した学者であるバーナードは、オクスフォードの非公式な「生態遺伝学派」の創設者であったE．B．（〝ヘンリー〟）フォードと長年の友人でもあったのだ。何年もの努力の後に、フォードは、南アフリカに隠遁していたバーナードを誘い出すのに十分な資金をようやく手に入れることができたのだった。シモフリガ・パズルの欠けたピース（野鳥がシモフリガを捕食するのは本当か。背景により調和したガの補食数のほうが少ないのは本当か。そして、その差異は、本当に翅色の進化の推進力となり得るほどに大きなものなのか）を見つけ出せる人物がいるとすれば、それはバーナード・ケトルウェルだ、とフォードは確信していたのである。

そんなわけで、バーナード・ケトルウェルとその一家は１９５２年のほとんどを、オクスフォード大学所有の森、ワイタムウッズで、トレイラーを居所として過ごした。その森で、かれらは約３千匹のシモフリガの幼虫を集め、飼育した。蛹化するまで、注意深く餌を与え、冬のあいだ中、休眠中の蛹の世話をした。翌年6月、蛹が羽化する直前、注意深くガーゼに包んだ蛹をクライスラー・プリマスの後部に乗せて、ケトルウェルはカドベリー野鳥保護区に赴いた。

ケトルウェルがカドベリー野鳥保護区を選んだ理由は、そこがバーミンガムにほど近く、産業が排出する煤をたっぷり浴びる位置にあったからである。野外実験室をトレイラーの中に設えると、ヘイゼルを助手に、バーナードは11日間途切れることなく、毎日24時間働き続けた。蛹から羽化するたびに、かれらはガの翅に個体識別のマーキングを施し、木々の枝に止まらせ、夜になると、2種類のトラップを仕掛けた。罠は水銀灯、および性的に成熟したメスのガを入れたガーゼ製の吹き流し(スリーブ)で、双方ともガを誘引する罠として効果は実証済みであった(もちろん、後者が効果を発揮するのは雄のガに対してのみである)。ケトルウェルは以下のような予測を立てていた。この11日間に、鳥によってより多く捕食されるのは、目立ちにくい黒い蛾ではなく、擬態に劣る白い蛾のほうであろう。そして、この捕食数における不均等は、黒と白それぞれの蛾のうち何匹が、十分に生き長らえてトラップにかかることになるか、その数の違いとして現れるだろう。

ヘイゼルがあのヨーロッパカヤクグリがガを捕食するのを目撃したのは、この実験期間中のある日のことだった。その後、観察記録はさらに増えていった。最初の目撃から2〜3日ほどの間に、かれらはヨーロッパカヤクグリとコマドリが白黒双方のビストン・ベツラーリアを捕食するところを目撃した。かれらは森を巡回し、朝に放したガのうち、夕方まで同じ木に留まっているものを記録していった。黒いガについては、朝方に見た通りの場所に留まっていた個体は63%だったが、白いガの場合は46%にすぎなかった。その差異はまさしくホールデンが予想したのと寸分違わぬほどのものだった。1955年の名高い論文「鱗翅目の工業暗化に関する選択実験」にケトルウェルが書いているように、その理由は「進化理論の主張する通り、鳥が選択要因として働いているからである」。

一方、夜間のトラップによるデータも着々と集まりつつあった。11日間にわたってトラップを稼働させたが、その間に、ケトルウェル夫妻は630匹のオスのガ（黒も白も）を放し、そのうちトラップで捉えたものは149匹だった。再び捕獲されたガの割合は、黒と白で等しくはなかった。白いガのうち、回収されたのは13%であったが、一方、黒いガでは放したもののうち、約2倍の28%がトラップに入った。ここでも、また、黒いガ以上の割合で白いガをさらっていく何ものかが存在しているようだった。その何ものとは、どうやらすでに確認されたようだが、野鳥たちだったのである。

2年後、ケトルウェルは反証実験を行った。すなわち、800匹の蛾に印をつけて、ドーセットの澄んだ大気の下、汚染とは無縁の森に放したのだが、予想通り、全く逆の結果が得られた。この地では、地衣類が網目模様を描く清らかなカバの幹に目だったのは黒い蛾であり、白い蛾のほうは発見するのがずっと困難だった。後者のほうが生存率は明らかに高いようだった。トラップに掛かる頻度は、白が14%で黒の5%を上回っていた。その時の野外実験に、ケトルウェルはもう一人別の人物を伴っていた。オランダの行動生物学者で、後にノーベル賞を受賞するニコ・ティンバーゲンである。ティンバーゲンは鳥の行動研究で名声を獲得しつつあり、野外生物学における映画撮影技術導入の先駆者としても活躍していた。ケトルウェルがモスリン製の採集トラップや水銀灯のトラップに掛かりっきりになっている間、ティンバーゲンのほうは身を隠してカメラを回し、驚くほどの量のフィルムを使って、小鳥たちのために豊富に用意された白と黒のビストン・ベツラーリアを、ヒタキやゴジュウカラやキアオジが啄む饗宴の様子として撮影していたのだった。

ティンバーゲンの映した映画と写真、ケトルウェルの論文（かれは1956年刊行のジャーナル『遺伝』に、バーミンガムでの研究を再掲載するとともに、ドーセットで得たデータを第2論文としてまとめ上げた）、そしてかれの師、ヘンリー・フォードによって繰り返し宣伝利用されたケトルウェルとガの物語は、進行中の進化の事例研究としてシモフリガを一躍有名にした。1960年代半ばまでに、ビストン・ベツラーリアは遺伝に関する講義やドキュメンタリーや記事に普通に現れるようになり、20世紀後半の数十年間、生物学の教科書で同一樹皮上の白と黒のシモフリガの写真を載せていないものはないほどだった。実際、都市での生物進化のこの初期の事例はとてもよく知られ、陳腐化してもいるので、1990年代後半に始まった意外な展開がなければ、ここに取り上げることはなかっただろう。多分、読者はこのことに漠然とではあれ気づいているのではなかろうか。すなわち、ここまでの数ページを読んでいる間中、この急速な進化の範例に何かうさん臭いところがあるという話を読んだか聞いたかしたことがあったという戸惑いを、心の奥に感じていたのではないだろうか。

実験への懐疑

このうさん臭さは、ケンブリッジ大学の進化生物学者マイケル・マジェラスが1998年に出した『暗化：進行中の進化』から始まった。この本の目玉は、シモフリガの一件について、それまでと比べてずっと豊かな絵を描いて見せてくれたことだった。マジェラスはこの件には答えがまだ与えられていない疑問がいくつかあることを指摘した――すでに他の著者たちによって指摘されていたものも含まれるが。ガは常に木の幹にとまるものなのか、あるいは羽の色がまったく保護の役割を果たさない他の場所にもとまるものか？　シモフリガが飛翔するのは夜間なので、かれらの主要な天敵が、実は鳥よりはコウモリだということはありえないか？そして、ケトルウェルが実験のために森に放したシモフリガの密度は人工的に高められたものだったが、それは現実の自然選択を研究するために適した方法だったか。マジェラスがこうした批判を展開したのは、このシモフリガ事件は結審したものと高を括っていた学者仲間たちを挑発し、かれらが新たに精細な研究を始めるように促し、これまでの不十分な点を補い、不確定要素を除去したいという意図があったからだった。事実、マジェラス自身もそのための研究にすでに取り掛かっていた。

しかし、マジェラスの本は、ビストン・ベツラーリアにおける工業暗化に関する新たな研究を促すよりも、この話自体に疑問を投げかけるという意図せざる効果をもたらすことになった。マジェラスは狼狽した。『ネイチャー』誌に載った遺伝学者のジェリー・コインの書評では、「(差しあたって）進行中の自然選択の事例として十分に合理的ではないゆえに、われわれは「ビストン」を不採用とせざるを得ない」そして、「気の滅入る話だが、この古典的事例には不具合があることをマジェラスは明らかにしているのだ」。コインの同僚たちのなかには、マジェラスの真の意図が分かっていたので、コインの解釈に驚いた人たちもいた。ある人は書いている。「事情を知らなかったなら、あれはなにか別の本の書評だと思ったことだろう」。

しかし、すでに手遅れだった。「ガの進化理論に欠陥」とか「さらば、シモフリガ」といった見出しを付けた記事が新聞に現れ始めた。だが、最悪の事態が訪れるのはまだ先である。2002年、ジャーナリストのジュディス・フーパーが爆弾を投下したのだ。それは『ガと人間：陰謀、悲劇、シモフリガ』という題名の、シモフリガ事件について良く調べ、巧みに書かれた本だった。フーパーはイングランドのガの研究者たちの込み入った関係を精査し、研究の依頼主であるオクスフォードの知的巨人たちとの関係においてケトルウェルが追従的であったことによって、かれの研究が穢れたことをほのめかしている。要するに、優越者を満足させんがために詐欺を働いたとして、彼女はケトルウェルを責めたのだ。彼女は不正の具体的証拠は一つも挙げていないが、言葉の選択と罪を連想させることで、悪意に満ちた痛烈な批判をやってのけた。はたしてフーパーの本はたちまちアメリカ合衆国の創造説信奉者たち――おそらく、主要マーケットとして彼女も狙いをつけていたのだろう――に歓迎された。創造論研究所は次のように記す。「進行中の進化を明かすこの上ない証拠と見なされていたものですら余りに脆弱で、真実の試練に耐えられないのだから、創造説信者には何とも素晴らしき時代であることよ」

暗化問題にケリをつける

フーパーの本は、マジェラス自身の著書をめぐる大騒ぎと相まって、マジェラスに行動を起こさせるという目的には少なくとも貢献した。かれはケトルウェルが行ったのと同様の、一連の大規模な実験に取り掛かったが、陥穽を避けつつ、一度きりで、きっぱりと問題に決着をつけることを目指した。実験場所――ケンブリッジ近郊の、マジェラス自身が所有する2・5エーカーの庭。時――2002年から2007年。主演――4千864匹のシモフリガ（ケトルウェルが行ったどの実験で使ったガの数より10倍近く多い）は、全て自発的な、マジェラスの庭の居住者だった（ケトルウェルは大量に飼育したガを、何百マイルも離れた野外実験地へと輸送するのが常だった――このやり方は、自然発生するよりもはるかに多いガが野外実験地に溢れかえることになり、その点、それらはその場所に適したガではない可能性があるという理由で、批判された）

マジェラスの実験がケトルウェルの実験とさらに異なる点は、ガを木に止まらせるのではなく、とまる場所の選択をガにまかせたことである。まず1匹ごとに印をつけたガが、夜間、木の幹と枝を包む大きな籠（ケージ）のなかに放された。翌朝、夜明け前に、マジェラスはケージを取り除き、ガのとまっている場所を記録し、4時間後に、ガが同じ場所に留まっているかどうかを調べた。ガが姿を消していた場合は、コマドリ、ヨーロッパカヤクグリ、クロドリ、あるいは庭にいるほかの小鳥が呑み込んだものと考えた。実際、庭の物置から双眼鏡で念入りに観察した結果、かれは276回にも及ぶ小鳥によるガの捕食場面を目撃したのだった。

しばし想像していただきたい。このひたむきな献身ぶりを。マジェラスの所有していたケージは12個だったから、一夜ごとに放せるガの数は12匹までだ。ということは、実験実施期間の6年間に、400を超える夜また夜を、ケージを取り付け、記録を取り、夏の短い夜が明ける前に目覚ましを鳴らし、ケージを外し、コーヒーと双眼鏡を用意して窓の前に座り、野鳥が舞い降りてガに襲い掛かるのを監視する、という一連の行為を繰り返しながら、マジェラスは過ごしたのだ。忘れないでいただきたいのは、この研究はおそらくかれが大学での通常の授業や運営上の仕事をこなしながら実行されたものだったろうということだ。汚染の作用と野鳥の捕食行動が相まって起こした自然選択によって、黒い翅のシモフリガが進化したということを、疑いの余地がないまでに証明して見せるための執拗な努力は、並大抵のものではなかった。

そして、実際、マジェラスはそれを証明して見せたのだった。いや、かれが証明したのは、シモフリガが、今では本来の状態へと逆向きに進化しつつあるという事実だった。1950年代から1960年代にかけて、大気汚染を抑制するための法律が施行されたが、以降、煤煙で黒くなった木はイングランドでは次第に過去のものとなっていった。空気がきれいになり、地衣類が戻ると、黒い翅のシモフリガには形勢不利となったのだ。イングランドのほぼ全域で、シモフリガの黒い翅はもはや防護の役には立たなくなった——逆効果となった——ということで、少しずつ、黒い翅の優位性は弱まっていった。結果的には、1965年から2005年にかけて、100年前に増加したときとほぼ同じ速度で、黒いガの割合は減少したのだ。今日では、黒いガは1848年当時と同程度に稀である。

というわけで、マジェラスの実験が行われた時期がこの進化的後退の最終段階に当たっていたのだ。事実、マジェラスが研究を行った6年間に、かれの庭の黒い翅のガの割合は２００１年の10％から、２００７年には1％まで低下した。そして、かれの実験の結果はこれに釣り合うものだった。毎日、黒いガの約30％が小鳥に捕食されるのに対して、白いガのほうは20％だったのだ。

２００７年、スウェーデンで開かれた学会で、マジェラスは6年間の実験の結果を発表したのだが、残念ながら、科学論文の形でそれを公にするだけの時間がかれには与えられなかった。２００８年の暮れ、マジェラスはきわめてひどい悪性の中皮腫に倒れ、２００９年1月、わずか54歳で亡くなったのである。マジェラスの死後ほどなく、かれの家族の許可を得て、４人の友人がかれの書き残した草稿と、スウェーデンでの発表に使ったスライドとを整理し、『王立生物協会誌（バイオロジーレターズ）』に論文として発表した。２０１２年、公表された論文のタイトルは「野鳥によるシモフリガの選択的捕食：マイケル・マジェラスの最後の実験」であった。論文の末尾の文は以下の通りである。「今回の新たな資料を、すでに存在する資料の重要性と関連づけてみることで、以下のことが、説得力をもって示される。シモフリガにおける工業暗化はダーウィンの進化がいまだに進行中であることを示す、最も明白で、最も理解が容易な実例の一つである」

進化はほんとうに進行中なのだ。２０１６年、『ネイチャー』誌に掲載された、リヴァプール大学のイリク・サッケリを筆頭とする多数の遺伝学者が参加した共著論文によって、シモフリガ伝説は有終の美を飾った。かれらが明らかにしたことは、黒い翅を生じさせる突然変異は、実は、長さが2万2千塩基しかない「跳躍（ジャンピング）」ＤＮＡだったこと、そしてこれがチョウや蛾の翅の配色を管理するcortex遺伝子に自らを「切り取り貼り付けた（カットアンドペースト）」ということだった。この遺伝子の構造、および隣接する染色体の部分を詳細に分析した結果、次のことが明らかになった。研究者たちによれば、シモフリガにおける工業暗化はただ一度だけ生じたＤＮＡの跳躍に由来するものであり、事件が起きたのは、１８１９年ごろのイングランド北部においてであったに違いない。「それは、産業革命前期のちょうど真ん中あたりの出来事だった」とサッケリは言う。

過去数年間に集積された証拠によって、バーナード・ケトルウェルの名誉は回復され、シモフリガは正真正銘の自然選択による進化の典型例として復活したようだ。しかし、そればかりではなく、これは都市での生物進化――あるいは、より一般的には、ＨＩＲＥＣ（Human-Induced Rapid Evolutionary Change［人為性の急変的進化］）と呼ばれている現象――についての初めての記録でもある。人間たち、特に高密度の都市人口が、野生の動植物に、10％ないしそれ以上の異常に高い選択圧を及ぼす力を有することを、それは明らかにしたのだ。ビストン・ベツラーリアのcortex遺伝子における、黒化変異という進化における急激な上昇と下降は、都市自然の組織的な変化の到来を告げる前触れにほかならない。シモフリガについては、それは可逆的な進化のシーソーだった。たった一つの遺伝子が勢いを得、次に後退した。それは、単純さ、明瞭さ、そして、異論はあったものの、解釈の容易さゆえに、名高き事例となったのだった。

Chapter 9 いま、ここにある進化

近年いくらか不満の声は出たにしても、シモフリガは——産業革命中の大気汚染の真っ盛りに白から黒に変わり、最悪の期間が終わると、黒から白へと再び戻ることで——進行中の都市生物進化の典型例として、正当な地位を取り戻した。それは、生物のDNAに生じたたった一つの変化が、人間由来の強力な自然選択圧に駆り立てられて、急激な変化をもたらす進化過程をスタートさせることがある、ということを示した。この章では、都市環境に適応するために、急速かつ劇的に外観が変化した最近の進化の実例として、数種の動植物をご紹介したい。しかし、まずは、シモフリガの工業黒化について、さらにもう1点わたしは指摘しておかなければならない。すなわち、これは、ガにおいてはありふれた自然な進化現象の都会版だったということだ。

実際に、バーナード・ケトルウェルはガの黒化をテーマに、まるまる1冊の本をまとめ上げた。連合王国だけで、これまで数十種もの生物が進化によって、体色の濃淡をいくらか変化さ

せた。煤を被った木肌のせいではなく、それぞれが異なる生息場所ごとに、すなわち異なる地域ごとに、より相応しい適応の仕方をしたからである。アルバート・ファーンはダーウィンに宛てた書簡で、すでにアヌレットの件でこの点に触れていた。「ニューフォレストの泥炭の上ではほぼ黒色、石灰岩の上では灰色、ルイス付近の白亜ではほぼ白色、粘土と、ヘレフォードの赤土の上では褐色といった具合」であると。土壌のタイプそれぞれに対し最適な偽装をほどこすには、自然選択は地域ごとに異なる翅色の遺伝子を要求したであろう。2つの地域が隣接する土地においては、飛び回りながら、生地からいくらか離れた場所で交尾するというガの習性によって、白い翅の遺伝子の一部はニューフォレストに、あるいは黒い翅の遺伝子の一部はヘレフォードに拡散されただろう。しかし、地理的に異なる色のパターンを混乱させるほどのことはなかった。というのも、不適切な色をまとったガは、必ずや、その土地の鳥たちにとって格好の餌食となってしまうだろうから。

　ケトルウェルはこうした「非人為的（ナチュラル）」黒化（これを、かれは工業暗化でなく、田園暗化（ルーラル）と呼んだ）の研究にも没頭した。かつてケトルウェルの学生だったスティーヴン・サットンは1960年のシェットランド諸島への遠征調査に参加し、ヤガの一種（*Autumnal Rustic*：Eugnorisma glareosa）における田園暗化（ルーラル）の調査をした折のことを回想している。「わたしが配置されたのは砂丘（白い背景）で、他の助手たちは、霜害を受けた最北のウンストのヒースに至るまで、シェットランド諸島のあちこちに配置されました。ガはわたしのいる砂丘では非常に薄い色をしていましたが、ウンストの泥炭地では真黒でした。6月の白夜の薄明かりのなか、カモメは夜通し餌漁りをしていたので、背景に調和することが必須の生存要件でした」

ということは、19世紀末から20世紀初頭に、イングランドの地図上にインクの染みのように、シモフリガの黒化した地域が広がったが、それはある意味で、ニューフォレストの黒土が古くから黒いアヌレットを生みだしてきたとか、シェットランドのヒースの荒野が「真っ黒な」ヤガの一種（*Autumnal Rustics*）を産するとかいった事象となんら異なるものではないのだ。これらはみな、おそらく、翅の色を変えた突然変異と、視覚を使って狩りをする野鳥のせいで起こった進化だったのだ。ただし、シモフリガにおける工業暗化の進化速度は、環境の変化がとても急速で猛烈だったために、おそらく他をはるかに凌駕するものだった。実際、その進化の速さゆえに、自分たちの目の前でそれが起こるところをわたしたちは目撃したのだった。

ホシムクドリの北米侵攻と進化

シモフリガの進化システムにおいては、都市汚染がガの進化を促したが、その方法は、何千年にもわたって自然が与える条件下で野鳥が仲介役となってガという昆虫が進化を続けてきたのと——速さにおいて勝りはするが——本質的には全く同じだった。しかし、その鳥もまた都市での生物進化の影響を受ける可能性がある。そこを確かめるために、シェイクスピアの作品を少し覗いてみたい。

『ヘンリー四世　第一部』で、イングランド王国の騎士ホットスパーはムクドリに義弟のモーティマーの名を際限なく繰り返させることで、ヘンリー王を苛立たせようと画策中である。「いや、それどころか、椋鳥の奴めに、〝モーティマー〟とだけ唄う芸を仕込んで、それを奴に贈ってやるのだ、日がな一日、カッカとのぼせ上らせてやるためにね」（岩波文庫、1969、中野好夫訳）とホットスパーはつぶやく。1877年、このシェイクスピアによるホシムクドリ（Sturnus vulgaris）へのさして目立たぬ言及の結果、この鳥は人間の入植者とともに合衆国に渡る動植物のリストにめでたくも加えられたのだった。というのも、その年、薬剤製造業者のユージン・シフェリンが、アメリカ順化協会という「有用そうな、ないし、興味をそそりそうな国外産の多様な動植物」を移入することで北アメリカを「改良」することが自分たちの召命であると考える理想主義者団体の会長となったからだ。そしてなんらかの不可解な理由で、シフェリン独特の順化種選択には、シェイクスピア作品で言及されているあらゆる鳥をアメリカ合衆国に持ち込むことが含まれていた。

シフェリンの最も大きな成功はホットスパームクドリによって達成された。1890年と'91年に、かれは繁殖用として雌雄80組のムクドリをイングランドから発送させ、ニューヨークのセントラルパークに放した。止まり木にじっととまって王族の名前を繰り返す代わりに、ムクドリたちは一刻も無駄にせず、瞬く間に増殖し、アメリカ中の町や村の鳥族のニッチの空きを埋めていった。研究者による計算では、放鳥の時点からムクドリたちは数を増やし、町から村、村から小集落へと、年に約50マイル［約80キロメートル］のスピードで広がっていった。1920年には、合衆国の東海岸全域を占領。第2次世界大戦が終わるまでには大平原を横断していた。1960年代には西海岸に定着し、さらに1978年までにはアラスカ内陸部へと進攻していった。今日では、北アメリカのムクドリの数はほぼその地の人口に匹敵する。

シェイクスピアという権威から権限を負託されて、ストゥルヌス・ウルガーリス［ホシムクドリ］は「留まらざるべき」ではなく、「留まるべき」ことを決意したようだ。しかし、アメリカ全土の急速に発展しつつある都市に定着するために、ムクドリの敏捷な身体には負荷がかかったようである。その負荷は、イングランド生まれの入植ムクドリの身体を形成したときの負荷とはもしかすると異なるものだったかもしれない、というのが二人のカナダ人の研究者の推測だった。その確認のために、かれらは北アメリカの8つの自然史博物館に収蔵されている野鳥の標本を調べ、1890年にセントラルパークに放たれて以来、120年間にはく製にされた312羽のムクドリの翼の長さや幅などの寸法を測った。

カナダのウィンザー大学の科学者、ピエール－ポール・ビトンとブレンダン・グレアムの2人は興味深い発見をした。時の経過とともに、ムクドリたちの翼が次第に丸みを帯びるように変化していたことがわかったのだ。理由は、次列風きり羽（尺骨につく胴体に最も近い羽）が4％ほど長くなっていたからだ。

さて、鳥の翼の形状が進化の干渉を簡単に許すことはありえない。それは鳥の生活に密接に結びついているものだからだ。長くて尖った翼は高速で直線的な飛行に有利である一方、短くて丸い翼は、急な旋回やすばやい飛び立ちに適している。そういうわけで、急降下して獲物を襲うハヤブサの翼は前者のタイプであり、タゲリのような空中アクロバット師の翼は後者のタイプである。アメリカに移住したホシムクドリが進化した理由の一つは、まさしく、翼をより丸くすることで発揮されるこの迅速な反応なのだと思われる。この120年間で、北アメリカ西部（東部で放たれたムクドリの進出先）における人口はほぼ50倍に増加した。ムクドリが到着した頃には小さな居留地だったものが、たかだか数十年で大都市へと変わった。都市化とともにやってきたのは、都会の鳥にとっての新たな危険だった。すなわち、ネコと自動車である。都市化によって、跳びかかってくるネコや猛スピードで向かってくる車を避けやすいように、ムクドリたちが翼の形状を進化させた可能性はかなり高そうである。

鳥の羽を短くさせるもの

ムクドリの翼を急速に進化させた本当の原因に関して、わたしたちは推測することしかできない。しかし、道路わきのサンショクツバメの進化については、わたしたちはそれを確実に知っている。

生物学者が自身の一生を捧げる小鳥は幸いである。サンショクツバメ（*Petrochelidon pyrrhonota*）の場合、生涯を捧げる研究者は以下の2人である。1982年以来、メアリ・ボンバガー‐ブラウンとチャールズ・ブラウンは、ネブラスカにおいて、毎年、春の時期をサンショクツバメのコロニーの研究に費やしてきた。サンショクツバメは、通常、もろい岩の突出部や砂の崖にひょうたん形の粘土製の巣を掛けるが、ブラウンたちが研究を開始したころには、当時までに建設されて間もない硬いコンクリート製の高速道路の橋梁や、道路わきの排水管にコロニーをつくる習慣が始まったところだった。「われわれはツバメたちにとって、より具合のよい崖を造ったわけです」とボンバガーーブラウンはいう。何年か後には、実に6千もの巣——そのすべてがこれらの人工的構造物から吊り下げられている——を抱えるまでに成長したコロニーもあった。毎年、この2人の生物学者たちはコロニーを監視し、どの年も同一日数の野外研究のために、同じ道路を車で走り、カスミ網でツバメを捕獲してはその身体を測定し、そしてツバメの足に数字を入れた小さな輪をはめたのであった。さらに彼らは道路沿いで見つけたすべての死骸を拾い上げ、翼の長さなどの身体測定を行った。

科学の研究ではしばしば起こることだが、かれらの几帳面さ、スタミナ、そして退屈に対する完璧な免疫力はついに報いられた。2013年、『カレントバイオロジー』誌に掲載された2ページの論文に、かれらはツバメの翼を計測し続けた30年間の全データを発表した。1980年代、ツバメたちが道路わきの構造物に巣を掛け始めたころには、生きている鳥であろうと、死んだ鳥であろうと、翼の長さはほぼ同じで、約10・5センチメートルだった。しかし時が経つにつれ、生きているツバメの翼が10年に約2ミリメートルの割合で短くなっていることがわかった。大した変化ではないし、さほど注目に値するものでもなかったのかもしれない。もし、交通事故で死んだツバメの計測結果が正反対の傾向を示していなかったとするならば……。事実、2010年代までに道路際で死んでいたツバメの翼は、まだ生きて元気に飛び回っているツバメの翼と比べると、約5ミリメートル長かったのだ。さらには、交通がもたらす圧力は以前と同程度、ないしは幾分増大していたにもかかわらず、死んだツバメの数は90%近くも減少したのである。

以下のように考えるほかない。向かってくる車を避けるために、舗装路面から垂直に飛び立つのに都合のよい短い翼をもったツバメだけがうまく難を逃れ、短い翼の遺伝子を遺伝子プールに拡散させることができたのだ。長い翼の個体は旋回速度が遅く、硬い路肩に亡骸を晒すはめになり、かれらの長い翼の遺伝子は遺伝子プールから排除された。生き残ったツバメたちはさらに適応性を高め、接近してくる車を回避することが上手になるにつれ、事故犠牲者の数は急減したのだった。

緑の島のタンポポの種は飛ばない？

大西洋の対岸、フランス南部でも、やはり頑丈な舗装路面が進化を促していた。フランスの場合は野鳥ではなく、植物である。フランス国立科学研究センター（CNRS）モンペリエ支所の生物学者、ピエール＝オリヴィエ・シェプトゥは、モンペリエ市の歩道に生える雑草の研究を続けてきた。正確には、歩道に沿って植えてある樹木を囲む1ヤード［約0・9メートル］四方ほどの地面に生える草である。ある論文にシェプトゥが書いているように、「これらの小さな土地は広く分布していて（市内に数千か所）、間隔は一定であり、隣同士の距離は、通りによって違いがあるものの、5メートルから10メートルである」。宇宙船グーグルアース号に乗ってモンペリエ市を目指して下降していくと、街なかに広がる四角い土壌の断片がわたしのコンピュータのスクリーン上に見えてくる。ヴェルサイユ宮殿のどこか小さな一部のように、オギュストブルソネ通り、アンリマール通り、そしてバルク通りに沿って描かれている幾何的な模様は、都市規模の生態学実験のように見える。そしてシェプトゥとかれの研究仲間がこれを利用して行ったのは、まさにこの大規模な生態学実験だった。

100種類に近い野生植物がこれらの小さな土地に生育している。その一つにフタマタタンポポ（*Crepis sancta*）がある。タンポポにちょっと似ているが、茎は単一ではなく、何本にも分岐した茎の先に黄色い花をつける。タンポポ同様に、開花後、花はふわふわの種子の球状集合体に変わる。この種のほとんどは、小さくて軽くパラシュート型をした繊細な傘を装着している。ところがこれら以外に、ずっと重くて、パラシュートを持たない種子も存在するのだ。この種子の二重性は、分布を広げるための、フタマタタンポポ流の良いとこ取りの方法なのである。重い種はその場でまっすぐ地面に落下し、わずかであっても、肥沃で生育に合った土壌を、親株の足元で確実に見出すはずだ。いっぽう、パラシュートを装着した種子のほうは、一陣の風によって、あるいは子どもが息を吹きかけることで台座を離れ、空中へと舞い上がり、風に運ばれて、ついには親元を遠く離れたどこかに落下する。少し運がよければ、かれらは他種に占領されていない、生育に適した土壌を見出すだろう。

少なくとも、2種類の種子という戦略は、野生のフタマタタンポポにはこのように働く。しかし、モンペリエの中心街では「少しの運」も得難いものだった。歩道にできたわずかばかりの割れ目を除けば、犬の糞キャンディーの包み紙、ゴロワーズの吸い殻などの散らばった、1ヤード四方の地面が、種子の発芽に適した唯一の場所なのだ。だから、フタマタタンポポによる中心街のコロニー化は、運よく土の上に着地した風散種子のおかげであるにしても、ひとたび、市の街路をコロニー化した後は、垂直落下する重いほうの種子だけが繁殖の確実な可能性を担うことになる。

したがって、都市のフタマタタンポポにとっては、重い種子の生産を増やして、風散種子を減らすことが、進化の観点からは道理にかなったやり方になるだろう。そして、これこそがまさにフタマタタンポポが取っている戦略であることを、シェプトゥは発見した。かれは、中心街の7つの通りの歩道に並ぶ四角い地面から、フタマタタンポポの種子を採取した。さらにかれは、モンペリエ周辺の田園地帯の4つの草地とブドウ畑に生育するフタマタタンポポについても同様の作業を行った。シェプトゥは集めた種子をすべてCNRSの自分の研究室に持ち帰り、同じ温室の中、同じ条件のもとで育てた。

フタマタタンポポの花が咲き終わると、シェプトゥはすべての頭状花序（普通「花」と思われている部分。たくさんの小花の集合体）に生じた重い種子と風散種子の数を数えた。市内で集めた種子から育ったフタマタタンポポは、田園産の種子から育ったものに比べ、重い種子の数がほぼ1.5倍にもなっていることがわかった。そして風散種子については全く逆の結果が得られた。言い換えれば、フタマタタンポポは、都市においてより重い種子を増やすために、風散種子の生産を犠牲にするという進化戦略をとったのだ。子孫の喪失数と、種子生産が遺伝的特性によって決定される程度とに基づいて計算した結果、シェプトゥは、この遺伝的変化が生じるまでに、およそ12世代かかったに違いないと推定した。フタマタタンポポは1年ごとに1世代を生じる、そしてシェプトゥがフタマタタンポポを採集した街路は、33年前から10年前までの間に再舗装が行われたから、これは極めて急速な都市での生物進化の例だと思われる。

都心部で生じた進化として、これもまた進展が急速ではあったものの、前代未聞の事態ではない。基本的には、モンペリエのフタマタタンポポは島嶼型の植物になったのだ。1ヤード四方の地面が連なって、不浸透性のアスファルトとコンクリートの海の中に群島を形成させられている条件下で、フタマタタンポポが種子タイプの選択に注いだエネルギーが、現実の海洋島で起こるのと同様の進化をそこに生じさせたのだ。事実、1980年代に、カリフォルニア大学ロサンジェルス校のマーチン・コーディとジェイコブ・オーヴァトンは、カナダのバークリー海峡の29の小島からなる群島で、タンポポに似た別種の草本、ヒポカエリス・ラディカータ(*Hypochaeris radicata*)、すなわちブタナの種子について、大変によく似た事象を発見した。フタマタタンポポとは違って、この植物が産み出す種子は1種類であり、パラシュートにぶら下がるタイプである。しかしコーディとオーヴァトンが種子とパラシュートの大きさを測定したところ、カナダ本土産のものと比べ、島嶼産の種ははるかに重く、パラシュートはより小型であることがわかった。この現象についても、モンペリエのフタマタタンポポについての説明がそのまま当てはまる。すなわち、軽い種を産み出したすべてのブタナは飛び去った自分の子孫が海に落下する経験をし、自然選択の力によって罰せられたのだ。自然は、より重量があり、よりちっぽけなパラシュートを着けた種子を産み出すブタナの進化を選択したのである。

都市のトカゲは足が長い？

アノールトカゲ属についても、すでにかれらが持つ従来型進化による驚異的な多様性に加えて、近年にわかに、都市における生物進化による予想外の変化が加わった。カリブ海地域と中南米に生息するアノールは脊椎動物中で最大の遺伝的多様性を産み出している生きものの一つである。これに勝るのは、唯一、アフリカの巨大な湖に生息する魚シクリッドで、約2千の種に分化している。アノールは「適応放散（アダプティヴラディエイション）」の模範例として、それぞれ独自の形質を有する約400の種に分化したのだ。その中には、体長わずか数センチの小型の種から、大型の種では体長が最大で1フィート半［約47センチメートル］に達するものまで、大きさもさまざまである。体色は美しい緑ないし青緑色で、灰色ないし茶色の柄が入っており、鼻はアノーリス・ニテンスのようにしし鼻だったり、あるいは「ピノッキオトカゲ」（アノーリス・プロボスキス）というあだ名に納得せざるをえない長さだったりする。カメレオンに似たずんぐりした体形で、カタツムリやガの蛹をつぶして食うものがいたり、体表が滑らかで、水に潜ってザリガニを捕食するものがいたりする。そして、樹木を棲み処とする種はさらに多様である。樹幹に棲むアノールは脚が長く、地面に飛び降りて、獲物を追跡する。小枝を住処とするものは、短い脚で小枝につかまり身を確保する。樹冠に棲むものは、滑りやすい葉の上で安定が保てるように、足指の肉球が大きく発達している（アノールは、ヤモリを除けば、一本の足だけでぶら下がることができる唯一のトカゲである）。草地に生息する種は極めて長い尾を持ち、身体には縦縞が通っていて、一見するとほとんど長い草の葉のように見える。これらのアノールはみな、それぞれ異なる島で進化を繰り返してきた。「アノールは、大アンティル諸島の4つの島で、4通りに進化を遂げて見せたのさ」と大声で言うのはハーヴァード大のジョナサン・ロソス、世界一高名なアノーリス進化の専門家である。

この多様性が生じるのには5千万年の時を要したのだが、だからといってアノールは進化が遅かったわけではない。1977年に始まった有名な実験では、バハマのスタニエルケイという小さな島でアノール（アノーリス・サグレイ）を捕獲し、身体各部の寸法を測り、これまでアノールが生息しなかった14の近隣の小島に、数匹ずつ放した。約10年後、研究者たちは現地に戻り、移住させたアノールの子孫を捕らえ、寸法をとった。原産地のスタニエルケイの個体群との比較で、移住者たちが進化していたことを研究者たちは発見した。総じて、トカゲたちの脚は短くなっており、足指の肉球はより大きくなっていた——移住先の植生に草本類が占める割合が大きいほど、肉球もそれだけ大きかった。これは、祖先の島スタニエルケイでは巨木の幹を速く走るために、トカゲたちは長い脚と狭い肉球を必要としたためだ。しかしながら、新たな生息地の細長い木の枝や草の葉の上を動き回るためには、しがみつくことが大事で、狭くて滑りやすい葉の上でしがみつくための最良の方法は短い脚と、粘着性のある足指を持つことなのだ。（トカゲを、さまざまな幅の、傾斜したレーストラックの上を追い掛け回す実験によって、これは十分に確認された）

スタニエルケイでの実験によって、アノールトカゲには急速な進化が可能であることが示された。どれくらいの速さなのか。進化生物学には進化の速さを表す単位がある。「ダーウィン」である——1ダーウィンはおよそ千年に0・1%の増加ないし減少を示す。スタニエルケイのトカゲたちの進化速度は90から1千200ダーウィン（お好みなら、1・2キロダーウィンでも結構）であった。世界記録ではないにせよ、並の進化に比べれば、きわめてめざましい速さだ。

これが都市での生物進化への展望をも開いてくれた。そして、もう一人のアノーリス研究者のクリスティン・ウィンチェルが明らかにしたように、アノーリスが都市を敬遠することはない。ウィンチェルは、プエルトリコ・クレステッド［トサカのある］・アノール（*Anolis cristatellus*）という、やはり樹木の幹に生息するタイプを研究対象とすることに決めた。プエルトリコの島中、田園でも都市でも、いたるところに産する小型の種である。ウィンチェルは島内最大級の都市から3都市を選び、それぞれの都市の住宅地域と、比較のために、それぞれの都市の外縁部の森林を調査対象とした。これら計6か所の調査地から、それぞれ50匹ずつのトカゲを絹製の輪縄——振り出し式の釣り竿の先につけた一種の小型の投げ縄——で捕獲し、しっぽの先を小さく切り取り、携帯レントゲン機の中にトカゲを放り込んで、平床型スキャナで足を走査し、鱗に小さな数字を書き入れた。これが終わると、当惑気味のトカゲはもと居た木の幹へと戻された。（そして、おそらく今でも、エイリアンに誘拐されたその日のことを、孫トカゲたちに語り聞かせているることだろう）

ウィンチェルの研究（2016年に『エヴォリューション』誌に発表された）は、疑う余地のない都市での生物進化の形跡を明らかにした。すなわち、都市型トカゲのほうが必ず長い脚をしており、足指の肉球の裏側にはラメラ〔皮膚の角質層に含まれる、水－脂質－水－……と交互に重なり合う構造〕が多かったのだ。しかしながら、尾の先から採取したＤＮＡが明らかにしたのは、３都市それぞれの都市型トカゲが、それぞれ遺伝的に最も近い関係にあるのは、他の都市のトカゲではなく、その土地の森型トカゲだということだった。ということは、これら遺伝的差異はそれぞれ３つの場所で、独立して起こった進化の結果だということである。脚と足指の肉球の差異がほんとうに遺伝によるものかを調べるために、ウィンチェルはまた１００匹の都市および森のトカゲをボストンの自分の実験室に持ち帰り、産卵するのを待って、完全に同一の条件下でトカゲの子たちを育てた。この故郷離脱者のトカゲたちにおいても、都会育ちの親から生まれたものは、森育ちの親から生まれたものに比べ、脚も長ければ、足指の肉球のラメラの数も多かった。ということで、この差異はまさしくＤＮＡに内在するもので、たんに都市環境に育つことによって誘発されたものではない、ということが証明されたのである。

概して、都市のトカゲは自分たちが利用する都市型のパーチ〔止まり木〕に適応していたことがこれによって示された。都市型のパーチとは通常は壁であり、そこでは危険から逃れるためには、森の木の幹のうえにしがみつく場合よりは、より素早く、より遠くまで走る必要がある。一方で、都市型のパーチはしばしば非常に滑りやすく（ペンキが塗られたコンクリートや金属製の壁）、じっとしがみついているには、より強力な足指の肉球が必要だった。事実、これより10年前に、別の研究者たちは、都市のトカゲが森のトカゲよりも頻繁に（そして、通常は、ずっと硬い地表の上に）落下し、その結果負傷することや、時には死ぬことさえあることをすでに明らかにしていた。

トカゲたちにも、次の格言は当てはまるのだ。「ほとんどの事故は家のなかとその周辺で起きる」

アノールトカゲ、ブタナ、ムクドリ、ツバメ、これらの生きものたちはわたしたちに、都市での生物進化は急速で、観察可能で、極めて単純明快なものであることを示してくれる。次に続く章では、都市での生物進化が複雑で、一筋縄ではいかず、反直観的なこともある、ということを確認することになるだろう。しかし、その前に、断片化(fragmentation)という問題にわたしたちは少しく注意を払っておかねばならない。すなわち、わたしたちが都市のなかに作り出すあらゆる障壁によって、都市の遺伝子プールが切り刻まれ、いくつもの小さな切片となるときに、いったいどうやって進化の足場は確保されうるのだろうか?

Chapter 10 都市生物の遺伝子はどこから来たのか

パリの中心部、リュクサンブール公園のあちこちに置かれた、マチルダ王妃やメアリ・スチュアートをはじめとする彫像はすべて、その大理石製の頭部から何本もの細くて長い針が突き出している。目にすると一瞬、それらの彫像がみな、天にいますフランス貴族の母船と無線でつながっているかのような印象を受けるのだが、この「アンテナ」は、実は、彫像に公園の小鳥がとまり、粗相をして、王族の高貴な頭部を醜く汚すことのないように取り付けられたものだ。

それでも、首に輪模様のある1羽のパラキート（ring-necked parakeet：パラキートは小型～中型のインコの仲間を指す：首に輪模様がある種はワカケホンセイインコ）がひるむことなく、瞬時、女王ベルトの王冠にとまると、どうだといわんばかりに女王の頬に糞を落とした。そして、再び飛び立つと、群れながらキーキーとやかましい鳴き声を上げ、高いプラタナスの木々の間をジグザグに飛び交っている仲間たちに加わった。

パリのパラキート。アンリ・マチスの、見る者を夢の中に誘うような絵のタイトルにありそうだが、1970年代以降、フランスの首都にとって、これは非常に現実的なイメージとなっているものだ。事実、ワカケホンセイインコ（*Psittacula krameri*）はヨーロッパの都市への侵入に最も成功した鳥の一つである（小規模ながら、日本、北アメリカ、中東、オーストラリアにもコロニーを作っている）。インドとアフリカ原産の、赤い嘴と長い尾をもつ（さらに、オスは黒にピンクのネクタイを締め、尾は空色）、鮮やかな緑色のパラキートは、20世紀には長きにわたり飼い鳥として大いに人気を博し、盛んに取引きされた。取引数が膨大だったために（1980年代以来、西ヨーロッパに輸入された数はほぼ40万羽である）、原産地の熱帯地方では生息数が減少したが、一方で、籠を逃げ出した鳥から始まった群れの急激な膨張によって、ヨーロッパ全土の都市にその地歩を固めてきたのだ。

パラキートに特赦が与えられた機会も何度かあった。1960年代後半、ジミ・ヘンドリックスは、何度も繰り返し、つがいのパラキートをロンドンのカーナビー通りに放った。そのおかげで、ロンドンにおける現在の膨大な個体群が産み出されたのだと言う人たちもいる。そして「ブリュッセルの色彩がもう少し豊かでもよいだろうという理由で」、1974年にベルギーのある動物園の所有者が単独で40羽のパラキートを放ち、現在のベルギーにおけるパラキートの全個体数――約3万羽を数える――を産み出す基をつくったのだった。ちなみに、このうち4千羽以上が毎晩、ブリュッセルの、その名にふさわしいドゥネック通り［De Neck Street：ring-necked parakeetにふさわしいというわけである］をねぐらとしているのだ。動物園長ギ・フロリゾオネ（名前に注意！）［Guy Florizoone：名前のなかに動物園zooがある］が意図したよりも、緑と赤とオレンジと黄と青は、目立ってしまったのではないだろうか。

イエガラスと同様に、ワカケホンセイインコも進取の気質に富んだ都市鳥として、やすやすと北ヨーロッパの地で成功を収めた、熱帯産の鳥の典型例である。かれらは都市のヒートアイランド化に加え、都市においては冬季でも餌が手に入るという事実（かれらは、人々がもっと小さな歌鳥のために用意する数珠つなぎにしたピーナッツを、とりわけ好んで独占したがる）によって恩恵を受けている。また、パラキートの原産地にはヒマラヤの麓も含まれるので、かれらがすでに冬の寒気に対して前適応していた可能性もある。これらの要因のおかげで、ギャーギャー鳴きながら高速で飛翔するパラキートの群れは、今や、ヨーロッパのほとんどの都市住民にとっておなじみの光景となったのである。パリとその周辺では、パラキートがヴェルサイユの樹洞の利用権をめぐって言い争っているところや、お気に入りの共同ねぐらであるモンスリ公園の木立へと向かう途中に、騒々しい集団がモンマルトルの上空高く、夕暮れの空を横切って勢いよく飛んでいくのを、わたしは目撃した。かれらはパリ植物園の中や、リュクサンブール公園の高いプラタナスの木立の間を飛び回る。国立自然史博物館の生物学者アリアンヌ・ル・グロは言う。「パラキートが見つかる公園の数はますます増えています。個体数の増加速度が本当に速いですから」

遺伝子から種の歴史をたどる

ル・グロは、いわゆる「系統地理学（フィロジオグラフィー）」を援用して、都市生物種の遺伝子プールの構造を研究し始めた生物学者の一人だ。系統地理学は、動植物の自然個体群の進化史を知る方法として、１９８０年代に創始された。そのためにはふつう、種の分布域の様々な地点から収集した多くの標本について、多数の「マーカー」、すなわちＤＮＡに含まれる変異性の小片が抽出される。次に、こうして集められた種の遺伝子組成についての豊富な情報を利用することで、系統地理学者はその種の歴史をたどることができるのである。種がコロニーを拡大する際にたどった可能性が最も高い経路は、推定することができる。あるいは、一つの個体群の規模が過去のある時点で縮小した可能性があるかどうか、そしてもし縮小したとすると、いつごろの出来事だったのか、といったことを知ることもできるのだ。たとえば、仮にヒトの化石が１体も発見されていなかったとしても、現在生きている人々のＤＮＡを系統地理学的に分析することによって、わたしたちがアフリカで進化したこと、その後、地球上の他地域をコロニー化するときにわたしたちがたどった経路、どの山や砂漠がわたしたちの進行を妨げたか、そして移動の度ごとに何人くらいの移住民（コロニスト）たちが加わっていたのか、などがわかるのだ。さらに系統地理学分析は、移動が行われたいちいちの時期も教えてくれるだろう。この分析は、たとえば、長期にわたって、大陸の様々な地域出身の人々の間で旅行、交易、結婚が行われてきたおかげで、北ヨーロッパの遺伝子プールはよく混じり合っていることも教えてくれる。一方、ニューギニアの内陸部では、密林に覆われた山岳に遮られているために、遺伝子プールは地域ごとに断片化されていることが示されるだろう。系統地理学とは、言い換えれば、一つの種の現代の遺伝子をとおして、その種の過去を覗き見る方法なのである。

近年、系統地理学者たちはその専売特許を、都市の生物種相手に使い始めた。都市植物相および動物相のDNAを調べることで、かれらは他の方法では答えの出せない多くの重要な問題に解答を与えることができる。たとえば、アリアンヌ・ル・グロが知りたかったことは、パリのパラキートの原産地であり、さらには、かれらがよく混じり合った単一の個体群を成しているのか、あるいは複数の族に分裂しているのか、ということだった。こうした疑問への回答を得るために、ル・グロはパリ北部のソセ州立公園付近、および同市南部のソー公園付近の、いずれも個人の庭園で、およそ100羽のパラキートを捕獲した。次に、鳥の血液と胸部羽毛の毛根からDNA標本を採取し、これらを用いて、鳥の染色体上に18の「マーカー」を見出すと、系統地理学的研究を行った。

ル・グロも驚いたことに、その分析から、パリ南部産のパラキートと同北部産のパラキートとは、かれらがパリ以外のヨーロッパの都市に棲むパラキートと異なっている程度に、お互いに異なっているということがわかったのだった。この研究の結果、彼女が得た結論は、パリのパラキートは少なくとも2つの異なる種族に由来するということだった。このことが意味するのは、パラキートはパリにおいて、少なくとも2度、放鳥されたか逃げ出した、ということだ。あるいは——可能性はより低いとル・グロは考えているが——2系統のパラキートのうちどちらか一方、あるいは双方ともが、別の場所からパリへと飛来したということだ(たとえば、パリ北部産のパラキートはマルセイユに生息するパラキートに大変によく似ているが、一方、パリ南部産のパラキートはヨーロッパ圏内では遺伝的に他に類がない)。いずれにせよ明らかなことは、2系統のパラキートが、それぞれ別の地区に定着して以来、ほとんど交わらなかったということだ。これは驚くべきことに思えるかもしれない。パラキートは、両者を隔てる12マイル［約19キロメートル］の距離などいともたやすく越えられそうな、優れた飛翔力をもった鳥なのだから。

さほど驚くことではない、とル・グロはいう。パラキートは日に最長9マイル［約14キロメートル］ほどの距離を飛ぶことが可能だが、彼らは建物の立て込んだ地区を飛び越えたがらないのだ。というのは、他の多くの都市鳥とは違って、かれらは樹木のないところでは生活できないからである。パラキートはねぐらとして木を必要とする。かれらの足は、ハトとは異なり、岩棚の上に止まるのに都合よくできてはいないからである。さらにパラキートは樹上に巣を求める。都会にあっても、あくまで樹洞で子育てすることにこだわるからだ。パリのように完全に石で造られた都市にあっては、ボージュ広場やチュイルリー庭園のような有名な公園でさえ、埃をかぶった数列の並木がある以外は、砂だらけの小道が筋を描いているにすぎず、ほとんど緑の空間としての資格を満たすものではないので、生息地として適した場所の確保は難しいのである。パラキートにとって本当に居心地がよい公園と公園を分かつ、何マイルも続く樹木の存在しない都市景域は、おそらくこの都市の個体群同士の遺伝子が混じり合うのを防ぐに十分なのだろう。

生息地の断片化

さて、これは小鳥の話である。では地上を離れられない都市動物についてはどうだろう。断片化という現象はもっとずっと深刻になる。たとえば、ボブキャット（*Lynx rufus*）である。この世界に4種類いるなかで最小のリンクス［オオヤマネコ］は、ほぼ北アメリカ全土に産する。体長が飼いネコの2倍ほどのこの動物は、昔も今も、人が遊び目的で、また柔らかくて魅力的な柄の毛皮を求めて、盛んに狩猟の対象としてきたにもかかわらず、見事に生き抜いてきたし、最近では、ちょっとした返り咲きをさえ果たしつつある。ますます多くのボブキャットが、ときには飼い犬に追われて、樹上へと駆け上らされることもあるというのに、都市郊外を新たな居住地にし始めているのだ。かれらはときどき都市内部へとあえて侵入しさえする。かれらに最も好まれる棲息地は、ウサギなどのげっ歯類がたくさんいる森の辺縁部なのだが。

南カリフォルニアでは、野生生物学者のローレル・セリエが、ロサンジェルス市内、そして市北部の郊外および北西の郊外で、ボブキャットの系統地理学的研究を実施した。この膨大な地域は無秩序に広がった都市部、農地、植物で覆われた丘陵、住宅地が入り混じり、ツチワーク状をなしている。加えて、道路だ。ものすごい数の道路が走っている。セリエが研究した56×31マイル［約90×50キロメートル］の地域は、合衆国で最も交通量の多い高速道路のうちの2本——東西に横切るルート101号線と南北に貫くインターステート405号線——によって4分割されている。この2本の間には、ハリウッド映画で多くのカーチェイスが演じられる、あの10車線の幹線道路が何本も走り、日に70万台もの交通量を支え、あちこちで2級道路、3級道路へと車を振り分けていく。しかし、この都市の大動脈は人の群れを結びつける一方で、ボブキャットたちを切り離すのに大きな効果を発揮していることをセリエは発見した。

動物にやさしい各種の捕獲装置（クッション付き足場トラップ、檻罠、ボックストラップ）をかき集め、交通事故死体があればそれも利用して、セリエと同僚たちは、調査地域をうろついていた400頭近いボブキャットからDNA標本を採取することができた。ボブキャットたちの遺伝子から、道路がかれらの生息地を分割している様子が明らかになった。ロサンジェルスの北の端に沿い（ビバリーヒルズ、ハリウッド、そしてハリウッドボウルを囲む地域）、インターステート405号線の東側、ルート101号線の南側に当たる地区に生息するボブキャットは、1つの種族を形成している。かれらは、ルート101号線の北側のボブキャット――1969年まで映画『ターザン』が撮影されたジャングルランドの本拠だったサウザンドオークスの住宅地域に生息しているグループ――とは遺伝的に大きな違いがある。サウザンドオークスのボブキャットのほうもまた、ルート101号線の南で、インターステート405号線の西側の、サンタモニカ山地の都市化されていない環境に棲むボブキャットとは異なるDNAを持っている。

ボブキャットは高速道路を横断することはできないが、それより小規模の道路なら容易に横切る。したがって、彼らの遺伝子構成を決定しているのは、唯一大きな幹線道路だけである。しかし、ネズミのようなより小型の哺乳動物には、さらに小さな通りでさえ移動の障害になる。ニューヨークでは、フォーダム大学の生物学者のジェイソン・マンシー＝サウスが、この都市のモリアカネズミの正確な系統地理学的構成図を描き出したことで名声を得た。

2005年に、わたしが初めてマンシー＝サウスに会ったころ、かれは痩身の熱帯林生態学者として、わたしが研究していた同じボルネオの大学で、密林に棲む小型の哺乳動物について博士号取得のための研究に取り組んでいた。2017年の今、スカイプ上で再会したマンシーサウスはすっかり変身を遂げていた。当時のジャングル用の衣服をシャツとセーターに着替え、昔の熱帯的なしなやかさから、口の周囲に丸く髭を蓄えた都会的な堅固さへと変わり、フォーダム大学のかれの部屋で、がっしりとした机を前にわたしと対話している。しかしかれの後ろの壁に掛けてあるげっ歯類学研究用の道具一式から、かれが相変わらず動物学者として大いに現場（フィールド）に出て研究をしていることがわかる。その「現場」が、今では熱帯雨林ではなく、ニューヨークシティーの公園へと変わったのではあるが。

「もともとは、副次的な研究計画だったのです」。2007年に初めてシロアシネズミ（*Peromyscus leucopus*）の研究を突然始めた時のことについてかれはそう言う。「ある研究会で会った人たちが、市民科学とニューヨークの小型哺乳動物について発表しましたが、それがきっかけでわたしも関心を持つようになったのです。そこで、学部学生を何人か集めて、その最初の夏に罠掛け（トラッピング）を開始したのです」

ニューヨークの公園に孤立したネズミ

シロアシネズミ（大きな、黒いビーズのような目をしており、体毛は灰褐色で、腹部と脚の白色が際立つ）は、「アパートのなかを走り回っている、あのネズミではありません」。マンシーサウスは注意を促す。「シロアシのほうは在来種で、人間がやって来るずっと前から、ここで暮らしていたのです」。チャプター1で紹介したマナハッタ・プロジェクトでエリック・サンダーソンが再現してみせた2千500年前時代、ニューヨークに相当する地域は全体が森と草地に覆われ、いたるところにシロアシネズミが生息していたことだろう。そして彼らは一つの連続的な個体群を形成していたと推測される。それはDNAが自由に交流する、良く交じり合った遺伝子プールであって、こうした状況は、現在では、北アメリカ東海岸の都市化していない地域に残されている。21世紀初頭のニューヨークにおいて、シロアシネズミと彼らの本来の生息地のうちでいまだに残っているものは、緑が当時のままで、私たちが公園と呼ぶ、孤立したパッチワーク状の土地と、そこに取り残された個体群である。マンハッタンのセントラルパークとブルックリンのプロスペクトパークが最大のものであるが、クイーンズのウィロウパークのような小規模の公園にも、これら在来種のネズミたちは暮らしている。

このような公園の中に閉じ込められてはいるが（シロアシネズミは専ら地面を覆う植生の下を移動するが、公園同士が緑でつながっていることはほとんどない）、かれらはそこで大いに繁栄しているのである。とりわけ、一番小規模な公園がかれらには都合がよい。土地が狭すぎて、フクロウやキツネのような捕食者を養えないからである。「また、競合する生きものの数も多くありません」とマンシーサウスは言う。「特にシカのような動物は……。シカが増えた多くの場所では、下層植生が壊滅的な被害を受けますから、その結果、シロアシネズミにとっての資源基盤をひどく縮小させることになります。しかし都市においては、つまり、ネズミたちの競争者の数はあまり多くはないのです」

結果として、ニューヨーク市の公園には大変に多くのシロアシネズミが生息しているが、こうした状況が生まれたのは、19世紀末のころに、都市開発によって孤立した公園環境が生じて以来のことだ。ニューヨークにあるうちの14の公園にマンシーサウスと学生たちが小鳥用の粒餌を使った籠罠を仕掛け、数百匹のネズミを捕まえた末に、それぞれの公園に暮らすネズミにとってはこの120年ほどの歳月が、独自のDNAを進化させるに十分な時間だったことを発見した。捕獲したネズミ1匹ごとに、かれらは尾の先端を1センチほど切り取ってから、放してやった。こうして、ネズミをひどく傷つけることなく、彼らは遺伝子検査を行うのに十分な細胞組織を手に入れた。試験の結果、明らかになったのは、公園ごとのシロアシネズミの個体群は、たとえ公園がすぐ隣どうしであっても、それぞれが独自の遺伝的特徴を示す、ということであった。これは、野生では通常、州の規模くらいのずっと広い地域の間において見出される現象だ。「誰かがわたしたちにネズミを持ってきたとします。どこで捕まえたかを教えてくれなくても、わたしたちにはそれがどの公園のネズミなのかを特定することができます。そのくらいネズミたちは異なってしまっているのです」

ニューヨークシティーの公園に暮らすシロアシネズミが明らかにしたのは、ロサンジェルスのボブキャットやパリのパラキートと全く同様で、しばしば著しいパッチ状を呈することのある都市環境は、都市野生生物の遺伝子プールを多数の小さな切片に分裂させるということであった。これは驚くにはあたらない。なにしろ、この世界には総延長2千200万マイル［約3千520万キロメートル］の舗装道路が敷設されていて、地表の5分の1相当の面積については道路密度が非常に高いために、面積が2分の1平方マイル〔1・28平方キロメートル〕以下でも道路のない地域は残っていないほどなのだ。動物や植物、そしてかれらの遺伝子が自由に混じり合うことを防ぎ、遺伝子プールを分割するものは、あの舗装道路のような長い直線状の障壁ばかりではなく、鉄道や歩道、その上を行き来する交通、あるいはそのわきに並ぶ建物などもそうである。

時には、こうしたインフラ自体が特定の生きものの生息場所になることもある。序文で紹介したロンドン地下鉄の蚊の場合がそうである。そこでは、地下鉄の路線ごとに蚊の個体群は独自の性格を有していた。あるいは、ボン大学のマーチン・シェーファーがヨーロッパの5都市の建造物内部において調査したユーレイグモ(*Pholcus phalangioides*)の場合もそうである。シェーファーが明らかにしたのは、1つのビルの中に、暮らすクモは部屋が異なっていても、1つの遺伝子プールを形成するが、ビルごとにの遺伝子プールは互いに異なるということだ。すなわち、クモたちは部屋の住み替えはするが、家の住み替えをすることはほとんどないのである。

遺伝子プールの断片化の功罪

生物学者たちの一般通念では、このような遺伝子プールの断片化は種の生存可能性にとって有害である。こうした小規模の、孤立化した個体群においては、近親交配(インブリーディング)が頻繁におこると考えるわけである。すなわち、近親間で交尾が行われるから、たまたまその近親者に遺伝的欠陥があるなら、多分、あなたも同じ欠陥を持っている可能性がある。そして2個体間に生まれた子孫も同じ欠陥を受け継ぐことになるだろう。偶然の出来事によって、遺伝的変異が消滅する可能性もある。すなわち、1個体群中5%の動物が遺伝的変異を持つとすれば、大きな個体群では、5%が意味するのは数百という数の動物になるかもしれない。これだけの数の動物が子孫を残すことなく死滅することはありえそうにない。しかし1個体群がわずか数十匹ともなれば、この遺伝子を保有する一握りの者たちがみな、思いがけない不運によって、ある年に生殖に失敗し、この稀なる遺伝子をあの世への道連れにすることもあり得ないことではないだろう。このように、小規模個体群の遺伝子がさらにより均一化する傾向は「遺伝的浮動」と呼ばれる。浮動と近親交配は個体群の「遺伝的健康」を悪化させるものだ。遺伝性疾患が固定される可能性があるし、また変異性が失われることで、環境が変化しても、その個体群は適応できないことになるかもしれないのである。

これが問題化する可能性があるので、保全主義者たちは、絶滅が危惧される動物の個体群を緑の回廊(コリドー)によって繋げることについて、絶えず話題にしているのである。都市が作りだす細分化された環境では、おそらく、多くの種がいずれは自らを養うことができないことになるというわけである。かれらが生きながらえている間に、遺伝的浮動と近親交配の任意性の結果、孤立した個体群は、異なる遺伝子の混合体とみなせるようになる。それゆえに、遺伝子プールが自在に攪拌される幸福を失ったボブキャット、パラキート、シロアシネズミなどを含む種のゲノムを入念に調べることによって、逆に、遺伝的断片化の兆候を捉えることができるのだ。

マンシーサウスによれば、遺伝子プールが断片化した生物種がすべて滅びるわけではない。

「実際、断片化に負けない種もいるのです。特に、わたしたちがあまり大事に考えないような生きもの、ありきたりの生きものに……私が本当に面白いと思うのはそんな連中です」。マンシーサウスが研究するシロアシネズミもそうした逆境を克服した種である。都市公園の一つ一つが独自の遺伝的特徴を持つほどに個体群の細分化が進んでいるにもかかわらず、ネズミたちは近親交配なり遺伝的浮動の悪影響を受けていない様子なのだ。どちらかと言えば、繁栄しているように見えるのである。「都会のいくつもの場所で比較的高い個体群密度を達成できる種は、だいたい大丈夫なのだと思います」

局所適応の可能性

ネズミの個体群が公園ごとに際立って特徴的な遺伝的特徴を持つのは、マンシーサウスによれば、おそらく近親交配と遺伝的浮動だけではなく、かれが局所適応（ローカルアダプテーション）と呼ぶ現象が原因になっているからだ。それぞれの公園には孤立した独自のシロアシネズミの一団がいる。そして、ネズミはどこにも行かず、それぞれの公園に留まっているから、各公園の局所的条件に精確に適合するように彼らが進化するのを妨げるものは何もないのである。

このわくわくするような可能性について、さらに詳しい研究を行うために、マンシーサウスと教え子のスティーブン・ハリスは独創的な遺伝的研究課題に着手した。彼らはニューヨークシティーの数か所の公園、および市外の田園地帯の数か所においてネズミを捕獲した。この新しい研究の目的はゲノムに含まれる遺伝子標識を2つか3つ無作為的に選んで調べてみることではなく、ネズミの臓器の中で実際に活動している多数の遺伝子を研究するというものだった。そうするために、残念なことだが、ネズミたちが都市科学のために支払わねばならなかった犠牲は、尻尾の先程度ではなかった。研究者たちは捕獲したネズミを1匹ずつ殺して、肝臓、脳、生殖腺を摘出し、これら臓器からいわゆる伝令ＲＮＡ（ｍＲＮＡ）を抽出した。伝令ＲＮＡ（ｍＲＮＡ）はＤＮＡからコピーした遺伝情報を担い、細胞はその情報を使ってタンパク質を合成するのである。こうして生きものから抽出したｍＲＮＡプールから分かることは、その生物の体の中で積極的に使われているのはどの遺伝子か、そしてその遺伝子の担う正確な遺伝情報は何か、ということである。

続いて、この膨大な遺伝子情報のプールから、かれらは公園ごとの遺伝子を比較して、偶然に生じた場合に予測される差異よりも大きな差異を示す全ての遺伝子を選んだ。というのは、それらが適応放散を遂げたとおぼしき遺伝子だからだ。たとえば、セントラルパークのネズミは、通常とは大きく異なるＡＫＲ７遺伝子を持っていた。この遺伝子は、カビの生じたナッツやシードにしばしば発生する菌が産み出すアフラトキシンという発がん性の有毒物質を中和する役割を担う。何らかの理由で（たぶん、捨てられたスナック?）、セントラルパークのネズミたちはこの物質にさらされる機会が多いようだ。セントラルパークで際立った進化の仕方をしたもう一つの遺伝子は、ＦＡＤＳ１だった。この遺伝子の役割は高脂肪食の処理である。これもまた、このネズミたちがセントラルパークで最も入手しやすい食材に対応して進化を遂げたということを、おのずから示している。別の公園でも差異が目立つ遺伝子があったが、そのほとんどが食餌に関係するか、汚染の影響に関係するものだった。さらには、免疫に関係する多様な遺伝子が存在したが、これは道理にかなっている、とマンシーサウスは言う。「個体群が小さい場合は、感染はとても容易に拡大しますから」

話題をハリウッドのボブキャットに移そう。高速道路によって分割されたボブキャットの1集団もまたその免疫系を進化させることに成功したようである。サウザンドオークス市に暮らすボブキャットは、ルート101号線によって他の仲間たちから切り離されているが、2002年から2005年にかけて、かれらの間に寄生ダニが原因の疥癬という衰弱性の皮膚病が蔓延した。アメリカ合衆国国立公園局の調査から明らかになったのは、この病気が襲ったのは、主として殺鼠剤の影響ですでに衰弱していたボブキャットたちだったということだ。殺鼠剤は一般家庭や駆除業者によって広く使用されているものだ。毒殺されたネズミをボブキャットが食べることで、かれらの免疫系が衰え、疥癬に感染しやすくなったのだ。この病気は長い目で見れば命取りにもなり得る。実際、大変多くのボブキャットの命を奪ったので、非常に強い自然選択が数年間にわたって起こった。その間、年間死亡率は80%から20%程度まで急落した。自然選択は免疫系を急激に進化させ、ローレル・セリエによって集められた遺伝子データにもその兆候が認められたほどだった。疥癬の流行以前に捕獲したボブキャットが持つMHCとTLRという一揃いの遺伝子が、流行後のそれとは大きく異なっていることを、セリエは発見したのである。これらの遺伝子は、病気の原因となる微生物——ダニそのものや、ダニが皮膚に穿った穴から皮膚に入り込むバクテリア——を認識するタンパク質を生産する。どうやら、適切な組み合わせの免疫遺伝子を持ったボブキャットのみが疥癬の激しい攻撃を生き延び、隘路を潜り抜け、ボブキャットのテリトリーの孤立した一角、サウザンドオークスのボブキャットの遺伝子構成を永遠に変えてしまったようだ。

おそらく、遺伝的浮動と近親交配によってすでに衰弱していたがために、101号線以北に暮らすボブキャットに疥癬が蔓延したというのは、その通りであろう。しかし同時に、個体群の規模が小さかったことで、彼らが暮らす特定の地域が直面した難局に、かれらは非常に迅速に適応することもできたのだ。そして、これは規模のもっと大きな個体群では起こり得ぬことだったかもしれない。というのは、個体群が大きければ、四方八方から非適応遺伝子が流れ込んできたであろうから。事はシロアシネズミについても同様である。すなわち、セントラルパークという特定の環境に適応することが可能なのは、セントラルパークのネズミが他の公園のネズミから十分に孤立した状態にあるときだけなのだ。パリにおいても、北部に暮らすパラキートの頭部と翼の形状には、南部の個体群と比べると、わずかな相違がある。これは、2つの個体群の始祖である鳥たちにすでに相違があった可能性もあるが、この都市の異なった地域間のわずかに異なった状況が原因で、個体群がそれぞれの地域的環境に適応した可能性もありそうだ。

マンシーサウスにとって、遺伝的分断化が「都市野生生物の災いのもとである」という見方から、「断片化された集団がそれぞれの局所的環境によって求められる条件に適応するための好機である」という見方へと変化したことは、好奇心を掻き立てる理論的枠組みの大転換である。「それは本当に興味深い問題です」とかれは言う。「すぐにでも私がやりたいことは、個体群を全域にわたって調査することです。都市内部から数個体群を、都市郊外から田園への勾配に沿って数個体群を選んで。そして、局所適応がニューヨークシティー全域に存在する全個体群について一般法則化しうるものかどうかを確認するのです。そしてこの技術をひとたび獲得すれば、他の様々な都市についても調査ができます。都市での生物進化が必然的に向かうところは、本当はそこなのだと考えます。それはまだ研究されていない問題で、本当に重要な問題なのだと思います」

Chapter 11 汚染と進化

『さようなら、いままで魚をありがとう』〔滑稽さで名高いヒッチハイカー小説3部作の続編。河出書房新社、2006、安原和見訳〕の中で、著者のダグラス・アダムズは、主人公のフォード・プリーフェクトが夢で見ているニューヨークのイーストリヴァーの様子を描いている。イーストリヴァーが本当に「とてつもなく汚染されているために」、川から新しい生命体が続々と出現し、福祉と投票権を要求している、という夢だ。アマチュア動物学者で保全主義者でもあった故アダムズは、現実がかれのSF小説に近づいていることを知ったら、きっとくすぐったい思いをしたことだろうとわたしは考えたい。

今日では、多くの国がこれまでの行状を改めて、環境汚染物質を使用したりそれを人口稠密な国土に放出したりするなどの無謀な行為を非合法化する方向に動きだしているが、人間の生活環境においては、環境汚染から完全に逃れることは決してできないという事実を私たちは直視しなくてはならない。多種多様な人間活動の密度と強度が高いということは、それだけで、自然界に遍在する物質濃度を上回る濃度で諸物質を排出し続けることを意味する。そして、毒性の極めて強い汚染物質はより弱いものに取り換えられ、その利用と普及は可能な限り規制され、制限を受ける。それでも都市環境に生息する野生の動植物は、昔ながらの環境に暮らす同胞たちとは異なる組み合わせの、より濃厚でより多様な化合物と出会わざるをえない。そしてこれらの物質はみな、円滑に働いていたそれまで動植物の生理機能にとって障害となる可能性がある。

汚染物質であふれ、多様で絶え間なく変化し続ける環境に対処することは、都市に暮らす生きものたちが生き抜くために必要な数多の条件の一つなのだ。半世紀以上も前のこと、瞬く間に日常的に使用されるようになった殺虫剤に対する非難の書、『沈黙の春』(1962年出版)の冒頭部分を執筆したレイチェル・カーソンは、この問題について落胆失望するほかなかった。カーソンは次のように書いている。

時間が与えられれば——何年ではなく何千年の時間だが——生命は適応する……(中略)……。時間は欠くべからざる要素だから。しかし、現代世界には時間はない。……(中略)……変化は目まぐるしく、新たな状況が創り出されていく速度は、ゆったりとした自然のペースではなく、衝動的で不注意な人間のペースに従う。……(中略)……これらの化学物質に適応するために要する時間は、自然の尺度で測られる時間である。それには一個人の一生では足らず、幾世代にもわたる時間が必要となるだろう。

汚染物質に直面しても、自然は必ずしもカーソンが危惧していたほどには脆弱ではないことを、今日、わたしたちは知っている。強度の汚染は生きものを進化させ、有毒の泥沼から抜け出すことを可能にするかもしれないのだ。そして多くの動物や植物がニューヨークシティーのシロアシネズミと同様のことを成し遂げてきた。すなわち、汚染が邪魔するなら、身体の生理学的仕組みを工夫して対抗せよ、ということである。

汚染に適応した魚

環境汚染に直面して、自らの身体の仕組みを改変して有名になった動物にマミチョグがいる。ダグラス・アダムズなら、即座に、この魚の名前を記憶によみがえらせていたことだろう——特に、宇宙空間を飛んだ最初の魚でもあったわけだから。魚類学者にはフンドゥルス・ヘテロクリトゥス（*Fundulus heteroclitus*）として知られるマミチョグは、汽水域に生息する人差し指ほどの大きさの丈夫な魚で、体色は焦げ茶色で、きれいな銀色の小斑点が散っている。マミチョグの生息地は北米東海岸で、南はフロリダから北はノヴァスコーシァに至る河口域や湿地帯で見つかる。これほど広範に生息していること自体が、この魚の耐性と頑強さをすでに表しているが、この性質こそ、19世紀後半以来、マミチョグが様々な実験に好んで利用されてきた理由の一つである。１９７３年には、無重力空間における平衡と定位に関する実験目的で、この魚はスカイラブの乗員に選ばれもしたのだった。

自然もマミチョグに対する独自の実験を行ってきた。その生息範囲には北アメリカ最大級の都市と繁栄を極める港とがいくつも含まれるから、この小さな魚は各地で環境汚染の影響を受けてきた。マミチョグは、マサチューセッツのニューベッドフォードハーバーやコネチカット州最大の都市ブリッジポートの港湾の海底に積もった泥を浴びながら泳ぎ回っている。産業が生んだこの汚れた底泥には、1キログラム当たり最大20ミリグラムのPCB（ポリ塩化ビフェニル）が含まれている。20世紀中の数十年にわたって、何の規制もないままに産業廃棄物を海へと流し込んだ結果である。20ミリグラムなど大した量ではないように思われるかもしれないが、かつては冷却・潤滑・印刷などあらゆる分野で好き放題に利用されたPCBは、20世紀が産み出した危険極まりない、しかも最も分解されにくい化合物の一つなのだ。この魚の都市部の生息地に多量に存在する、名は耳に心地よいものの、同じように不吉な結果をもたらす他の化合物の中には多環芳香族炭化水素（PAH）がある。

PCBとPAHがそれほど厄介なものである理由は、これらの化合物がAHR（芳香族炭化水素受容体）と呼ばれるタイプのタンパク質に結合するからである。この種のタンパク質は、人でも魚でも同様だが、胚の発達プログラムを始動させたり停止させたりするスイッチのように働く。動物が高レベルのPCBやPAHに直面すると、これらの分子は絶えずAHRと不穏なやり取りを続けるおかげで、プログラムのスイッチを早く入れすぎたり、あるいは切るのが遅すぎたりといった事態が生ずる。その結果は先天異常となって現れる。特に、心臓や血管の発達に障害が起きる。PCBに曝されたマミチョグの幼魚はしばしば尾鰭からの大量出血や、心臓の肥大化ないし発育不全といった症状を呈し、通常、成長途中で死ぬ。実は、マミチョグは魚類の中でもＰＣＢとＰＡＨによる汚染に最も影響を受けやすい種の一つなのである。

ただしこれは、平均的なマミチョグの幼魚についての話である。ブリッジポートやニューベッドフォードハーバー（そして、北米東海岸のさらにひどく汚染された少なくとも2つの港湾都市）の、たっぷり毒を含んだヘドロのなかをバシャバシャ泳ぎ回っているマミチョグたちは、並の連中ではない。かれらはムカつくような化学物質による汚染に対処する術を進化させてきたのだ。

カリフォルニア大学デイヴィス校の生物学者アンドルー・ホワイトヘッドは、マミチョグのすばやい進化について研究を続けている。酷く汚染された場所（いわゆる「スーパーファンド」サイト。スーパーファンドとは、この名を冠した国家事業として行われる大規模な環境浄化のための資金）に暮らすマミチョグの性質を、その近隣にあって、昔と変わらない水環境に暮らすマミチョグの性質と比較するのである。たとえば、ニューベッドフォードハーバーの南西40マイル［約64キロメートル］ほどにあるブロックアイランドは、昔と変わらない環境を維持しており、ＰＣＢのレベルはほとんど検出レベルを下回り、ニューベッドフォードのそれの8千倍も低い。また毒物カクテル状態のブリッジポート都市部から南に9マイル［約14キロメートル］、ロングアイランド海峡の対岸では、ほんのわずかなＰＣＢさえ存在しないフラックスポンドの美しい潟のなかで、マミチョグは嬉しそうに鰭（ひれ）を動かしている。

これらに、汚染された／汚染されていない調査地をさらに2組加え、ホワイトヘッドはそれぞれの調査地からマミチョグを捕獲すると、一般的なＤＮＡ検査を行い、汚染／非汚染のペアーが、それぞれ相互に最も近い血族関係にあるかどうかを調べた。成果は期待を裏切らないものだった。フラックスポンド産と近隣のブリッジポート産のマミチョグの祖先は共通だった。ニューベッドフォードとこれに隣接するブロックアイランドの魚も同様であった。しかし類似性はそこまでだった。というのは、他の多くの点において、それぞれの汚染された調査地に産するマミチョグは、近隣の昔ながらの環境に産するマミチョグとは大幅に違う方向に進化していたからである。最初に、ホワイトヘッドが室内実験で明らかにしたのは、汚染域に暮らすマミチョグが、普通なら致死レベルのＰＣＢに対する耐性を持っていたことだった。ブロックアイランドのマミチョグなら腹を上にして浮くはずの濃度の10倍のＰＣＢ濃度でも、たくましいニューベッドフォード産のマミチョグは鰓蓋（えらぶた）をピクリともさせなかったのだ。ブリッジポート／フラックスポンドの比較でも、他の2組の汚染／非汚染調査地の比較でも結果は同じだった。

２０１６年に『サイエンス』に発表した論文で、ホワイトヘッドとその研究チームはマミチョグがいかにしてこれをやってのけたのかを明らかにした。8か所のそれぞれに産するマミチョグ約50匹のゲノムを（全ての染色体の全情報を、一文字一文字）読んだのである。その結果、汚染された水域に生息していたマミチョグには全て、ＡＨＲタンパク質をコードする遺伝子のなかに変異（遺伝子コードの書き換えと欠落部分）が見られた。また、なかにはＡＨＲと相互に作用し合うタンパク質の遺伝子に変異が見られたものもあった。興味深いのは、こうした変異の多くが汚染水域ごとに多様であることで、これは進化が何度も、独立に、ＰＣＢ耐性を生み出したことを意味する。

次に、ホワイトヘッドたちはこうした変異が生きているマミチョグにどんな結果をもたらしたのかを調べ、汚染への耐性を持つマミチョグにおいては、AHRがPCBへの応答性を失っていることを発見した。耐性を獲得したマミチョグがPCBに曝されたとき、汚染されていない環境の魚とは異なり、もはやAHRは始動スイッチが入らなくなったのだ。マミチョグは、体から脆弱な部品類をいくつか除去する離れ業を実現しつつ、基本的な生命活動を維持できる方法を進化させたのである。おそらくは、何らかの部品がほかの場所に挿入されているのか、あるいは、体の機能が実は以前ほど円滑ではなくなっていることを意味しているのかもしれない。しかし非常に重要な点は、都市での急速な生物進化のおかげで、マミチョグは常識からすればあり得ない環境で生存を続けているということだ。「これは注目すべきことではないか?」ホワイトヘッドは強調する。「自然選択による進化が、わずか数十世代で生じたのです!」

塩は生物の大敵

PCBは、わたしたちの都市をずぶ濡れにしている化学物質カクテルの成分の一つに過ぎない。道路の塩撒きを考えてみよう。冬季における道路の凍結防止に、多量の塩化ナトリウムを散布することは、北半球の寒冷地において広く行われている。アメリカ合衆国だけでも、毎年、なんと55億ポンド［2千万キログラム強］もの塩が道路に撒かれているのだ。これを集めれば、3億5千300万立方フィート［約1千60万立方メートル］の食卓塩の塊になる。塩分が環境中に充満していても不思議はない。除氷を意図して撒かれた道路から1マイル［約1・6キロメートル］

以上離れた地点で（そして、地上60階でも）塩が見つかっている。冬の間、大都市の川や運河の水は、汽水［海水の約3分の1の濃度］に似てやや塩辛いのだ。

ほとんどの生きものにとって、この塩分は厄介である。だれもが学校で習ったように、浸透圧によって水は塩分濃度の高いほうへと動いていく。こうした理由から、塩分の多い環境では、動植物の細胞は逃げ出そうとする水を懸命になって引き戻し、自身が干上がってしまうのを防ごうとするので、仕事量を増大せざるを得ないのである。塩が好ましくない理由はもう一つある。化学的にナトリウムはカリウムにとても似ている。しかし、カリウムが動植物の細胞内で起こる多くの作用に欠かせない物質である一方、ナトリウムが細胞内のカリウムにとって代わると、正常な細胞の働きを大きく変化させる。だから、環境中の塩分濃度が高い場合には、カリウムの力を借りて細胞が行う作用過程にうまく潜入したナトリウムは、大きな問題になることもあるわけである。

塩が絡んだ状況にうまく対処し得ている生きものは、通常、細胞への塩分による攻撃を阻止するための仕組みを進化させている。そして、定期的に道路に撒かれる塩で環境が覆われたとき、この手の生きものたちは、同様の仕組みを欠いた種が明け渡した地位を奪い去るのである。先にも述べたように、こうした理由で、耐塩性の海浜植物が内陸の幹線道の路肩の硬い土壌に進出し、道路脇の正規の植生を駆逐するのだ。しかし、既に道路際に生息している動物や植物が、塩撒きのおかげで、耐塩性を進化させることもおそらくあるだろう。

この推測を検証するため、ニューヨーク州トロイのレンセラ工科大学の博士課程学生ケイラ・

コールドスノウと仲間たちは、ミジンコ（*Daphnia pulex*）を使って実験室内で実験を行った。この微小な淡水産甲殻類を、複数用意したいわゆるメソコスム［基本的に大型の水槽の中に、プランクトン、植物、二枚貝、巻貝、甲殻類から成る本物の生態系が作られている］に同じ数ずつ導入した。メソコスムは、淡水が入ったもの、汽水が入ったもの、さらには塩分濃度をその中間くらいにした水の入ったものをそれぞれ数個ずつ用意した。かれらはメソコスムにミジンコを放し、10週間にわたって飼った（この日数は、多産なミジンコにあっては、5世代から10世代分に相当する）。最後に、もし変化が生じていれば、それが実際に遺伝的なものであって、塩水のもたらした何か別の効果ではないことを確認するために、彼らはミジンコの子孫たちを取り出し、塩分を加えない真水の入った清潔な実験用水槽のなかでさらに3週間にわたって飼育した。それから、それぞれ血統ごとにその塩分に対する耐性を検査した。その結果、ミジンコが塩水に適応したことを示す遺伝的な特徴を維持していることが明らかになった。1リットルに1・3グラムの食塩を加えた塩水に入れたとき、控えめな塩分濃度のメソコスムの中で暮らしていたミジンコの子孫たちは健康に生き延びた（75％から90％の生存率だった）のに対し、それ以前に塩分に全く触れていない系統のミジンコの生存率はわずか46％だったのである。

勿論、これは実験室での実験にすぎない。しかし冬場に道路へ撒く塩に関して、これと同じ種類の適応進化が主要幹線道路脇の野生の動植物に起こる可能性、そして世界の寒冷地の都市動植物相が、わたしたち人間が原因となり、海浜の生物群系に近似したものに進化しつつあるという可能性は十分にありそうだ。

都市に出現する生態系には、海浜生物群系だけではなく、おそらく鉱山的生物群系に類似したものもありそうだ。重金属類〔亜鉛、銅、鉛など〕は通例、自然界には希少である。それらは岩石中に鉱脈をなしていて、自然状態において環境中に出現するのは、鉱脈が地表にぶつかり、ゆっくりと風化されていく状況においてのみである。事態がすっかり変わったのは、人間が金属類に、その弊害と表裏一体の大いなる恩恵を見出して以来のことだ。古代の銅製の斧に始まり、20世紀の有鉛ガソリンから、今日のスマートフォンに使われるコバルト、銀、金、マンガン、イットリウム、亜鉛、アンチモン、ガリウム……など。人間は世界に類を見ない重金属の最大の蓄積者である。そして重金属の多くが都市の内部とその周辺に蓄積されるのだ。

重金属は有毒であることが多いが、それは重金属の分子が酵素をはじめとするタンパク質やDNAと結び付く傾向があるからで、その結果、生きものの正常な機能の働きを阻害するわけである。重金属類は自然の状況下では非常に希少なものだから、多くの動植物は重金属に適応する機会を持ったためしはなく、したがって、重金属に対する耐性が十分ではないのだ。そこに、ホモサピエンスの登場に伴って出現する銅の溶滓(スラグ)の山、有鉛ガソリン、亜鉛をメッキした街灯柱や高圧鉄塔など、いたるところが、突如として重金属だらけの状態になったのである。生きものたちはそこで再び、適応するか、姿を消すかの選択を迫られているのだ。

セイタカミゾホウズキ(*Mimulus guttatus*)は適応に成功した植物である。北米西部に広く分布するこの野草は、カリフォルニアにある、コッペロポリスという愉快な名の付いたかつての銅山で、マルチコッパーオキシダーゼという酵素の遺伝子の変異体のおかげで、土壌中の高濃度の銅を処理する術を進化させている。細胞内から銅原子を追い出す働きをするのだろうと思われるこの変異は、ボタ山に生育するセイタカミゾホウズキ全てに共通した特徴となっている。150年前に採掘が開始されて以来、ボタ山にはこの花が根を張り続けているのである。

同様の事態は連合王国でも亜鉛メッキされた高圧鉄塔の直下に生育する植物群集に起こったようである。この鉄製の構造物から剝がれ落ちる亜鉛によって、土壌中の亜鉛濃度が最大で通常の50倍になっているのだ。1988年、リヴァプール大学のセディク・アル－ヒヤリと同僚たちは、18〜38年前に建てられた鉄塔の基部の土から、そして距離の離れた草地から、5種類の草本を選んで採取した。次に、これらの植物の亜鉛耐性を調べるために、亜鉛を含んだ実験室の土壌で育て、根の長さを測った。その結果、鉄塔直下に生えていた植物は5種ともみな素晴らしい成長ぶりを示し、根の長さは、別の場所から採集してきたものと比べ、最大で5倍の長さになった。

植物だけではなく、都市に暮らす動物も重金属への対処法を見出している。2000年から2004年にかけて、ロシアの遺伝学者N．Yu．オブコーヴァは、ヨーロッパの東西南北を端から端まで旅して、ほぼ9千都市のハトの身体的特徴を書き留めるという仕事を自らに課した。ハト1羽ごとに、体色が白っぽいか、煤のような暗灰色をしているか——ハトの場合には、遺伝に由来する多様性である——を記録したのだ。ハトをこうして分類した結果、明らかになったのは、羽毛中のメラニン色素量がずっと多い「黒色素過多症」の鳥は、都市化の程度が低い地域と比べ、大都市に多いということだった。そして、これはハト愛好家が飼う鳥との遺伝的交雑の結果なのか、あるいはそれとは別の意味を持つものなのか、という疑問がオブコーヴァには残った。

パリ大学のマリオン・シャトランは、亜鉛に覆われたパリの都市景域にすっかり溶け込んでいるお馴染みのハトを用いて、オブコーヴァの直感的な問いかけへの答えを探している。メラニン色素が金属原子に結び付くことを前提に、シャトランは次のように考えた。おそらく体色が濃いハトほど都市生活によりよく馴染んでいるのだろう。というのは、暗い色のハトのほうが、身体から亜鉛のような重金属汚染物質を除去する能力——単に重金属を羽毛に移転させるだけのことだが——に優れているからだ。そこで、シャトランは研究仲間の一人であるリサ・ジャッカンにパリ市街に棲むハトを約100羽捕獲してもらった。次にシャトランは、羽毛の色彩濃度を測り、個体識別の足輪を装着し、実験室にしつらえた鳥小屋の亜鉛の存在しない環境下で飼育した。その後、彼女はそれぞれの鳥の翼から羽毛を2本ずつ引き抜いた。1年後には、羽毛は再生していた。シャトランは生え変わった羽を抜き取って化学的分析を行い、清浄な状況下で暮らした1年間に亜鉛を羽毛に蓄えることで、ハトたちはどの程度体内から亜鉛を除去することができたのかを確認した。その結果、色の濃いハトのほうが羽毛に蓄えた亜鉛の量が25%多かったことが明らかになった。

続いて行った研究で、シャトランは再度100羽ほどのパリ産のハトをかき集め、鳥小屋で飼育した。再び、足輪付けと羽毛抜きといった型通りの作業を繰り返したが、今回は鳥小屋から重金属を排除しなかった。彼女はハトを入れる小屋を、飲み水に少量の亜鉛を含むもの、少量の鉛を含むもの、そしてその両方を含むものに分け、さらに対照標準として、重金属を排除した小屋を2つ設けた。再び、彼女の研究が証明したことは、体色がより暗い鳥のほうが、明るい鳥よりも羽毛に蓄積される亜鉛および鉛の量が多いということだったが、そればかりではなく、親鳥同様に鉛に曝された後も、生き残っているひな鳥たちは鉛が排除されている環境下で育った鳥に比べて、より黒い羽毛を有していた。これが示唆するのは、色が薄い若鳥は生後早い段階で死んでしまったということである。汚染された環境下ではより暗い色の羽毛をまとうことに、真の進化的優位性があることを示している。

ハトを対象としたシャトランの研究は、都市のハトはメラニンを含有した羽毛の解毒作用のために、羽毛をより黒くする方向に進化しつつあることを意味するのかもしれない。しかし物語はおそらくもっと複雑である。メラニンを生産する遺伝子は、ストレスホルモンの調節と免疫系にも関係しているからだ。だから、鳥の体色と生息環境の重金属含有量とは、単純な1対1関係ではなく、もっと複雑なシステムの一部なのかもしれない。結局、都市に暮らす鳥の免疫系とストレス反応系には、やはり田園地域の鳥とは異なった負担がかかっているのだ。この問題については、別の章で扱うことになる。

驚くべきことだが、動物や植物の中には、進化によって、その生息環境中に人間が投棄する恐ろしい汚染物質をうまく処理するものが存在する。後に見るように、同じことは全ての種に当てはまるわけではない。種の多くは適応に失敗し、死滅する。実際に適応したものも、しばしば大きな対価を支払う。しかしながら、少なくとも、生息環境に起こる化学物質汚染に負けず、まんまと切り抜ける種が存在することは、都市が促す急速な進化の力を証明している。

Chapter 12 巨大都市の輝く闇

毎年、ニューヨーク市では、9月11日のテロリストによる攻撃で亡くなった人々に、「追悼の光」を捧げる。それぞれ8千ワットのキセノンランプ88機が発する光線を、真上の夜空に向かって放ち、マンハッタンのダウンタウンに永久に残された傷跡の上空に、2本の透明な青白いタワーを出現させる。それは、2001年のあの運命を決する日にもたらされた破壊を思い起こさせる、息を呑むような光景である。このインスタレーションの製作者、故マイケル・ジェームズ・アハーンはかつて次のように語った。「これはあらゆる感情と記憶を呼び覚ます引き金です。そしてあなたの熱望の対象——闘争も挑発もない世界——を想起させるのです」

しかしながら、人間が企画する大半の大規模な事業がそうであるように、こうした、見た目には清らかな天空の光の展示物ですら、それ特有の破壊をもたらすものである。というのも、毎年、渡りの途上にある何万羽にも及ぶ小鳥——通常、夜間に飛行する——が、この人工的な光の鳥かごの罠にかかってしまうのだ。9月中旬は秋の渡りの最盛期。マンハッタン島の先端は、南に向かうさまざまな種類のムシクイがそれぞれの航路に分かれる分岐点になっているので、毎年9月11日に挙行される追悼の催しは、光の柱の間をあちこちと飛び回りながら、警戒の鳴き声を発する、空を覆う混乱したムシクイの群れによって台無しにされるのだ。オーデュボン協会〔米国の野鳥保護団体〕の有志たちが現場に詰めていて、消耗しきったハゴロモムシクイ、カマドムシクイ、シロクロアメリカムシクイ、アサギアメリカムシクイの治療をし、鳥たちが方向感覚を取り戻し、南への渡りを続けられるように、一時的に照明を切るタイミングについてこの企画のオペレータに忠告を与える。それでもこの光の展示物は、小鳥たちにとってただでさえ重い負担を強いる南方への旅に死という結果を、あるいは、少なくとも、さらなる重圧と消耗とを確実にもたらすのである。

ロナウドの頬にとまるガ

似たように大規模ながら、感情的には非常に異なるイベントで、やはり光害によって生きものの季節移動に影響をもたらしたものとして、2016年UEFA（欧州サッカー連盟）ヨーロッパ選手権がある。フランス対ポルトガルの試合が行われたのは、パリ市内の巨大なスタッド・ド・フランスで、2016年7月10日の熱い夏の夜だった。前の晩は、安全管理上の理由で、整備員は競技場の灯りを点けっぱなしにしていた。巨大な投光照明器の灯りに引きつけられて、何千匹ものガの群れ——ほとんどはガンマキンウワバ（（silver Y moth）*Autographa gamma*）（濃い灰色の斑点を散らした前翅に、明るい白色の「Y」もしくは「γ」が描かれていることから、そう名付けられた）だった――が、次々に、誰もいない茶碗状の競技場に舞い降りたのだ。ガンマキンウワバは移動性（マイグラトリ）のガである。毎年春になると、何億匹というガが南ヨーロッパから北に向かって飛ぶ。地上から200〜300ヤード［18〜27メートル］上空を飛行し続け、キャベツやジャガイモなど、北ヨーロッパの農作物の遅い旬の恵みに与ろうとするのだ。年によっては、これに加えて、夏至の時期にもヨーロッパ西部から北部にかけて横断する群れが出現する。すると、ガの持つ性質ゆえ、中には照明に誘われて競技場に飛び込む群れも出てくるのだ。何千匹というガが照明の熱に焼かれて命を失ったが、残りは強い光に目がくらみ、困惑して、競技場の芝生の間に落下し、明け方の消灯後は、そのままそこに隠れて昼をやり過ごし、その夜のビッグゲームを待ったのだった。

そして夕闇の降りるころ、8万人の観客が席に着き、再び照明が点灯された。そこで、眠っていたガたちは目を覚ましたのだ。選手たちがウォームアップを開始するものの、既にピッチ上を低空で飛び回っているガの大群によって中断され、午後9時のキックオフの時間までには、何千匹ものガが競技場を縦横無尽に飛び回っていた。この夜に撮られた写真には様々な光景が記録されていた。苛立つUEFAの役員たちが互いの濃紺の背広からガを追い払う様子、テレビカメラのレンズを遮るガやゴールポストにぶら下がる大量のガ、またピッチのラインがはっきり見えるようにと必死に掃除機を動かす整備員たち、そしてハイライトとしては、24分に負傷したクリスチティアーノ・ロナウドがピッチの上で涙を流す姿と、その頰を伝う涙を1匹のガンマキンウワバが吸いとる様子など。

「追悼の光」に捕まった小鳥の大群や、2016年ヨーロッパ選手権のピッチに降り立ったガの大集団は、人工光に引き付けられた夜行性動物の、かなり目立ちはするものの、たかだか2つの例にすぎない。同様の事件は、実は、白熱灯、LEDの表示装置（ディスプレイ）、ガス放電灯、その他、夜の闇を追い出すためにわたしたちが発明したさまざまな照明器具のスイッチを人々が入れるたびに、何時でも何処でも、起きているのである。人間が人工照明を用いて以来、それは意図しない連鎖反応を生じさせ、夜行性の動物と、さらには植物の、生態と生物時計に干渉してきたのだ。

なぜ虫は光を目指すのか

照明によって誘発される混乱の犠牲者としては、ガなどの夜行性の昆虫が最もよく知られている。温暖な夏の夜に、玄関前に蝋燭を1本灯してみれば、虫がいたるところから飛んで来て、炎の周りを旋回し、火に触れてその羽を焦がし、ついには沸騰する蝋の中へと真っすぐに飛び込んでいくことだろう。なぜこんなことになるのか、科学はその理由をまだ完全には解明していない。明らかなのは、昆虫の進化過程において、何百万年にも及ぶ期間、人工照明は存在しなかったということだ。それゆえ、昆虫が電球に引き寄せられるのは、自然光によって誘発される原初的行動の副産物でなければならない。一説には、夜間に飛ぶ動物は月や星を利用して自らの航路を確定するとされる。これらの天体は地球からはるかに離れた距離にあり、天空をごくゆっくりと移動していくので、航行中の昆虫からは静止して見える。そのために、月ないし明るい恒星に対して一定の角度を維持するだけで、昆虫は迷わず真っすぐ飛ぶことができるというわけだ。初めて人工の灯火に出くわした昆虫は、それを天体同様に扱ったであろう。しかし、地べたに置かれた人工照明は、天体とは違って、一定の角度に固定された標識とはなりえない。距離が近すぎるからである。電球や蠟燭の火に対して一定の角度を維持することは、実は、常に円を縮めながら、灯りに向かって接近し続け、ついには、焦げ臭い煙を吸うはめになることを意味するのだ。シェイクスピアの台詞なら、「こうしてまた、蠟燭の火に身を焼く虫が一匹」(『ベニスの商人』(2幕、第9場)、新潮社、1967、福田恒存訳)というわけである。

理由はどうであれ、わたしたち人間が焚火やかがり火、蠟燭、鯨油ランプや電灯を灯し、夜の環境を明るくして以来、昆虫たちは型通りにこれらの灯を目指して、死んできた。虫たちは熱源に至近距離まで接近して身を焼かれるか、あるいは、電灯柱でなら容易に獲物が手に入ることを学習したコウモリやフクロウやヤモリの標的にされるかして、死んでいくのだ。そしてたとえ焼かれたり、食われたりはしなくとも、パートナーや餌を探すために使っていてしかるべき時間を、催眠術にでもかかったように、じっと灯火を見つめて費消しただけでも、その虫が生存競争において敗北を味あわされる結果に至らないとは限らない。

街灯の周囲を旋回したり、投光照明の光線に捕らえられたり、あるいは玄関灯の艶消しガラス製の傘にごみとなって溜まっている昆虫の数だけ見ても、人工照明があらゆる種類の生きもの(昆虫、哺乳動物、渡り鳥、カメ、魚、巻貝、両生類、植物)に対し、果たしてどれほど大きな影響を及ぼしているものか、ぜひ知りたい、という気持ちになるのではないか。生きものたちはみなその活動の一部を夜陰に紛れて行うので、灯火に出会えば、似たような困惑を味わうはずなのだ。

近年まで、この問題について科学者は口を噤(つぐ)んでいた――いくつかの逸話的な出来事は語られていた。一つは、1954年に、5万羽の小鳥がワーナー・ロビンズ空軍基地で死んだ件で、その時小鳥たちは着陸灯を目指して飛来しそのまま地面に衝突したのだった。1981年のある晩、オンタリオのキングストン付近の工業プラントでのこと。1万羽を超える小鳥が、投光照明が照らす煙突に激しくぶつかった。昆虫に関しては、イギリスの2人の昆虫学者が、1949年8月20日の夜、1灯のランプに集まったガを5万匹以上捕獲した。また、ある時、ドイツのある1本の橋に据えられた複数の灯火の下で、推定150万匹のカゲロウの死骸が見つかった。

15年ほど前から、数名の科学者たちが「アラン」(ALAN=Artificial Light At Night〈夜間人工照明〉の頭字語(アクロニム)――光害はこの表現で生態学の文献中に場所を得たのだ)の影響についてもっと信頼に足る数字を示そうと努力を続けている。マインツのヨハネス・グーテンベルク大学の研究者ゲルハルト・アイゼンバイスは、自ら呼ぶところの「電気掃除機効果(バキュームクリーナイフェクト)」をずっと追究し続けてきた。「以前は暗かった地域にアランが設置されたとたんに、まるで真空の作用を受けたかのように、昆虫は生息地から吸い出され、地域の個体数は激減する」とアイゼンバイスは書く。たとえば、電気掃除機効果はおそらく次の事実の原因となるだろう。すなわち、高速道路沿いの僻地に建設されたガソリンスタンドの投光照明が、最初は膨大な数の昆虫を引き寄せるが、その後、2

年も経過すると、飛来する昆虫の数は急速に減少するのである。様々な都市環境において、月のある晩にもない晩にも、アイゼンバイスは「アラン」のタイプごとに死んだ昆虫の数を数えた。こうして数えた昆虫の数から推定して、アイゼンバイスは、ドイツ全国土の「アラン」によって死ぬ毎夏に昆虫の数を1千億匹と見積もったのだった——途方もない数字だが、道路上の交通事故でつぶれる昆虫の数と同桁の数字である。

野鳥は昆虫よりはずっと念入りに観察が行われてはいるが、「アラン」関連の鳥の死でさえ見極めることは難しい。数少ない確実な情報の一つは、カナダのイーリー湖畔にあるロングポイント鳥類観測所に由来する。この観測所では、長さ15マイル［約24キロメートル］ほどのロングポイント半島の先端に建つ灯台の灯に飛び込んで死んだ小鳥の数を、数十年間にわたり、毎日記録した。1960年代、'70年代、'80年代を通して、毎年、秋の渡りの時期には約400羽の野鳥が犠牲になり、春の渡りにはその約半数の鳥の死が記録された。ピーク時には、ひと晩で2,000羽の渡り鳥が犠牲になったこともある。しかし1989年に、灯台の灯りを付け替え、光束の幅をずっと細くし、光を弱めたところ、死ぬ鳥の数は劇的に低下し、それまでの平均値のわずか2~3パーセントほどになった。

都市域の庭の生物多様性について研究しているケヴィン・ガストンについてはすでに第5章で紹介済みだが、かれもまた光害問題の挑戦に応じて、「アラン」の影響に関して一連の実験を行ってきた一人である。わたしはガストンがライデン大学で客員講師として講義するところを見ていた——親しげだが威圧感のある人物で、陽に焼けていて、しっかりとして頼りがいがありそうな顔立は、大学の生態学者というよりはニューヨークの消防士に相応しそうだった。「人々は人工照明を膨大な規模で環境に導入してきました。それまでいつの時代にも、どんな人工照明も存在しなかった、そんな場所に導入したのです」とガストンは述べた。さらに、かれはわたしたちに気づかせた。「わたしたちが使う照明は、ナトリウム光のようにスペクトラムの幅が狭い光から、LEDのようなスペクトラムの幅がずっと広い光へと移りつつあります。それは、生物の光に対する感受性の全領域と重なり始めているのです。そしてあらゆる領域に影響を広げているのです。」

「アラン」が引き起こす大量殺戮、電気掃除機効果、そしてその急速な影響の拡大を前提に、私はガストンに次のような指摘をしてみた。「アラン」は、生物に光の誘因力に対するある種の抵抗力を進化させる働きをしているのかもしれないと。しかしガストンは疑わしげだった。「これは生物にとってこれまで経験のなかった事態で、彼らが太古から馴染んできた昼光のサイクルを台無しにするものです。しかもひどく急激に生じた変化です。容易に適応できるとはとても思えません。光に誘発されて働き出す生体システムのなかには、生き物たちの進化的に非常に深く根付いたものもありますから、適応可能とはいかないかもしれません」。しかしこの問題はこれまで十分に研究されてきたわけではない、とかれは付け加えた。

その点はガストンの言う通りである。実は、増えつつある都市生物学の文献の中で、「アラン」に対応する進化を扱った論文は合計でわずか2編しかないのだ。これは驚きである。実際には実験を考案するのはきわめて容易なのだから。光に誘引される生きものを1種類決めて、灯火のない田舎で、そしてたっぷり「アラン」に照らされる住宅密集地でそれぞれ複数の個体を捕獲し、かれらの光への指向性に違いがあるかどうかを確認すればよいだけである。これで進化の実験がひとつ出来上がる。

アランの数少ない実験例

事実、これこそまさにスイス人の研究者、チューリッヒ大学のフロリアン・アルタマットの実施した通りの方法だ。アルタマットは淡水の生物多様性についての専門家だが、同時に情熱的なチョウの収集家でもある。「私の快楽は――ウラジミール・ナボコフがかつて言ったように――男性が知る快楽のなかで最も強烈なもの。すなわち書くこととチョウの採集（ただしカメラで:-)）」［Vladimir Nabokov, Strong Opinions より。カッコ内はアルタマット］、と自分のウェブサイトで宣言している。高校生のころから、かれは携帯用の水銀灯を持ち歩き、中央ヨーロッパの各地でガを灯火に集めて研究しており、抵抗し難い誘惑として光がガの脳に働きかけることに好奇心をそそられていた。

そこで、アルタマットは簡単な実験を考案した。調査対象として、彼はサクラスガ［アーミンモスermine moth（*Yponomeuta cagnagella*）］を選んだ。このガがこんな名で呼ばれるのは［ermineは冬毛（白）のオコジョのこと］、真っ白な羽に黒い点が等間隔に並んでいるからで、それはちょうど王がまとうオコジョの毛皮のローブに点々とちりばめられたストウト［主に夏毛（褐色）のオコジョをstoatと呼ぶようだ］の尾の先端部のようだからである［オコジョは尾の先端だけが黒い］。これは賢明な選択だ。というのは、アーミンモスの幼虫［芋虫］はセイヨウマユミの木に集団で営巣し、発見も容易だからである。マユミが生えていればどこでも、このガの芋虫がぎっしり詰まった、透明な糸で織られた巣を見つけることができる。だからアルタマットにとって、バーゼル市内を巡り、さらに国境を越えてフランスへと渡って、異なる10の地点から大量の幼虫を採集してくるのは難しいことではなかった。かれは採集地の選択には気を付けて、人工照明がふんだんに使われている都市部から半数を選び、あとの半分はいまだに夜が夜らしい暗さを保っている田園地帯から選んだ。

次に、採集地が同じ幼虫は全て、マユミの葉がたっぷり入った同じプラスチックの箱に入れ、計10個の箱を全て自分の実験室に置いて、幼虫が蛹化し成虫になるのを待った。ガが羽化すると、1匹ごとに田園産のガと都会産のガとを区別するための印を付け、それから320匹の田園のガと728匹の都会のガを、片端に蛍光灯トラップを設置した暗い部屋に一斉に放した。もちろん、田園と都会のそれぞれのタイプのガのうち、結果として蛍光灯に集まるのは何匹になるのかを知るためだった。結果は、2016年刊行の『バイオロジーレターズ』に発表されたが、都市での生物進化の明らかな痕跡を示していた。田園のガの40％が真っすぐに灯りに向かって飛んで行ったのに対し、都会のガで同様の行動を示したものはわずか25％ほどであった──残りのガは放たれた場所にそのまま留まった。

この単純な実験は無作為に選んだガについて行われたものだが、「アラン」が灯火への飛来を促す遺伝子を都会産の個体群から除去しつつある、と仮定した場合に予想される通りの結果を示して見せたのだった。状況は他の昆虫でも同様だろうか。都市に生息する昆虫はみな灯りの誘惑に抗う能力を進化させつつあるのだろうか。アルタマットの実験を、他のさまざまな種について、規模もかなり大きくして繰り返し行ってみるまでわからないだろう。

光害を利用するクモ

中央ヨーロッパの別の場所で、光害への反応としての都市での生物進化にさらなる展開があることが明らかにされた。１９９０年代後半に、ウィーン大学のクモ専門家、アストリド・ハイリンクは、都市に生息する*Larinioides sclopetarius*というクモの研究を行った。一般的には、ブリッジ・スパイダー（bridge spider）として知られ、北半球に広く分布し、都市にも田園にも生息しており、水の上に（そして実際、しばしば本当に橋の上に）巣（ウェブ）を掛けているのが見られる。しかしハイリンクはこのクモの研究を北半球全域にわたって行ったわけではない。彼女が焦点を当てたのは、ウィーン中心部のダニューブ運河に掛かる60ヤード［約54メートル］ほどの、たった1本の人道橋だった。

この橋では、クモは手すりの上の空間に巣を掛けていた。『行動生態学と社会生物学』誌に発表された論文で、橋に沿って4本の手すりが設置されていたと彼女は説明している。手すりのうち2本は蛍光灯で照らされているが、あとの2本には照明がなかった。ひと夏の間、彼女はこの人道橋を往復しながら、毎日、手すりのブリッジ・スパイダーの生息数を調査した。通行者の好奇のまなざしを無視しながら彼女が集めた記録からは、クモは大半が照明の近傍に巣を掛けていたことが明らかだった。初秋段階で、照明の付いた手すりには1千500匹の太ったクモが暮らしていた。1平方ヤードに平均4匹で、時には、複数のクモの巣が重なりあうことさえあった。一方、無照明の手すりに巣を掛けるクモはわずか数百匹ほどだった。さらには、人工光で照らされた「生息地」のクモは、暗闇に暮らすクモに比べ、最大で4倍もの獲物を捕獲した――光に向かって飛ぶ昆虫の性質からすれば、驚くべきことでもないが。

　昆虫とは違って、通常、クモが灯火におびき寄せられることは全くない。近づくどころか、クモは人工照明を嫌って逃げ、暗い物陰に身を隠す傾向がある。ということで、ハイリンクが知りたかったのは、クモはいかにして「訪問者に大人気の巣の建設地（ベストヴィジテッドウェブサイト）」を探しあてることができたか、ということだった。たんに歩き回っているうちに、獲物の通行が頻繁な場所、すなわち照明が設置された場所を見出しただけなのだろうか。それとも、かれらはすでに灯火に誘引されるように進化を遂げていたのだろうか。これを確かめるために、ハイリンクは1つの実験を考案した。彼女は、一方の端には照明を取り付け、もう一方は暗くしたタンクを用意した実験室に、採集したクモを放した。進化ではなく、灯火のありがたみをクモが学んだ可能性もあるので、そうした学習効果を排除するため、彼女は実験室において暗闇のなかで育てたクモの成虫でも同様の実験を行った。すると、照明が設置された手すりから捕獲してきたクモも、実験室育ちで電球を一度も見たことのないクモも、同様にほとんど全ての個体が真っすぐ照明の付いた側を目指し、そこに巣を掛けたのだった。

　残念ながら、ハイリンクは光害のない非都市域に産するブリッジ・スパイダーを対象に同様の実験を実施することはなかった。それでも、水も漏らさぬほどの完璧さではないにせよ、彼女の実験結果は、人工照明に群がる翅を持ったおいしい昆虫を貪るために、このクモたちが灯火に誘引される方向に進化を遂げてきた、という印象を与えるのである。

それぞれハイリンクとアルトマットが発見した、遺伝的な基礎をもつ「アラン」への誘引と反発については、追試研究が強く求められるところである。人工照明が夜行性の生物の間に天文学的な数の犠牲者を出していたり、また、おそらく、すべての生きものの日常生活に対してより微妙な影響を及ぼしたりもしている現状から、至る所で、光に誘引される生来の性質への抵抗力が進化中であるに違いないと思われる。これまで、都市におけるこの種の生物進化が及ぼす作用を明らかにすることに関心をもつ生物学者は、ほんのわずかしかいなかったように思われる。もっと多くの研究者が、光を見る（シーザライト）［事態を理解する］べき時が、来ているのだ。

Chapter 13 それは本当に進化なのか？

２０１６年、『ニューヨークタイムズ』が、都市における生物の進化についての記事を書くようわたしに求めてきた。記事が出た後、興味を持った読者から何十通もの電子メールを受け取ったが、そうした読者の多くが都市の野生生物について自ら観察した結果をわたしに伝えてくれたのだった。チリのサンチアゴに長年暮らしているスパニエ氏なる人物は、街の野良犬についてを書いていて、自分の車に同乗させていた市外からの客が、突然、「いま通過したあの犬だが、道路を渡る前に、左右を確認していたぞ！」と叫んだ様子に触れていた。これも進化に由来する行動と言い得るのだろうかという疑問をこの人は持ったのだった。

ここまで本書を読み進める間に、読者も同様の疑問を持ったかもしれない。あるいは、わたしが示した実例は真の進化とは呼び得ないのではないか、と考えた読者もいるかもしれない。実際のところ、２〜３の例外を除けば（これについては後で取り上げる）、完全に新たな種類の生命が誕生するような進化をわたしたちは話題にしているわけではないのだ。大体において、都市での生物進化［都市進化］はもっと微妙なものだ。見てきたように、とても短い時間枠のなかで生じる変化なのだから、驚くべきことではない。バーゼル市内産アーミンモスが灯火に誘引されにくいとはいっても、田園産の同種と比較したときのその差はわずかなものにすぎない。モンペリエ市内のフタマタタンポポが重量級の種子を作り出すために注ぎ込む精力にしても、市外におけるフタマタタンポポと比較して、ほんのわずかに大きいだけだ。その差は測定可能であり、統計的に有意ではあるが、それでもなお非常に小さなものである。都市に産するフタマタタンポポと田舎のそれとを見せられても、その差異に驚嘆させられるようなことはないのだ。訓練を受けていない人の目には、それらはあいかわらず寸分違わぬ同一の植物に見えるだろう。

都市での生物進化の原因になる遺伝的微調整の多くは新たな機能でもない。たとえば、都市に生息するハトが重金属に対処するとき黒い羽毛が助けとなる。黒ずむそもそもの原因は、羽毛の色に突然変異を生じさせる遺伝子である。だが、この遺伝子は、現在の野生のカワラバトにも存在しているし、カワラバトが人に飼育され、人の手を逃れ、都市の鳥となるはるか以前からかれらの中に存在していたのだ。また重金属に汚染された都会の土壌に植物が生育するのを可能にする遺伝子は、何千年にわたってこれらの植物群落のどこかに既に存在していたのとまったく同一の遺伝子であるが、この遺伝子が維持されてきた理由は、それが銅や亜鉛を豊富に含む岩屑の堆積した斜面に育つ植物群落を救うことが時としてあるからだ。

事実、遺伝学者たちは染色体の遺伝子チェック（選り分け（スクリーニング））を始めて以来、野生生物種のほとんどが遺伝的に大きな変異性を有することに驚く。野生種から、どんな遺伝子でもよいので一つ、選んでみよう。たとえば、プエルトリコの都市に生息するアノールトカゲの脚の長さに影響する遺伝子だ。普通、そのような遺伝子は遺伝コードを構成する数千のＤＮＡ文字の配列からできている。この遺伝コードは特定のタンパク質の正確な構造と形を指定するものだ。アノールトカゲの脚の長さに関わる遺伝子の場合なら、対応するタンパク質は、たとえば、突起体の成長を促すのに要求される速度と、指示に従って胚内の細胞を分裂させる機能を示すのだ。

問題は、特定の遺伝子を決める遺伝コードが、一つの種の全個体間で厳密に同一であることが極めて稀なことだ。ことによると、プエルトリコのある都市に産するアノールトカゲ1千匹分の脚の遺伝コードを読んだとすると、コードの変異体が30や40は見つかることだろう。この変異体のほとんどは、相互に差異があるといっても極めて些細なものにすぎないだろう。ところどころで1文字違っていたり、あるいは、もしかすると、ＤＮＡの一部分がわずかばかり消去されていたり、あるいは二重写しになっていたり——何世代も何世代も前にこのトカゲの祖先の生殖時に生じた複写ミスの結果である。そして、ほとんどの場合、これらの異形はそれでもなおまったく同一の働きをするだろう。すなわち、トカゲの胚にトカゲの脚を生じさせる——その結果、世代は支障なく受け継がれていくのである。しかし、一つの異形がほとんど気づかないほどわずかに細い脚だとか、あるいはわずかに太い脚だとかを生み出すことくらいはあるかもしれない。あるいは、トカゲの成長過程においてわずかに遅い段階で脚が成長を開始するようなことも。

微妙な差異を持つ遺伝子の変異型——その多くは、種の進化にほとんど影響を及ぼさないほど、大変よく似ている――を載せたこの「パレット」は、「現存の遺伝子変異」(standing genetic variation)」と呼ばれる。都市芸術の新たな作品を創造するために、進化の手が絵筆の先を絵の具に浸すのはこのパレットの上なのだ。環境が変化することで、他よりわずかばかり脚の長いアノールトカゲにとって以前にはなかった新たな恩恵が生じると、トカゲの個体群のあいだに存在していた脚を長くする遺伝子の変異体は、時来たれりと目を覚まし、自然選択に身を委ねることができるのだ。

それゆえ、現存の遺伝子変異は種の保有する遺伝的資金なのである。そこには、遺伝子貯金を引き出し、大切に保存されている遺伝子の組み合わせをたちまちのうちに選び出してくる種の能力が、環境変化が要求するのだ。都市での生物進化がたいそう速やかに進展するのはこのような理由からである。人間が都市環境の中に生みだすあらゆる新しい特色に適応する必要のある動植物は、適切な突然変異が起こるのを待つ必要はない。必要な遺伝子の変異体は、おおむね、すでに現存の遺伝子変異の中で出番を待っているのである。彼らを明るい舞台の上に連れ出し、輝くチャンスを与えるのに必要なものは、自然選択だけなのである。

軟らかい選択、硬い選択

前もって存在する遺伝子の変異体を利用する進化を、生物学者たちは「軟らかい選択(ソフトセレクション)」と呼ぶ。しかし都市での生物進化は、その時その場で生じる新たな突然変異を利用することもある(「硬い選択(ハードセレクション)」)。軟らかな選択と硬い選択とを区別するために、遺伝学者は都市環境への適応に関わる遺伝コードの精密な読み解きを心がける。たとえば、ＰＣＢへの耐性を持つマミチョグについて、合衆国東海岸では、生息する港湾が異なれば関係する遺伝子も異なることを、アンドルー・ホワイトヘッドは発見した。さらに同じ港のなかでも、ＰＣＢへの耐性を示す全く同一の遺伝子変異体が、マミチョグの個体によっては、その両側に異なる遺伝コード配列を伴っていることがあるということも明らかにした。これらは明らかに、ＰＣＢへの耐性を持った遺伝子変異体がはるか昔にすでに出現しながら、その後ある時点で、減数分裂時に生じる染色体の分離と交叉によって、周辺遺伝子から分離されたものであることを示している。マミチョグのＰＣＢ耐性は、既存の遺伝的変異体のみを利用した、軟らかい選択によって進化したことが明らかである。

しかしすでに見たように、イングランドのオオシモフリエダシャクの場合は、話は別である。このガが煤で覆われた木に適応したのは、産業革命が始まると同時にcortex遺伝子に生じた突然変異の働きによるものだ。イングランド全土において、この黒色のガが有するcortex遺伝子の変異体は同一であり、この遺伝子の近接領域の遺伝コードも一致している。これは明らかに硬い選択を示すものである。すなわち、この新しいcortex遺伝子の優位性は非常に高かったので、瞬く間に、野火のごとく、個体群のなかに広がっていったのだ。あまりにも浸透の速度が速かったために、染色体の分離と交叉で周辺から切り離される時間がなく、近隣の遺伝子も伴ったまま現在に至ったのである。

そんなわけで、都市生物の急速な変化には確かに微妙なところがある。それは既にその種の中に広がっている遺伝子を利用した変化かもしれない。にもかかわらず、それは、正真正銘、シンプルな進化そのものなのである。

進化の起源

ニューヨークタイムズに載ったわたしの記事の読者の一人は納得しなかった。『ダーウィンの神』というウェブサイトのブロガー、コーネリアス・ハンターは都市での生物進化についてのわたしの解説を口実にして、天地創造信仰を唱道する見事な一編を書き上げた。曰く、「適応と進化とは全く異なる二様の出来事なのだ。生物学的適応は……(中略)……遺伝子、対立遺伝子、タンパク質……(中略)……その他の既存物に依存する。一方、進化は……(中略)……これらすべてのものの起源なのである。」

換言すれば、創造説論者のハンターは軟らかい選択(ソフトセレクション)を、既存の材料をもとに作り上げられるバリエーションの違いとしての必然的な物理的過程と見なし、その材料そのものが全く新しいもの――新しい遺伝子とか新しい「生物種」――の起源と区別している。そして後者のみが、ハンターの考えでは、進化と呼ばれるに値するもの(そして言うまでもなく、かれに言わせれば、存在し得ないもの)なのだ。

絶えず進歩する進化学の知識をものともせず、何を進化と見なすかについて、創造説信奉者側がゴールポストを動かし続ける様子を眺めるのは愉快だ。幸運なことに、これは意見の違いという問題ではない。生物学における進化の定義は非常に明快である。すなわち、時間の経過につれて、遺伝子の変異体の集団中における頻度が変化することだ。ブログ『ダーウィンの神』が読者に信じさせたいこととは逆に、そうした遺伝子の〈変異体の形成〉そのものが〈進化〉なのではない。それは化学作用――細胞内の分子の建築用ブロックを用いてDNAを組み立てるときに起こる誤り――なのである。しかし、これら化学的な由来を持つ遺伝子変異体がありきたりなものになるか、稀有なものになるかを決める自然選択、これこそが〈進化の素材〉なのである。そうした小さな、短期的な進化のステップが、長い時間推移の中で、多様な遺伝子が関与するさらに大きな変化となり、やがて、全く新たな種の形成につながっていくのである。

しかし本書の読者が、天地創造説を狂信的に信じることをせず、都市産のフタマタタンポポ、マミチョグ、アノールトカゲ、ブリッジ・スパイダー、アーミンモスなどなどこの本のページを彩ってきた生きものたちが間違いなく進化したことを完璧に理解できたとしても、それでもなお、疑問の余地は残るかもしれない。なんといっても、ある一つの特徴が実際に進化するためには、それが遺伝的な変化である――その生きもののDNAの中にコード化されている――必要がある。だが、都市生物の見た目や行動の中に何か変化を見出した生物学者たちが、その変化が確かに遺伝的なものであると言い得る確固たる証拠を持っているとはかぎらないからである。

たとえば、動物の体色や体色パターンは、通常は遺伝的である。わたしたち人間の身体がこれを証明している。わたしたちの毛髪、肌、眼の色は両親から受け継いだ遺伝子によって決定される。しかし肌が日焼けしたり、髪の毛が太陽光を浴びて色落ちしたりもすれば、眼の色も時として年齢とともに変化する、ということをわたしたちは知ってもいる。だから遺伝子が全てというわけではないのだ。人の容貌の場合はほとんどの点で、生まれと育ちの両方が影響を及ぼす。これは動物についてもいえることだ。たとえば、ヒシバッタ(Tetrix ground hopper：黄褐色で、土に擬態したバッタの一種)は淡い色の砂地で成長した場合、黒い砂地の上で育った場合と比べて、より明るい体色になる。これは「可塑性(プラスティシティ)」の一形態である。すなわち、同じDNAを持ちながら、異なる結果が現れることもあるのだ。すなわち、ある種の動物ないし植物において、都市に棲むものと、都市外に棲むものとの間に体色の違いを見出したとき、実際には可塑性に他ならないのに、誤ってそれを都市での生物進化だと考えてしまう可能性のあることは、容易に想像できるだろう。

行動はとりわけ見分けをつけにくい。たとえば、ある種の鳥の都市での行動が、田舎における行動よりもより大胆であったとしても、都市の遺伝子プールに大胆な行動を促す遺伝子が豊富であることを意味するわけでは必ずしもない。手に入る餌があって、捕食者におびえる必要のない環境においては、大胆な行動が成功をもたらす、ということを彼らは学んだだけかもしれないのだ。あるいは、その逆で、都会の鳥がより世間知らずになった一方で、田舎の鳥のほうが、野生においては注意深くあるべきだということを学んだのかもしれない。

多くの動物において、行動が遺伝的に決定され得ることをわたしたちは知っているが、また同時に、行動は学ぶこともでき、指導と模倣によって個体から個体へと伝え得るものであることも知っている。行動の決定に対する遺伝と学習の相対的な貢献度を知るためには、飼育、異種交配、繁殖――必ずしも実行可能とは限らない――を何度も繰り返すような複雑な実験を行う必要があるだろう。前章で紹介したアストリド・ハイリンクがわざわざラボでブリッジ・スパイダーの卵を孵化させ、クモの子を自分で育てた理由は、このクモが光に誘引される習性は生来的なものであり、人工照明で明るい環境の中で育つ間に身に着けたものではないことを確認するためだった。しかし、たとえ都市的行動が専ら生物の学習能力に由来するものだとしても、進化がゆくゆく効果を発揮することはない、ということにはならない。たとえば、もし行動が大胆であることが有利なら、何世代も経過するうちに、大胆さの学習が動物を先天的に大胆にする遺伝子にとって代わられることになるかもしれない――生活史を通して形成されるほかなかった有用な行動が、遺伝に基礎をもつ行動に置き換えられるかもしれないのである。

塩基配列でなく染色体の変化で形質が変わる

さて、次はエピジェネティクスである。この章を馴染みのない用語だらけにするのはまことに申し訳ないのだが、エピジェネティクスという言葉が最後だとお約束する。これはとても重要な概念となる可能性がある。本当のところはまだわからない。エピジェネティクスは進化研究においてはまだとても新しい概念だからだ。

「エピジェネティクス」という言葉の意味するところは、2008年、コールドスプリングハーバーラボラトリで開催された学会において、ようやく科学的に確定されることとなった。それは、「DNAの塩基配列の変化なしに染色体に生じた変化」の結果として、動植物の特徴に生じる変化を意味している。なんだかおかしな話ではないか。染色体はDNAで出来ているのではなかったか。答えはイエスでもありノーでもある。染色体にはDNAが含まれるが、そればかりではない。染色体はもっといろいろなものからできている。染色体にはタンパク質その他の分子が含まれていて、それらが気泡緩衝材（プチプチ）のようにDNAを包んでまとめている。そして、この小包の梱包材が剝がされ、裸のDNAが露わになったときに、初めて遺伝子は自身の仕事ができる。実は、動物あるいは植物が生きている間にこの包装材料の一部が追加されたり除去されたりすると、まるで遺伝子の声の音量が下がったり上がったりするように、変化が調整されることがわかってきたのである。

そのうえ、子孫たちは時として、包装材のある種の形を引き継ぐこともある。暮らしの苦難で、ある遺伝子の働きへの要求が高まるとしよう。包装材料の一部が取り除かれ、その結果、その遺伝子は働きを高速度化して、タンパク質を大量に作り出すかもしれない。すると、その子どもたちは、最初からその包装材料が取り除かれた形で親のDNAを引き継ぐことで、生活史を有利に開始することになるかもしれないのだ。このようにして、エピジェネティクスは数世代にわたり、特定の遺伝子の価値を高めたり、抑制したりできるのである。これが、都市での生物進化を扱う生物学者たちを困惑させかねないことは、読者も想像できるだろう。生きもののある特徴が有利で遺伝する場合、都市環境においてその特性の頻度が増せば、それは進化の明らかな証拠とみなされてしまう可能性がある。しかし実は、DNAに何の変化もなく、その「進化」はエピジェネティクスの戯れにすぎない、ということもあり得るわけだ。

たとえば、ケイラ・コールドスノウが確認したミジンコの塩化カルシウムへの耐性はエピジェネティクスによるものかもしれないのである。ミジンコは有毒化学物質に曝されると、解毒を助ける遺伝子を稼働させることが知られている。そして、その子孫たちは、エピジェネティクのスイッチがあらかじめ「入」状態になったままで生まれてくるようなのである。塩についてもこれが真実なら、コールドスノウが発見した道路への塩の散布に対する非常に速い適応も、これによって説明できるのかもしれない。この問題への最終的な答えを見出すには、関係する遺伝子を見つけ出し、塩基配列を確定するほかない。

ケヴィン・ガストンが大要を記した論文で述べているように、遺伝的適応とエピジェネティクス効果を区別した都市での生物進化研究はこれまでほとんどない。「こうした限界に取り組むことが、将来の都市生態学にとっての主要な課題となるだろう」。今のところ、ほとんどの専門家は急速な都市での生物進化が、エピジェネティクスではなく、DNAに実際に変化が生じることによって起こるものと考えているが、ここ数年のうちに、エピジェネティクスが考慮に入れられるべき力の一つであると判明する可能性は十分にあるだろう。

都市での生物進化をめぐって、エピジェネティクス、可塑性、軟らかい／硬い選択、その他もろもろの複雑な概念を、この短い解説に詰め込んでしまったことを、お許し願えれば幸いである。都市化する私たちの未来世界において、生物多様性の存続のためにかくも重要で、微妙な、都市での生物進化という過程を扱うに際して、わたしたちは、現代進化生物学に十分に精通している必要があるのだ。さて、これでようやく読者のみなさんを、都市での生物進化の次の段階にご案内する準備が整った。赤の女王、入場！

都市は出会いだ

「ええと、私たちの国では」。
アリスはまだ少し喘ぎながら、言いました。
「どこか、別の場所に行くには——
こんなふうに、大急ぎで、長い時間、走るのよ。」
「ゆっくり国というわけね！」女王は言いました。
「ここでは、同じところに留まりたいなら、
全速力で走らなくてはいけません。
もし別の場所に行きたいなら、少なくとも
その2倍の速さで、走らなくてはいけません」

——ルイス・キャロル、『鏡の国のアリス』（1871年）

Chapter 14 思いがけない出会い、思いがけない進化

アルゼンチンの海岸でシャチが自らの身体を渚に乗り上げ、不用心なアザラシをくわえ去る映像を、読者も見たことがあるのではないだろうか。寄せる波の中から、山が盛り上がるように、白黒の巨体が出現し、まるで商品棚の上からクッキーを取るようにアザラシを引っさらっていく劇的な場面は、自然をテーマにした無数のドキュメンタリーの中でも呼び物として取り上げられてきた。さて、映像はそのままに、規模だけを縮小していただこう。読者の思い浮かべるイメージは、2011年、フランス、アルビ市の生物学者たちが目撃し始めた出来事にそっくりなものとなるだろう。

フランスの「淡水のシャチ」

アルビは南フランスの小都市で、タルン県の県庁所在地である。タルンの名は、ユネスコに登録されている中世の街並みを残すアルビ市中心部を緩やかに蛇行しながら貫流する川の名に

由来する。市の中心地点では、タルン川にポン・ヴュ（「古い橋」）が架かっており、両岸の建物密集地域を結んでいる。どこの都市域でも見られるように、この区域にはお馴染みの野生化したハトの群れが住み着いている。しかし、当地のハトへの関心事は、すでに本書で触れた羽毛に蓄積する鉛や亜鉛の問題などより、もっと直接的なものである。ハトの群れは水浴びと羽繕いのために毎日ポン・ヴュの下の砂利の島に集まるのだが、その時かれらは、フランス人生物学者のジュリアン・キュシェルセとフレデリク・サントゥールが「淡水のシャチ」と呼ぶ生きものの標的となるのだ。

問題のシャチとは、キュシュルセとサントゥールが『プロスワン』誌の論文で説明している、ヨーロッパナマズ（*Silurus glanis*）のことである。ヨーロッパ大陸最大の淡水魚で、体長は5フィート［約1・5メートル］にまで容易に達し、6フィート半［約2メートル］を超す巨体も時々報告される。ナマズは東ヨーロッパと西アジアが原産だが、西ヨーロッパで繁殖するようになったのは、釣りの対象魚として人々が放流を始めてからである。タルン川に初めてナマズが放流されたのは1983年。地元の釣りクラブの手によってである。ナマズは順調に繁殖した。川の泥底に生息する小型の魚類、ザリガニ、ミミズ、軟体動物類を餌として、生息域を拡大した。しかしアルビの都市部のナマズたちがある時点で開始した行動は、それまで他のどこのナマズにも目撃されたためしのないものだった。水の中から岸へと飛び出し、沐浴中のハトの脚に食らいついて捕らえ、水中へと引きずり込み、重金属だらけの羽毛も何もかも一緒に丸のみにするのだ。

ひと夏の間、キュシェルセとサントゥールと学生たちは交代で、ポン・ヴュの上からこの光景を観察し、魚とハトとの遭遇を計72時間分の映像に収めた。真上から写した彼らのヴィデオが提供する動画は、見るものをハラハラさせる。まず目に映るのは、水辺の砂利の上でにぎやかに騒ぎまわるハトの群れである。彼らは水を飲むために、くちばしを川に浸したり、翼をばたつかせて身体に水を浴びせかけたりしていて、まったく何の危険にも気づいてはいない。一方、水中では、黒い不気味な影がだんだんと近づいてくる。ナマズは、ハトが水をはね散らしている水辺に近づくにつれ（読者はここで映画のサウンドトラックを思い浮かべる必要がある）、口の周囲に生えているネコのような長いヒゲを持ち上げて、獲物の起こす振動音をより正確にとらえようとする。ナマズは両足をわずかに水に浸している一羽のハトを選び出すと、尾を2〜3回激しく動かし、身体を岸へと乗り上げ、ハトの片足をくわえる。必死に羽ばたく鳥を引きずって水中の棲み処へと素速く戻りながら、大きく開かれた口を数回動かして、ハトを丸のみにするのだ。他のハトたちは吃驚して一瞬のうちに飛び去るが、間もなく、何事もなかったかのように、水浴び場に戻って来る。しばらくすると、次のナマズが別のハトにまた同じ攻撃を仕掛けるのだ。研究者たちが映像に収めた攻撃は合計54回だったが、そのうち約3分の1が成功裏に終わった。ナマズ、ハト、数種の餌生物（小型の魚やザリガニ）を化学的に分析した結果、ナマズの食餌の約4分の1をハトが占めており、中には、ハトだけで半分近い栄養素を摂取しているナマズもいることが明らかになった。

鳥を食う。鳥を獲るために川岸に身体を乗りあげるとは、なんということだ。次の説明をしっかり心に留めておこう。ハンドブックによれば、ナマズは泥の中を探って見つけ出した魚や無脊椎動物を捕食する魚のはずである。これが本来のナマズのニッチというわけだ。その巨体を岸に押し上げ、飛び去ろうとする有翼の生きものを水中に引きずりこむために進化を遂げたのではない。ところが、ここで登場するのがわたしたち人間である。人間はカワラバトとナマズを都市へと持ち込み、かれらを出会わせた。そうすることで、それ以前には存在しなかった新たな生態学的条件を創り出したのだ。

一方向の進化、双方向の進化

ここまでの章でわたしたちは、動物や植物が都市の物理的特徴に適応する様子を見てきた。それは、ガラスや鋼鉄の皮膚、激しく車の往来する死の大動脈、身体を覆う輝く人工照明の外套、毛穴から分泌される汚染物質の滴りなど…。紹介した進化に関する出来事は、すべて都市環境と野生の動植物との間に生じた特定タイプの接近遭遇の結果である。これらを「第一種接近遭遇」とでも呼んでおきたい。進化する生物が動く側、物理的特徴のほうは動かない側そうした二種の遭遇というわけだ。

一例を挙げる。2017年、ケイスウェスタンリザーヴ大学のサラ・ダイアモンドはドングリアリ（*Temnothorax curvispinosus*）が都市ヒートアイランドに適応していることを発見した。微小なドングリアリのコロニーはたった1個のドングリの中に納まる。カシの木は都市の中にも外にも生育するから、ダイアモンドと仲間たちは、アリの入っているドングリを拾って、より温暖な場所、あるいはより寒冷な場所へと移動させるだけで、このアリの高温への耐性の調査を行うことができた。こうすることで、都市産のアリのほうが、田舎に暮らす同類よりも、高温に耐える能力が少々優れていることをかれらは明らかにし、さらに両者の差異には遺伝によるものも含まれることを証明した。これもまた、既に見た多くの例と同様、都市における進化に関する非常に優れた例の一つである。しかし銘記すべきは、これは一方向的な適応だということである。ヒートアイランドそのものは、この昆虫がそれに適応したという事実によって何らの影響も受けないのだ。

ドングリアリが都市の高温に耐える能力を進化させることと、ヒートアイランドそのものとの間には、まったく何のフィードバックも生じないだろう。しかし、同じことが、フランス、アルビにおけるナマズとハトとの不運な相互関係のような「第二種接近遭遇」については必ずしも当てはまらない。アルビにおいて創り出された状況は、相互に作用し合う両者それぞれが他方に対して適応する可能性があるのだ。ナマズのほうはハト捕獲能力の向上を目指して進化する可能性がある一方、ハトのほうは水辺での用心深さをさらに深める方向に進化する可能性があるだろう。現時点では、どちらの種についても進化していることを示す証拠はまだない。それでも、舞台は双方向の進化を促す場面設定にはなっている。

進化が一方向的であるか双方向的であるかは、都市での第一種接近遭遇と第二種接近遭遇とを区別する一つの重要な点である。しかしこれだけではない。第一種は、原則としては行きづまる可能性がある。たとえば、ブリッジポートのマミチョグがＰＣＢｓへの耐性の頂点に達するやいなや、この進化の過程は完成するのである。新たに進化してＰＣＢｓに適応したマミチョグは、いつまでも好きなだけその汚染された水域に暮らし続けることだろう。第二種接近遭遇に関しては、こうした進化の停滞に至ることは決してなさそうである。もし進化がハトの性格をもっと慎重なものにするなら、その結果として、ナマズは攻撃スピードをさらに速める方向に進化するかもしれず、そうなると、ハトの進化は飛行反応のいっそうの敏捷化を進め、その結果、今度はナマズのヒゲの感受性をにわかに高めることになるかもしれず、そして次には…。こんなことが現実に起こっていると言いたいのではない。ナマズはハトだけに食餌を依存しているわけではなく、またハトが日々の沐浴をする場所にナマズの生息しない場所もあるかもしれないからだ。しかし、理論上は、ナマズの攻撃力とハトの防御力が都市環境において無限循環的に相互進化するという理解は成り立ち得るのである。

適応対象が物理的特徴ではなく、自らも進化する可能性を有した別の生きものであるときの進化的適応の無限性は、この第二のタイプの進化を非常に強力なものにする。二者のうち片方が進化することがもう一方の進化を促し、それがまたもとの片方の進化を促す。その最終的な結果として、両者が生態学的相互作用の状態の中に閉じ込められたままになるのだ。一方が他方を侵略するのを未然に防ぐためだけに、際限なく軍拡競争を続けざるを得ない二つの国に似ている。進化生物学者がこのタイプの敵対的適応を、『鏡の国のアリス』の登場人物の名に倣って「赤の女王」と呼ぶ理由はこれである。女王はアリスに言う。「ここでは、同じところに留まりたいなら、全速力で走らなくてはいけません。」

どの生き物も繋がっている

しかし、互いの進化に影響を与え合うためには、進化の相手が大敵である必要すらない。都市環境におけるすべての動植物は、巨大で絶え間なく変化するつづれ織りの結び目を、生態学的相互作用によって形成しているのだ。確かに、この膨大な都市生態系の中には、互いに激しく争っている生きものたちが数多くいる。その一方で舗装の割れ目に進出する手段として他の生物をただ押しのけるだけにとどめたり、あるいは足場を得るため助け合ったりしている生きものたちもたくさんいる。ビルの壁を伝うツタのなかに巣を営むスズメや、緑化された屋上の多肉質の植物の間に棲み処を見出すトビムシのことを考えてみよう。相互の関係がどうあれ、多分、もしある種の生きものが進化すれば、その変化は、都市生態網のなかでその生きものと繋がっているほかの生きものたちのいくつかにも影響を与えるだろう。要するに、「どんな生きものも島ではない」のだ［Theodore H. Flemingの著書のタイトル *No Species is an Island* から。大もとはJohn Donne, Devotions upon Emergent Occasionsの一節 "No man is an island."］。

既に見たように、都市は狂人科学者（マッドサイエンティスト）のように、在来外来を問わずあらゆる要素を都市という坩堝にぶち込んで、とんでもない生態学的調合物を勝手に創り出しているのだ。わたしたちの庭もバルコニーも公園も、世界中から移入した植物で満ち溢れている。そしてこの植物たちが、今度は、世界中からやって来た多様な動物たちに食を提供するのである。パリでは、インド産の首輪模様のインコ［ワカケホンセイインコ］が、北アメリカ産のニセアカシアの種子を啄んでいる。マレーシアの諸都市では、ヨーロッパ産のカワラバトが、歩道に沿って植えられた中国産のブッソウゲの蕾を破り開けている。パースでは、1898年にインドのヤシリスが放たれたが、以来、健全な個体数を維持している。この町に植えられたアフリカ産デーツヤシや他の外国産ヤシの豊富な果実のおかげである。

都市という織機は、偶然に出会った様々な横糸と縦糸で食物網を織りあげ、様々な種同士を結んで、わくわくさせるような新たな組み合わせを産み出すのである。このような生態学的相互関係は、天の定めた組み合わせというよりも利害調整による結婚なので、こうして結びついた種は、新しい生態学的な伴侶に対応するため、適応進化する場合があるのだ。その最も優れた例には、草食性の生物に関するものがある。たとえば、フロリダで見つかる昆虫に、ソープベリーバグ（*Jadera haematoloma*：ヒメヘリカメムシの仲間）がある。この昆虫はフウセンカズラ（バルーンバイン）（*Cardiospermum corundum*、これも在来種）の種子を常食する。フウセンカズラは、直径2センチメートルほどの緑色の風船の中に小さな種子を作るので、この名がある。ソープベリーバグが9ミリメートル近い長さの吻（ふん）を使ってこの風船を突き刺すと、中心部にある種にちょうどピッタリ届くのだ。

1955年ころ、タイワンレイントゥリー（*Koelreuteria elegans*）はフロリダ公園当局が公園と道路脇に移植を始めた外国産樹木の一つだった。レイントゥリーはフウセンカズラの親戚だが、種子を包む蒴果（さくか）［果皮が乾燥して裂けること。種子を放出するタイプの果実の一つ］はずっと小さく、また平たい。レイントゥリーを移植してしばらく経った時点で、ソープベリーバグはレイントゥリーの種子も食べ始めた。そして1990年に、カリフォルニア大学のスコット・キャロルが発見したように、結果として、レイントゥリーで生活していたソープベリーバグは、ほとんど別種になる程度まで進化した。レイントゥリーがフロリダの大通り沿いに普通に見られるようになってから、ちょうど40年ほど経ったころ、この木に生息するカメムシたちが生む卵の数は増えたが、より小さくなった。成長はより早くなり、レイントゥリーの匂いには誘引されるが、フウセンカズラには無関心だ。しかし最も目につく違いはその吻で、レイントゥリーに暮らすカメムシたちのそれは短いのである。わずか6・5〜から7ミリである。フウセンカズラに暮らす彼らの祖先のものより短いが（実際、短すぎて、フウセンカズラの莢には役に立たない）、ずっと小さなレイントゥリーの蒴果（さくか）の中の種子に届かせるには十分な長さなのである。さらには、これら新旧ソープベリーバグの差異はすべてかれらのDNA中にコード化されていることを、キャロルは示して見せた。

2005年、キャロルはこの話にさらに興味深い意外な展開があったことを公表した。オーストラリアにおいて同じ一連の出来事が起こったのだ。ただし南半球で起きたこの事例は、北半球のフロリダの場合とは逆の展開となったのだ。ブリスベンには、別種のソープベリーバグ（レプトコリスタガリクス（*Leptocoris tagalicus*））がいて、在来種のランブータン（*Alectryon tomentosus*）を主食にしていた。その後、アメリカ産のフウセンカズラが導入され、1960年ころには全土に広がって、結局は有害植物となったのだが、同じころオーストラリア産ソープベリーバグは、大繁殖したフウセンカズラの刺激をたっぷり受けて、ひょいとこの植物に飛び移ったのだった。キャロルはオーストラリア自然史博物館所蔵のレプトコリス標本の吻の長さを測った。その結果明らかになったのは、1965年以前のこの昆虫の吻はみな短かったが、'65年以降になるとより長い吻を持った個体が出現し始めたということだった。1965年以前の長い吻の持ち主が、おそらく、最初にフウセンカズラにコロニーを作り、この植物に適応したのだろう。今日では、キャロルが発見したように、フウセンカズラにつくレプトコリスにはランブータンに暮らすものより少し長い吻が備わっているが、その長さはフウセンカズラの種子を突き刺すのに都合のよい長さなのである。

ソープベリーバグの吻がピノッキオの鼻のように伸縮するのは、新たに導入された植物に草食性の生きものが飛びて、その後に進化していく例として、教科書的な事例である。このような例には、当然だが、農業由来のものが多い。生きものが野生の植物から農作物へと乗り換えることは、新たな有害生物の出現を意味するのが普通だ。たとえば、アメリカ合衆国のハドソンバレーでは、ヨーロッパからの移住者がわずか200〜300年前に持ち込んだリンゴに在来種のサンザシケバエ（*hawthorn fly*）が適応し、新たな種が産み出された。リンゴウジバエ（*Rhagoletis pomonella*）はいまやサンザシケバエとは大きく異なっており多くの人々が別種と見なしている。ヨーロッパでは、1500年にアメリカからトウモロコシが持ち込まれたとき、在来のヨモギの茎に穴を開ける在来種のガ、オストリニアスカプラーリス（*Ostrinia scapulalis*）が、やはり、オストリニアヌビラーリス（*Ostrinia nubilalis*）、またの名をthe European corn borer（トウモロコシに穴を穿つもの）［和名：ヨーロッパアワノメイガ］という新種に進化した。この500年の間に、ヨーロッパアワノメイガはトウモロコシに特化した多くの進化を遂げた――その中には、とりわけ愉快な進化も見られる。晩夏、幼虫のイモムシは茎を噛み、そこに孔を開けて侵入し、「休眠」に入る――基本的には、変態という大変な仕事を始める前の長期休暇である。しかしオストリニアスカプラーリスのイモムシが植物［ヨモギ］の茎の真ん中あたりに身を落ち着かせるのに対し、ヌビラーリスの幼虫のほうは茎を掘りながら、まずは地面近くまで下りていくのである。なぜだろうか。夏の終わりに、トウモロコシ収穫のためにコンバインによって行われてきた、何十年にもわたる虐殺。それが引き起こす自然選択のことを考えてみよう。たぶん、答えはわかるはず！

科学者たちによって、外来植物をコロニー化し、ソープベリーバグやリンゴウジバエやヨーロッパアワノメイガと同じような仕方で進化している何十種もの草食性生物について明らかにしたデータが、すでに蓄積されている。これには、わたしとわたしの教え子たちも貢献している。わたしたちはオランダ北部において、ハムシの一種のゴニオクテナクインクエプンクタータが、在来のローワン（*Sorbus aucuparia*）から悪名高い侵略種であるアメリカ産のブラックチェリー（*Prunus serotina*）へとコロニーを移したことを発見した。この変更はごく最近の出来事だった（１９９０年ごろに起こった）にもかかわらず、それはこのハムシのいくつかの遺伝子のなかにすでに変化として現れていたのだった。

草食性の生物が新しい植物に適応することは「赤の女王」ゲームの一つの側面である。これと正反対に、植物のほうが新顔の草食動物に適応する例もある。たとえば、コードグラスは大西洋沿岸全域にわたって海岸湿地に生育する、丈夫な草本の一種だ。少々怖そうな学名（都市国家スパルタを連想しているのか）を付与されたこの草、よく知られるスパルティナSpartinaは、アーチェリーの金的の組み立て材料として好んで用いられてきたほか、人間を乗り物にして地球上を移動し、世界中の海岸の塩性湿地に根を下ろすたくましさを示してきた。たとえば、スムーズコードグラス（*Spartina alterniflora*）という種は北米東海岸の原産だが、人間によってたまたま同大陸西海岸に運ばれ、現在では、ワシントン州の原風景を残したウィラパ湾（1900年ごろから生息）やサンフランシスコ湾の都市化した海岸（1970年ごろ）など、多様な環境で繁殖している。

しかし都市的か辺境地かという環境の差だけが、スムーズコードグラスの二つの新しい生育地間に存在する違いではない。ウィラパ湾では、幸いにも、コードグラスはどんな昆虫による被害も受けないのに対し、サンフランシスコではハゴロモの一種（*Prokelisia marginata*）に養分を吸われて、葉が萎れてしまう。この昆虫は東海岸産であり、この都市を「フリスコ」（サンフランシスコの愛称。ただし、よそ者が使う呼び方。サンフランシスコ住民はこの呼び方を好まない）と呼ぶ人々同様、サンフランシスコでは非在来種である。カーティス・デーラーとドナルド・ストロングの二人の研究者は、この草食昆虫の有無が、両地域のコードグラスに異なった進化をもたらしたかどうかを温室を使った研究によって調べた。案の定、ウンカの攻撃を受けると、サンフランシスコのコードグラスはわずか20％の葉を失っただけで問題なく生き続けたが、他方、3州分北上した場所から来たコードグラスは、この昆虫の攻撃に対する進化上の備えができておらず、葉の80%を失い、半数近くが枯れてしまった。どうやら、これら二つのコードグラス群落は、有害昆虫への抵抗力を正反対の方向に進化させたらしい。おそらく、それはコードグラスが自分の葉を不味くするために利用する化学物質と関係がありそうである。

たばこの吸い殻で巣をつくる鳥

最近、この系列の話に意外な展開があることが明かされた。植物が草食性の昆虫からわが身を守るために用いる化学物質の中には、人から野鳥に手渡され、かれらが巣を燻蒸消毒するために自然の殺虫剤として用いるものがあるというのだ。わかりにくければ、もう一度、この文を読みなおしてほしい。文脈はたいそう込み入っているけれど、なんだか好奇心がそそられないだろうか。そう、メキシコの鳥類学者、モンセラット・スアレス－ロドリゲスがどんなに好奇心をそそられたか、想像してほしい。それは2011年のことだった。彼女は、メキシコ国立大学メキシコシティーキャンパスに棲むイエスズメとメキシコマシコの巣にたばこの吸い殻が散らばっているのを初めて発見したのだ。散らかったたばこの吸い殻は世界中の都市に共通の目障りな存在である。わたしたちは道に物をポイ捨てしないようみな学校で教わる。だが、たばこの吸い殻を始末するために指ではじくというクールで絵になる(フォトジェニック)仕草にはこの教えは当てはまらない――あたかもこんな集団決議を喫煙者たちはしたのだろうか。世界中で、年に5兆本(そう、数字の5にゼロが12個である)のフィルター付きたばこが吸われ、そのフィルターの多くが最後は環境中に放置される。分解には数年の時間がかかる。メキシコの都市に生息する鳥が、巣造りの材料にたばこの吸い殻が混じることを回避できないとしても、少しも不思議ではない。スアレス－ロドリゲスは、巣1つにつき最多で48本の吸い殻を見つけた。要するに、これらの小鳥たちは、灰皿の中でひな鳥を抱いていたのだ。

しかし、それは本当に偶然に巣の材料に混入したものだったのか、あるいは、事によると何か別の事態が進行中だったのか、とスアレス－ロドリゲスは疑問を持った。というのも、葉に含まれる化合物にはダニ、ノミ、シラミなどを寄せ付けない効果があるので、巣材に緑の植物を混ぜる鳥も知られているのである。紙巻きたばこの原料は、防虫効果を持つニコチンを含むたばこの葉だから、この化合物への嗜好を持つ人間から、メキシコ大学キャンパスの小鳥たちは間接的に恩恵を受けていたのかもしれないのだ。それを検証するため、スアレス－ロドリゲスは同僚たちとともに、約60の巣を調べてたばこの吸い殻の量を測ると同時に、巣にいるダニの数を数えた。その結果、見事な負の関係を見出した。すなわち、吸い殻の数が多ければダニの数は少なかったのだが、それに対して、自分の巣が喫煙者の巣窟と化することを拒否した鳥は、小ぎれいな巣を確保するために高い代償を支払っていた。かれらは、最多で100匹もの吸血性のダニと巣を共有せざるを得なかったのである。一方、たばこの材料を10グラム以上使った巣にはほとんどダニは存在しなかった。

残念ながら、わたしたちはまだこの「鳥流バルサン」の根っこに何があるのかを知らない。鳥が吸い殻のニコチンを嗅ぎ取り、吸い殻を、まるで新鮮な植物の葉――吸い殻がなければ、巣材に混ぜて使っていたであろう――と同様に扱っている可能性もある。何世代も経過するうちに、吸い殻が多い巣ほど住み心地がよいということを鳥たちが学んだ可能性もある。あるいは、この行動には遺伝的根拠があって、虫に対する防御法として鳥が最近進化させてきたものなのかもしれない。もしその通りなら、メキシコの研究者たちの次の課題は、都会の鳥の巣に棲むダニがニコチンへの耐性を進化させつつあるかどうかを検証することだろう。

確かに、わたしがここまで述べてきたことは赤の女王的な進化の全物語(サイクル)ではない。草食性の生物が、人間の手によってその環境中に導入された植物に適応する様子をわたしたちは見た。また、人間の介入のおかげで、植物のほうが自分たちを常食する草食性生物に適応する例も見た。さらには、都会人の喫煙習慣のおかげで入手可能になった、植物由来の殺虫剤を小鳥たちが利用して、寄生性のダニを抑制する様子も見た。しかし、わたしたちはまだ、同様の生態学的な相互作用が、攻撃、防御、反撃、そして再防御という連続的な進化のサイクルを経過しつつあることを示す適切な例は手にしていない。これは、そうした出来事の希少性というよりも、生物学者のほとんどが動物学者ないしは植物学者である（だから、かれらがこの相互関係を見るときには、植物あるいは草食性生物どちらかの観点から見ることになる）という事実に、より多く関係しているのだろうと思われる。わたしたちは様々な生物種を相手にして、こうしたサイクルの断片を見ているだけなのだ。そうした応酬的な相互の適応を実際に進めつつある都市の新しい生態学的関係が、今まさにここに存在する可能性は、実はかなり高いはずなのだ。

Chapter 15 生物たちの技術伝播

ぼろぼろのコンクリート壁、ランプ(傾斜路)、そして広大なタール舗装面。その上を同一車種の銀灰色の複数のセダンがゆっくりと、円を描いて、またジグザグに、トラフィックコーンのあいだを走っていく。パッとしない風景のようだが、都市生態学者にとっては、日本国仙台市の花壇自動車学校は聖なる地である。わたしたち4名(生物学専攻の学生千葉稔(チバミノル)と竹田山原楽(タケダヤワラ)、生物学者イヴァ・ヌンジク、そしてわたし)は、この場所を一躍有名にした現象を観察したくて、すでに数時間もそのぼろぼろのコンクリート壁の上に腰かけて粘っている。

クルミ割りに車を利用するカラス

1975年のこと、この土地のハシボソガラス(*Corvus corone*)が、クルミ割り器として車を利用する方法を発見したのが、この自動車学校なのだ。ここのハシボソガラスはオニグルミ(*Juglans ailantifolia*)をことのほか好む。オニグルミは仙台市内に豊富である。このかわいらしいナッツ（売られているクルミより若干小粒で、殻の中の身はきれいなハート型だ）はとても硬くて、カラスは自分の嘴で割ることができない。そんなわけでカラスたちは、大昔から、殻を割るためにクルミの実を空中から岩の上に落とし続けてきたのだ。市内のいたるところで、駐車場に中身のないクルミの殻が散らばっているのが見られる。カラスたちは飛びながらクルミを落とすか、あるいは近隣のビルの屋上に運んでから、下のアスファルトに向かって投げるのである。

しかし飛び上がったり下りたりするのは疲れるし、時には、繰り返し落下させないと殻が割れないこともある。そこである時、このカラスたちはもっとよい方法を思いついた。ゆっくり走る自動車の車輪の間にクルミを落とし、車が通り過ぎた後で中身を拾うのだ。低速運転の車がたくさん走っている花壇自動車学校において始まったこの行動は、他のカラスたちに模倣され、その結果、道路の急カーブ付近だとか、交差点といったような、ゆっくり動く巨大なクルミ割り器が頻繁に見られる場所へと広がっていった。こうした場所では、カラスたちはクルミを上空から落とすのではなく、道路際に待機していて、道路上のより正確な位置にクルミを置くのである。以来、この流行は他の日本の都市でも見られるようになった。

東北大学の動物学者、仁平義明はこの行動について詳細にわたる調査研究を行った。仁平の観察によると、カラスたちは交通信号機の近くで待機し、信号が赤に変わるのを待って、停止している車の前へと歩み寄り、クルミを置くと、縁石まで跳ねて戻り再び信号が変わるのを待つのだ。そして車が通り過ぎると、アスファルトの上に戻って獲物を回収するのである。仁平の研究はカラスたちの「道具」を扱う技の巧みさを明らかにした。たとえば、いくら待ってもクルミが車に轢かれない場合、カラスたちはクルミの位置を2〜3センチメートルほど動かすことがある。近づいてくる車の前に1羽のカラスが跳び出し、車にブレーキを掛けさせたうえで、車輪の正面にクルミを放り投げる場面にも、仁平は一度遭遇している。実に興味深いこの観察記録は、1997年まではあまり知名度の高くない日本の科学誌の中でくすぶっていた。この年、BBCの取材班が仙台にやって来て、デイヴィド・アッテンボロの「鳥の生活」シリーズのためにこのカラスを撮影した。この番組は、デイヴィド卿のナレーションによってたちまち成功を収めた。「カラスは横断歩道に定位し、信号が変わり、交通が止まるのを待つ。その後、割れたクルミを、無事、回収するのである」

そんなわけで、名高い都市ガラスが暮らすこの街にやって来たわたしの陽気な一団は、その日1日かけて、自分自身の目でカラスたちを見るつもりだった。ミノルとヤワラによれば、カラスたちの妙技は街ではよく知られているそうである。事実、カラスたちにクルミを投げてやり、その妙技を見ることは、お気に入りの娯楽になっている。そこでわたしたちは、わざわざオランダから持ってきた一袋のクルミで、運試しをしたのだった。しかしカラスのほうは協力してくれない。わたしたちはすでに午前中いっぱいを街なかの交差点に設置された信号機のもとで過ごしていた。数えきれない運転手たちから驚き顔で見つめられる中、帆布製の折り畳み式椅子に座って、愚直に待ち続けたのだ。だが時はむなしく過ぎた。そしてついにわたしたちは、カラスの妙技の名高い発祥地、花壇自動車学校にやって来たのである。気温は高くなるし、空腹だし、疲れてもきた。わたしたちはうつろな目をして、自動車学校の運転コースの様々な位置に自分たちで置いたクルミの山を見つめていた。自動車学校の練習生たちは注意深くクルミを避け、カラスたちは下を見もせずに上空を飛び去っていく。都市生態学のフィールドワークとは、そもそもこんなものなのである。

時期が早すぎるのでしょう、とミノルとヤワラはついに白状した。クルミはまだ熟しておらず、若鳥はようやく羽が生えそろったばかり。カラスたちは集団で仙台の街を荒らし回って、いたるところに豊富に実っている桑の実のような別の食べ物を漁っているというのだ。わたしは溜め息をつき、さらに少し目を凝らした。と、そのとき背後でカチッとクルミの割れるような音が聞こえた。振り向くと、イヴァがわたしたちのクルミを食べ始めたところだった。彼女は不敵なまなざしを私に向けた。「どうせ、カラスは来ないんでしょ！」

牛乳瓶をめぐるカラとの格闘

ハシボソガラスは日本だけに生息するわけではない。かれは西ヨーロッパにも生息している。そこには、日本と同様に、十分な数の自動車も、横断歩道も、クルミも見られるのである。にもかかわらずヨーロッパのハシボソガラスは、どういうわけか日本のカラスたちのように、自動車交通をループ・ゴールドバーグ流［Rube Goldbergの漫画に登場する、普通にすれば簡単にできることが手の込んだからくりを使うことで次々に連鎖していくさま］に利用するようにはならなかった。だからと言って、ヨーロッパの人間が自らの行動を野鳥に操られることが一切ないというわけではない。端麗な黄と黒と青を組み合わせた模様のアオガラ（*Cyanistes caeruleus*）や、オリーブグリーンのシジュウカラ（*Parus major*）などの賑やかに囀る野鳥たちが、あの名高い（そして悩ましい）牛乳瓶の蓋開け技術を身に着けた例が、1世紀近くにわたってよく知られている。カラ類——実を言えば、すべての鳥——は牛乳を消化できない。哺乳動物とは違い、鳥たちは乳糖（ラクトース）の分解に必要な酵素を欠いている。しかし、昔風の非均質牛乳の表層に凝集するクリームにはほとんど乳糖が含まれない。だから飢えた冬場の小鳥にとって、牛乳瓶の首の部分から掠め取った濃厚なクリームで脂肪の摂取を補うことは悪くはないのだ。そしてこれこそはまさに、イングランドおよびヨーロッパの他所で、19世紀後期から20世紀初めにかけて、アオガラやシジュウカラが実行したことだった。そのころ、牛乳配達夫たちは、午前中に戸口の上がり段に口の開いた牛乳瓶を置いていくのが習わしだった。家の住人である哺乳動物がドアを開け、牛乳瓶を無事に屋内に運び込む前に、1羽のシジュウカラがさっと急降下して、瓶の口の上に舞い降り、その嘴を中のクリームに突っ込み、念願の餌を、多いときは1インチ［約2・5センチメートル］ほども平らげるのだった。

残念ながら、その後に続く人間と鳥との消耗戦の初期の数段階は、遠い昔のことなので忘れられてしまった。牛乳配達の荷車が目撃された途端、カラたちにクリームを失敬する機会を与えないため、人間は玄関口に急行したのではないか。カラとしては、人間に先を越されないように、牛乳配達時間に家の戸口付近をうろつき、出し抜いてやろうと身構えていたことだろう。20世紀前半のある時点で、牛乳業者たちは蠟塗りのボール紙で瓶に蓋をするようになった。その結果、休戦がもたらされたが、それも束の間のことだった。というのも、1921年にはサウザンプトンで、カラたちが瓶の蓋をこじ開け始めたのだ。すなわち、蓋が小鳥の鋭い嘴で突き通せる薄さになるまで、厚紙の繊維の層を一枚一枚剝がしていったのだ。蓋をボール紙からアルミ製に替えても、効果は長くは続かなかった。1930年までにはイングランド全土の10都市において、カラたちは金属製の蓋で閉じた瓶の開け方を習得していたのである。金属製の蓋に遭遇すると、嘴を打ち付けて穴を開けてから、紐状に金属ホイルを剝がし取っていった。蓋を1個まるまる剝がし取り、片足の爪でつかんで飛び去ることもあったらしい。人目につかない場所に隠れて、蓋の内側にくっついているクリームをつついたようだ。鳥たちの好みの木の下には、クリームがきれいになくなった蓋が捨てられ、次第にそれが積みあがって、ちょっとしたごみの山が形成されることもあった。だが時には、かれらの貪欲さは身の破滅ももたらした。カラのこの行動を研究したイギリスの鳥類学者、ロバート・ハインドとジェームズ・フィッシャーによれば、一度ならず、アオガラが「頭から瓶のなかに落ちて、おぼれ死んでいる」ところが発見された。「おそらくクリームを取ろうとして嘴を深いところまで突っ込みすぎ、バランスを崩したせいだろう」

ハインドとフィッシャーは、1947年のアヴァン・ラ・レトルという市民科学プロジェクトを通してこれらの情報を入手した。二人は何百通ものアンケートを、バードウォッチャー、ナチュラリスト、牛乳配達夫、そして持ち家に住む牛乳消費者のみならず、医師をはじめとする「科学の訓練を受けた人たち」に郵送したのだ。受け取った回答を利用して、かれらはカラの間に伝染病のように広がる牛乳瓶攻略技術と、人間による対策とを記した、イギリス諸島全域にわたる詳細な歴史をまとめ上げた。ヨーロッパ規模での追跡アンケートによって、大陸ヨーロッパに及ぶ地域も対象になったのだった。

受け取った回答の一部を、彼らは『ブリティシュバーズの鳥』に掲載された論文で発表したが、それらには、ネズミ程度の大きさの敵との知恵比べに人間が感じていたフラストレーションの大きさが露呈している。人々は、カラが牛乳瓶に殺到する迅速さに苛立ちを覚えた。牛乳配達が瓶を置いてから数分の間にやって来ることも多かった。鳥たちはその瞬間を待ち構えているかのようだった（おそらくその通り）。ある牛乳配達は次のような不平を述べた。瓶を家庭に届けるのを待つどころか、彼が荷車を離れて玄関口に瓶を置いている隙に、荷車を襲うカラもいた。彼が急いで荷車に戻ると、別のカラどもが配達したばかりの牛乳瓶に襲いかかるのだ）。ある特に大規模な襲撃では、カラの群れが、学校に置いてあった３００本の瓶のうち57本を、校長が気づいて追い払う間もなくまんまと開けてしまったのだ。地域によっては、瓶の上にかぶせる重い金属製の鍋蓋や、石、あるいは布などを人々が牛乳配達夫に提供したが、カラたちはそれらを取り除く方法も学び取るのが常であった。

ハインドとフィッシャーが論文に発表した地図には、カラたちの牛乳瓶の蓋開け技術が広がる様子が示されている。興味深いことに、この技術は発祥の地であるサウザンプトンから外へと、徐々に拡散していったのではなかった。そうではなく、牛乳瓶を襲うアオガラやシジュウカラは多くの都市や町で、他とは無関係に突如として出現し、その後、地域ごとに広がっていったのだった。個々のカラが年間に6マイルから12マイル［約10～20キロメートル］以上移動することはほとんどない。にもかかわらず、行動が定着した最寄りの町から12マイル以上離れた新たな町が、突如として、クリームに飢えたカラに悩まされるようになるのだった。となるとこの行動は、複数の、とりわけ賢い鳥によって独自に発明され、その後、他の鳥に模倣されたと考えるほうが、より可能性が高そうだ。たとえば、ラネリというウェールズの町は、賢いカラが棲む最寄りの町から何百マイルも離れている。1939年、この町の300世帯ほどの地区で、1軒の家だけが、たった1羽の泥棒カラの被害にあった。しかし7年後、この地区のカラはすべて同じ行動をとっていた。アムステルダムでは、ニコ・ティンバーゲンが、第2次世界大戦の前に、そして後にも、シジュウカラが牛乳瓶を開けるのを目撃している。戦争中および戦争直後の食糧難の時代、牛乳は配達されなかった。配達が再開された1947年当時、戦前生まれのシジュウカラが生き残っているはずなどなかったにもかかわらず、である。

　しかし、ここ20〜30年の間にどうやらカラたちは、牛乳をがぶ飲みする人間という敵についに敗北を喫したようである。理由の第一は、表面にクリームを生じない脱脂牛乳（スキムミルク）と脂肪均質化（ホモジェナイズド）牛乳の人気が高くなったことだ。しばらくの間、カラたちは旧来の脂肪分いっぱいの牛乳を表す蓋の色を覚えることで、新登場の牛乳を回避できた。しかしそれ以来、アルミ蓋のガラス製の牛乳瓶は次第に他の容器に取って代わられるようになり、スーパーマーケットのおかげで、牛乳配達夫そのものがほとんど姿を消した。近所に棲む小鳥に台無しにされた牛乳を目にして憤懣やるかたない気持ちを味わっている自宅所有者は、今では極めてわずかである。

鳥は技術を仲間に伝えられるのか?

野鳥と牛乳瓶との間に進行中の戦いは、都市生態学者たちを鼓舞し続ける。多くの謎がいまだに残っているからである。瓶の蓋開け技術はどのように鳥から鳥へと伝わったのだろうか。田舎の鳥より都市の鳥のほうが、こうした新技術の習得や新しい味覚の獲得に長けている、すなわち呑み込みが早いのだろうか。もしその通りであるなら、それはなぜか。

この最初の疑問——1羽の賢い鳥が覚えた新しい技がどのようにして他の鳥たちに伝授されるのか——に対する答えは、オックスフォード大学で研究するオーストラリア人の研究者ルーシー・アプリンによって明らかにされた。アプリンの研究はワイタムウッズで実施された。8章で紹介した、バーナード・ケトルウェルがトレーラーで暮らしながらシモフリガを採集したのと同じオクスフォード近郊の森である。しかし今日では、研究者が使う道具は、ケトルウェルが用いたモスリンのガーゼ製の吹き流しよりはずっと洗練されている。アプリンは森一帯に、コンピュータ化された自動の「問題箱(パズルボックス)」を設置した。問題箱というのは、動物の問題解決技術を評価するために生物学者が使う巧妙な方法である。それは、通常、動物に一連の行動を要求し、後で褒美として一口の美味しいごちそうを与える仕掛けだ。アプリンのカラの場合には、問題箱はプラスチック製のチェストに止まり木が付いたものだった。止まり木のすぐ脇には扉があり、嘴で押すことによって、右ないし左に滑らせることができる。扉の向こうには、美味しい生きたミルワームの入った皿が見つかる仕組みだった。

しかしそれだけではなかった。すぐ隣にせわしない生物学者が密集しているのだから、ワイタムウッズのシジュウカラの集団は、徹底的に調べ上げられている。たとえば、どのシジュウカラにも極小の自動応答チップを埋め込んだ足輪が装着されている。受信アンテナを巣箱や餌台に設置することにより、研究者たちは鳥の個人史を1羽ずつ追い続けることができる。年齢や、だれと巣を営んだのかのみならず、だれが友達か、一緒にぶらつきたい仲間はだれか、などがわかる。これら個体識別コードは、鳥が舞い降りるたびに、アプリンの問題箱の止まり木に隠されたアンテナによって把捉される。プラスチック製の扉に付いているスイッチは鳥が扉を開けることができたか否かを記録し、そして——後で明らかになる重要なポイントだが——鳥がどんな開け方をしたかを扉が感知する。すなわち、左方向に押したか、右方向に押したか、を記録する。

ワイタムウッズでは、少なくともそこに生息するシジュウカラに関する限り、集団は８つに分かれている。それぞれの集団には約１００羽のシジュウカラが属していて、それぞれ他集団よりも同集団の中の仲間同士で交流している。オクスフォードのカラ観察者たちはこれらの小グループを「下位個体群（サブポピュレーションズ）」と呼ぶ。５つの下位個体群のそれぞれから2羽の雄鳥を捕獲し、かれらには問題箱の先行利用者になる名誉が与えられた。アプリンはこの10羽の鳥たちに、すでに秘訣を知っている鳥の行動を見せることで、問題箱の開け方を教えたのだった。彼女は何羽かには右方向に開けるように訓練を施し、他の何羽かには左方向に開けるように訓練し、またその際に、同一下位個体群に由来する２羽が必ず同じ型の問題を学ぶように留意した（2羽ともに左に押す、あるいは2羽ともに右に押す、のどちらかである)。その後、啓蒙された鳥たちは、福音の布教のために、生まれた下位個体群へと戻された。一方、アプリンは森のいたるところにミルワームを詰めた問題箱を設置した。

4週間にわたって、スイッチとアンテナとデジタルハードウェアの回路は問題箱の中で盛んに働き、鳥の行き来や左右どちらかへの扉の動きを、絶え間なく記録し続けた。祝宴が終わると、アプリンは問題箱を回収し、蓄積されていたデータをダウンロードし、分析を開始した。彼女が問題箱に精通した鳥を放した5つの下位個体群において、多数のシジュウカラが箱の扉の開け方を習得していたことが明らかになった。しかし1羽の「訓練士(トレーナー)」もいない下位個体群においては、箱の扱い方を解明した鳥はごくわずかしかいなかった——ある個体群では10%以下だった。

知識は友達のネットワークを経由して下位個体群全体に伝達されることも明らかだった。訓練を受けてきた鳥の親友たちがまずこの新しい知識を覚え、その後それを他の鳥に伝えていくのだ。装置は個々の鳥が秘訣を学んだ正確な瞬間を記録していたから、この知識がシジュウカラの社会的ネットワークを通して広がり、ついにはほぼ全ての鳥がこれについて知るに至る過程を、アプリンは実際に見ることができた。そして、まさにここで、あの左押しと右押しの二者択一の解決策が役に立ってくるのである。すなわち、それぞれの下位個体群において扉開けの伝統が確立されるときに、その伝統は最初の訓練士が受けてきた訓練次第で決まるということである。もし訓練士が扉を右方向に滑らせるように訓練を受けていたなら、下位個体群のシジュウカラはみな右方向に扉を開けるようになり、方向が左なら、左に開けることになるという具合である。1年ほどたった後でも、アプリンによれば、下位個体群ごとの扉開けの習慣は変わっていなかった。

都市向きの生物に必要な才能

イギリスのシジュウカラが示していることとは、動物の中には、人間の暗号を解読し、親しい仲間にその秘密を伝えることのできる――少なくとも、人間が対応策を思いつくまでは――ものがいるということである。こんな風にして、人間と都市に生息する生物は常に対立し合っているのだ。しかしこうした情報を学び、仲間の生きものの間に伝えるためには、欠かすことができないいくつかの能力がある。第一に、こうした動物たちは問題解決に資するある種の知性を備えている必要がある。牛乳瓶のアルミ製の蓋を壊すことで、蓋の下にある美味しいクリームを手に入れることができる、ということをアオガラやシジュウカラに理解させるほどの知性だ。第二に、この種の動物たちには新し物好き(ネオフィーリア)という才能が必要である――未知なるモノに魅力を感じることだ。初めてガラスの牛乳瓶が目の前に現れた時、アオガラやシジュウカラの中には、怖気づくことなく、却って、栄養物が取れないかと瓶を調べ始めた鳥たちがいたのだ。そして最後に、腹を立てた牛乳配達や茶布巾を振り回しながらやって来る住人と、すなわち一般的な人との距離の近さに対する許容性を備える必要がある。

牛乳瓶あるいはルーシー・アプリンの問題箱の攻略に成功したカラは、寛容的であり、問題解決能力を持った新し物好きである、という事実から恩恵を受けたのだと思われる。しかしいつでもこれが正解とは限らない。より自然度の高い環境下にあっては、引っ込み思案で、保守的で、新し物嫌い（ネオフォービック）であったほうがより安全なことが多い。長期間にわたって安定的であった環境においては、人間をはじめとする大型の動物は危険をもたらすことがあるので、避けるのが得策――人間が作った物は可動部が命取りになることが多いから、用心するにこしたことはないのだ。

しかし都市の中では、そうした従来の用心深い行動については再考が必要かもしれない。人間は進出する先々で有り余るほどの食料をもたらし、避難場所と巣作りの場所を作り出し、そして一般的には新たな好機を提供してくれる。さらには、少なくとも都市部においては、ほとんどの小鳥や小動物に対して、人間は好ましい感情を持っていて、危害を加えることはなさそうである（ペットは危険だが）。最後に、人間は永遠に新しいものを創り出し続ける。時にはマックフルーリーアイスクリームカップに突っ込んで、とげの生えた頭が抜けなくなるハリネズミがいたりするように、こうした新しい物は危険ではあるのだが、それでもしばしば（牛乳瓶を思い起こしてほしい）利益のほうが危険を上回るのである。言い換えれば、都市の動物たちは人間という隣人をより上手に利用できるように進化する、とわたしたちは考えてよいのかもしれない。瓶の蓋を開けることを目的として作用する何らかの遺伝子が動物の個体群に広がるからではなく（明らかにそんな遺伝子は存在しない）、寛容的で、より好奇心旺盛な遺伝的傾向性（この種の遺伝子は実際に存在する）に助けられて、動物は人間を、そして人間の絶え間なく変化する慣習を、と変わっていく。

うまく利用する方法を瞬く間に学ぶ。より速やかな学習を可能にすることで、そうした遺伝子が広がるのだ——都市で進化すると、かつての田舎育ちの古臭い動物は、より都会通の動物へと変わっていく。

実際にこれ（都市に暮らす動物は新しい物に強い好奇心を持った大胆な問題解決者である）を証拠づけるデータがある。証拠の一部は、モントリオールのマクギル大学の野外研究センターが置かれている島国バルバドスに由来する。センターはブリッジタウンの町の外れに位置している。マクギル大学のスタッフと学生たちは長年にわたって、ここで野外授業と大学院レベルの研究を行ってきた。野外研究センターには全く申し分のない食堂が備わっているが、しかしここは砂だらけでカンカン照りのカリブの海岸だし、すぐ隣には豪華なコロニークラブホテルがある——フィールドワークの前と後のかなり長いのんびりとした時間は、実のところホテルのほうで過ごされているわけだ。人間のために用意された砂糖入りの紙の小袋を、ウソ（ブルフィンチ）（*Loxigilla barbadensis*）が器用に開けることにマクギル大の生物学者たちが初めて気づいたのは、2000年のこと。まさにこのコロニークラブの染みひとつなく、見事に調えられたテーブルでのことだった。イギリスのアオガラが牛乳瓶を開けるのと同様に、ウソは片足の爪で小袋を支え、そのがっちりしたくちばしで紙袋を突き破り、砂糖を数口飲み込むと、飛び去って行くのである。その後、ウソが砂糖入れを開ける（嘴で重いセラミック製の蓋をひっくり返して）とか、あるいはコーヒークリーマを失敬するといったテーブルマナーを習得しようとする姿も目撃された。「バルバドスのテラスに座っていると、まず間違いなく、ウソとテーブルを共にすることになります」

大学院生のジャン＝ニコラ・オデは言う。

オデとシモン・ドゥカテにとって、こうしたウソの行動を研究することは、コロニークラブのレストランのテーブルで過ごす期間を延長したいと申し出る願ってもない正当な理由となった。彼らは指導教官を説得し、その「野外」研究の一部をコロニークラブで実施することを認めてもらったのだった。続いて、近隣のコーラルリーフクラブHでも、さらには贅沢なロイヤルパヴィリオンHでも。しかしバルバドスは都市と海岸リゾートだけで出来ているわけではない。人口密度は高く（1平方キロメートル当たり平均で700人近い）、都市化が進んでいるが、島の北東の端はまだ田舎だ。そこでオデは、田舎のウソの問題解決能力が都会のウソのそれに匹敵するのか、しないのかを調べてみるのも面白い、と考えたのだった。

この研究のために、オデは2タイプの問題箱を考案した。双方ともに透明なプラスチック製で、褒美として種子が入れてあり、一方の箱（「引き出し箱」）は引き出しを強く引く、あるいは蓋を取ることで開けることができるが、別の型の箱（「トンネル箱」）を開けるには、強く引き、かつ蓋を取るという、両方の行為が必要だった。オデは都会のウソを26羽、田舎のウソを27羽捕獲し、野外研究センターで、これらの鳥たちが問題箱を解けるかどうか（そして、もし解けたら、どれだけ速く解けるか）を試した。結局、すべての鳥が引き出し箱を解けたものの、解くスピードは都会のウソのほうが田舎のウソの約2倍速かった。より複雑なトンネル箱が解けたのは、都会のウソのうちの13羽だった。田舎のウソの成績は悪く、問題を解いたのはわずか7羽だけ。しかも都会の鳥との比較で、平均約3倍の時間がかかったのだった。明らかに、人間が用意した食物の新たな入手方法を思いつくのは、都会のウソのほうが得意なようだ。都会のウソが問題解決のために田舎のウソとは異なる遺伝子を実際に備えているか否かは論争中である。オデは、異なる遺伝子が維持されるにはバルバドスの島は狭すぎ、ウソはあっちこっち動き回りすぎるかもしれないと考えている。しかしここでもまた、利益が十分に大きいなら、自然選択が流れに逆らい、徐々に遺伝的差異を産み出していくことはあり得るだろう。

問題解決は極めて重要な特性である。しかし解決されるべき問題に取り組むためには、自分の環境に現れた新しい馴染みのない物について、新し物好きであることが必要だ。なんであろうと普通でないものに近づき、調査する熱意を持つこと、好奇心を持つこと。

長年にわたり実験生物学者たちは、都市生物の新し物好きを試すための実験を様々に工夫してきた。既存の何ものにも似ていない驚くような仕掛けを大急ぎで作り上げ、疑いを知らない実験動物をそれに直面させること以上に楽しいことがあるだろうか。それは生物学者にとっての「どっきりカメラ」のようなものである。都市行動生物学の名のもとに、オーストラリアのインドハッカには緑色のヘアブラシと黄色いテープが、イギリスのカラスにはポテトチップの袋やジャム瓶やポリスチレン製のファストフードの容器を組み合わせた現代芸術作品が、またテネシーのアメリカコガラにはレゴドゥプロブロック製の素晴らしい塔が、それぞれ提示されてきた。そしてほぼすべての場合に、用心深い田舎の鳥に比べて、都会の鳥はより速やかに、またより大きな関心をもって、こうした物体に接近してきたのだった。

周到に行われた次の研究はとりわけここに紹介する価値がある。ピョートル・トリヤノフスキーと同僚たちは、ポーランドの複数の都市とその周囲に、研究用の160の餌箱を設置した。餌箱の半数を、かれらは「ゴムで作った、羽毛の房のついた、明るい緑色の」物体で飾った。「わたしたちはわずかでもこれに似た何物も野外で見たことはなかったから、野鳥たちは、全く新奇なものとしてこれに反応する以外、可能性はほとんどあり得なかった」、とかれらは『サイエンティフィック・レポート』の論文で述べている。残り半数の餌箱には全く手を加えなかった。驚いたことに、餌箱を最も頻繁に訪れた4種類の鳥（シジュウカラ、アオガラ、アオカワラヒワ、スズメ）については、田園地帯に棲むものは新し物嫌いで奇妙な緑色の物体を屋根にくっつけた餌箱を避けたが、都市では正反対の事態が生じた。小鳥たちは派手な飾りを付けた餌箱に群れでやってきたのだ。

恐怖心が少ないことも重要

問題解決と新し物好きに続く、都市環境により選択される最後の3つ目の性格的特性は「許容性」、すなわち、人間への恐怖心が少ないことだ。『生態学と進化のフロンティア』に載った2016年の論文で、オーストラリアのディーキン大学のマシュー・サイモンズの研究チームは、42種類の鳥について、そのFID（flight initiation distance）を比較している。FIDとは、鳥が飛び立つまでに、人が接近できる距離の平均値である。

サイモンズたちの研究でわかったのは、それら42種類の野鳥の全ての種に言えることだが、都会に暮らす仲間のほうが、田園産に比べて許容性が高いということだった。そればかりではなく、都市に暮らす期間が長ければ長い分だけ、この差異は大きくなるのだった。たとえば、都市に棲むコクマルガラス（*Corvus monedula*）（1880年代までには、かれらは都市にコロニーを作っていた）は、人が8ヤード［約7・3メートル］以下の距離まで接近すると、初めてびくつくのに対し、田園地域に棲むものたちは、30ヤード［約27・4メートル］の距離で飛び立つのである。一方、アカゲラ（*Dendrocopos major*）は、やっと1970年代から都市に暮らすようになったが、都市と田園においてのFIDの差はまだ小さい。それぞれ8ヤード［約7・3メートル］と12ヤード［約11メートル］である。

都市居住者となってからの経過時間との明らかな関連性は重要だ。なぜかといえば、それは許容性が実際に進化したことを示しているからである。人間に対する用心深さを、親世代以下少しずつ減退させるように学習することで、世代が進むうちに警戒心が衰退していく、というようなことはありそうにない——そういうことなら、もっと急速に起こることが予想されるだろう。そうではなく、より許容性が大きいことに利点があるとするなら、許容性を促す遺伝子は徐々に蓄積される可能性があり、種の個性は進化するだろう。このような説明がとりわけ現実的なのは、同じ研究者たちが、鳥の許容性はその脳の大きさとは無関係であるという発見もしているからである。頭のよい鳥が、いわゆる小鳥の脳みそしかない（頭が悪い）鳥と比べて、より速く人間への許容性を獲得するわけではないのだ。

問題解決、新し物好き、そして許容性は、いずれも都市における進化を促す傾向がありそうだ。実例については後段で見ていこう。そこでは、都市における進化の主要作品を皆さんに紹介することになるだろう。差し当たって覚えておいていただきたいのは、都市生物たちが受ける進化圧の重要な側面は、食料などの資源の利用を巡って、人間との間に継続的に繰り広げられる軍拡競争だということだ。

進化をめぐる都市の状況(ランドスケープ)は今やほぼその全体が明らかにされた。第一種接近遭遇——手ごわいが静的な、都市の物理化学的構造(熱、光、汚染、貫通不能な表面をはじめとする都市の特色であり、この本の第2部で見た)との出会い——がある。そうした遭遇の結果として起こる進化は、適応が完成した時点で、完全に停止状態に至るだろう。次に、さらにいっそう刺激的な接近遭遇として、第二のタイプのものがある。これが生じるのは、動物や植物が静的ではない都市の側面と相互反応するとき、すなわち、人間を含む他の動植物が関係している場合である。この時、これらの動植物はみな、原則として自らを変化させることで反応する可能性がある。この種の遭遇がよりいっそう刺激的なのこれが結果的に「赤の女王」的進化を導く可能性があるからだ。すなわち、両者とも相手より有利になるために新手の方法を探り続ける、進化的軍拡競争である。理論的には、この手の進化はとどまるところを知らない。

しかしなお、都市における進化的景域の一部として、これまでわたしたちが触れずにきた領域が最後に残されている。前数章において、異種間の相互反応に関係する第二種接近遭遇についてわたしたちは見てきた。しかし、同種間における、あのとりわけ親密な遭遇についてはどうだろうか。同一種内の雄と雌も相互に適応し合うために進化をする——これは性選択と呼ばれる。都市は愛を営む生きものにまったく影響を及ぼさない、と考えるのは無邪気にすぎるだろう。

Chapter 16 都市の歌

毎年9月、わたしは進化生物学の修士課程に入ってくるライデン大学の生物学専攻の学生を対象としたオリエンテーションを企画する。その第一週に、わたしたちは都市生態学・進化学を少々紹介するのが常である。モリマイマイを探しに出かけ、都市ヒートアイランドに暮らすマイマイの殻のほうが明るい色をしているかどうか、スマートフォンのアプリを使って記録する(これについては、この本の終盤でさらに述べることになる)。さらにわたしたちは少し変わった野外実習も行う。その日の予定表の見出しを眺めて、ほとんどの学生が困惑した表情を浮かべる。「う〜ん、〈都市…音響…生態学〉ってなに?」まあ、見てのお楽しみだ。わたしたちは生物学校舎の外に集合し、午後の講師、わが同僚のハンス・スラブベコーンが現れるのを待つ。ハンスは、もちろん、都市音響生態学者だ。

沈黙のさんぽへ出発

午後1時30分、ハンスが現れる。カーキ色のシャツと短パンをはき、長い髪は半白で、音響生態学者というには少しそぐわないが、首から双眼鏡を垂らしている。肩に担ぎ上げたカバンには、パシフィック・ノースウェスト（米国太平洋北西部）の先住民固有の柄が描かれている。ハンスは、待ち構えていた30数名の学生の前に立つと、午後の活動の概要を伝える。わたしたち人間は視覚中心的な動物である、とハンスは説明する。わたしたちは周囲の状況を、何よりもまず、この目で見るのだ。しかし多くの生きものは音によって相互伝達を行っているのだから、生物学者には音響的に環境を認識することも大変に重要である。この聴覚的意識を刺激するための練習を、スラブベコーンは次のように説明する。「これからわたしたちは沈黙の歩行（サイレントウォーク）に出発します。おしゃべりはせずに一列で歩こう。わたしたちの周囲に存在するすべての音にもっと意識が向くように、完全な沈黙を保ちます」。目を閉じるとさらによいのだが、そうすると進路探索上の問題が多くなりすぎるだろうとハンスは付け加える。

こうして、かれは歩き出し、大学付近の住宅街を抜けて、近くにある都市公園へと入っていく。学生たちは従うしかない。わたしはしんがりだ。初めのうちはクスクス笑いやシーッという声が聞こえるが、それも止むと、学生たちは幹線道路に沿って歩いく、無口の鎖でつながれた服役者の集団のようになる。脇道から現れた車がエンジンをふかしながら、わたしたちが渡り終わるのを止まって待ってくれる。一般の歩行者たちは、この交通量の多い大通りをじっと押し黙ったまま長い列をなして歩いていく奇妙な人々の群れを、立ち止まって眺めている。通りがかりの人の中には、あざけって、クワックワッとアヒルの声を真似る者もいる。しかしわたしたちはどうにか沈黙を保ち、スラブベコーンがわたしたちに求めた通り、都市の音景(サウンドスケープ)を聴くのである。

それは効果を発揮する。こうでもしなければ聞くことのなかった音をわたしたちは聞くのだ。ディーゼルエンジンとガソリンエンジンの唸りの違い、脇を通り過ぎるおんぼろ自転車の軋むような乾いた金属音、頭上を行くジェット旅客機、付近のビル解体現場から絶え間なく届く激しい響き……。のみならず、葦(あし)を渡るそよ風の音、ポプラの葉のさやぎ、コマドリが奏でる小滝の流れのような歌、キツツキのドラミング、ゴジュウカラの活気にあふれた鳴き声、上空を飛んでいくワカケホンセイインコの金切り声……。微妙な細かい音もある。舗装道路から貝殻を敷き詰めた公園の小道に入ると変化するわたしたちの足音や、わたしたちが通りかかると止んでしまうかさかさと紙をこするようなバッタの歌。

最後に、わたしたちは高い木々に囲まれた広場に集合する。背景では、古い大学病院が取り壊し中である。スラブベコーンは言う。「かつて、ここはライデン市で最も静かな場所だった。病院の高い建物が背後の交通量の多い道路からの騒音を遮っていたし、都市の中心部からもうんと離れた場所だからね」。最近、この辺りは以前より騒々しくなった。大学寮が現在取り壊し中であり、都市の騒音が遮られずに、公園を突き抜けて届いてくるからだ。スラブベコーンに促されて、学生たちはこれまで何をどれだけ聞き取ったかを披露する。一人の学生が、自分たちが森に入ると交通騒音がより大きくなったように感じた、と述べた。「逆転層の効果だね」とスラブベコーンは説明する。林床の上は通りより涼しい。交通の音は耳の高さで冷気の層に捕まってしまうのだ。

「さあ、少しの間、目を閉じてみよう」スラブベコーンは言った。「そして都市の音に耳を傾けるのだ」。勿論、最初のうち耳に入ってくるのは、学生寮の屍を貪る重機が発作的に立てる騒音、そしてそばを通り過ぎる大型バイクのドッドッというスタッカートだけである。しかしスラブベコーンはこうした音は無視して、周波数の低い都市の背景音に耳を集中するように、わたしたちを促す。都市背景音に同調するように耳を集中させると、その明白な都市騒音の合間々に、ほぼ知覚不能なほど、低周波の絶え間ない唸りが、たしかに増大と減少を不規則に繰り返しているのだった。これは都市の呼吸だ。様々な音波が組み合わさった不協和音。膨大な数の自動車やバイクが発するエンジン、ブレーキ、クラクションの音、列車の通過に伴う鋼鉄と鋼鉄が擦れ合う音、飛行機のジェットエンジンの音、エアコンのコンプレッサーやその他の機械類が立てる音、建設工事の杭打ちの音、人の話し声や叫び声、スピーカーから流れてくる音楽、その他雑多な音が全て混じり合った結果、わたしたちが騒音と呼ぶ灰色の粥となって、多くの建物と通りが創り出す迷路を経由し、遮られ、また流れを見出し、わたしたちの耳へと届けられるのだ。ヨーロッパでは、降り止まない雨よりも音量の大きい都市背景騒音に人口の65%が、曝されている。都市に暮らす動物たちもまた、自身の声を届かせようとするために、こうした騒音と闘わなくてはならないのである。

背景騒音への対処という問題は、もちろん、取り上げられてこなかったわけではない。自然の生息地でも騒々しいことはある。急流や滝の近くに棲むカエル、あるいは反響によってあらゆる音が増幅される岩だらけの峡谷に暮らす小鳥は、この問題を知りすぎるくらいよく知っている。あるいは、メスに自身の鳴き声を届かせようとするコオロギが暮らす熱帯林は、生きものたちのギャーギャーと叫ぶ声、ホーホーと鳴く声、ブンブンと羽をうならせる音などで満ち満ちているのだ。始原的な環境における、こうした状況への対処法は、都市に暮らす動物たちが考えつく対処法と驚くほど似ていると、スラブベコーンはそう言って、わたしたちの背後の背の高いポプラの木から聞こえてくるオスのシジュウカラの、甲高い「自転車の空気ポンプ」のような旋律の囀りを指摘した。「ツーピー、ツーピー、ツーピー」――唸るような都市の騒音を背景に、それは非常に澄明な響きだ。

メスを誘い、他のオスを追い払うために発せられる、このシジュウカラの「ツーピー」と、この旋律の全変奏こそは、キャリアの初期にスラブベコーンに名声をもたらした研究テーマだった。2002年春のこと、かれとその学生のマルグリート・ペートはライデン全域でシジュウカラ（*Parus major*）の囀りの録音を開始した。その年の4月から7月にかけて、かれらの姿はライデン市民にお馴染みのものとなった。録音機材、指向性マイクロフォン、そして長さ5ヤード［約4・5メートル］の竿に装着した全方向性マイクロフォンを担いで、二人連れの旅の曲芸師さながら地域を歩き回っていたのだ。ちょうどわたしたちが音響生態学の実験を行った例の公園のように閑静な住宅地域から、賑やかな都心の交差点や高速道路の道路脇まで、32の地点において、かれらは2種類のマイクを設置した。指向性マイクでテリトリーを守るオスのシジュウカラの囀り（メスは囀らない）を録音し、全方向性マイク（シジュウカラの観点からということで、5ヤードの竿が使われる）で周囲の都市騒音を捉えたのだ。そして一日の時間の効果を均すために、1羽の鳥をそれぞれ3回訪ねた。ラッシュアワーの前、最中、後と3度の囀りを録音したのだ。

スラブベコーンとペートは、その結果を2003年に『ネーチャー』誌上に発表したところ、このわずか1ページの論文は大きな反響を呼んだ（以来、700件以上の出版物がこれを引用している）。そこには、交通騒音に負けずに囀りをメスに届けようとするシジュウカラの必死の努力が明らかにされていた。この点で非常に重要な役割を果たすのは声の高さ（ピッチ）だった。多くの都市騒音は最高3キロヘルツまでの低周波数域に集中している。シジュウカラの持ち歌の音域は2・5から7キロヘルツまであり、最も低い音域は都市騒音のそれと重なる。ライデンの騒々しい地域のシジュウカラは、囀りのピッチを3キロヘルツ以上に上げて、都市騒音に囀りがかき消されるのを防ぐことでこの問題に対処する一方、閑静な地域に棲むシジュウカラは2・5キロヘルツ以下までトーンを落とした囀りも用いるということを、スラブベコーンとペートは発見したのだった。

有名なあのワイタムウッズのシジュウカラを研究する動物学者たちは、早くも1970年代に、鳥がその環境に合わせて囀りを調整することを発見していた。鳥たちは、深い森にいるときよりも疎林での囀りが高音になる。密度の高い植生は、高い音を吸収しやすいからだ。しかし、鳥たちが同じ音楽的戦略を都市の生息地でも応用していることを最初に発見したのはスラブベコーンだったのである。かれの画期的な研究以来、多様な国の都市に棲む何十種類もの鳥が同じ行動を取ることが視認（いや、耳で確認）されてきた。たとえば、アジアのシロガシラ（*Pycnonotus sinensia*）、北アメリカのウタスズメ（*Melospiza melodia*）、南アメリカのアカエリシトド（*Zonotrichia capensis*）、オーストラリアのハイムネメジロ（*Zosterops lateralis*）……。世界中で共通なのは、同じ種でも、田園の静寂に暮らすよりも、都市に棲むもののほうが、囀る声はより高く、またおそらくはより大きくもあるということだ。これはなにも鳥に限ったことではない。オーストラリアのミナミアマガエル（*Litoria ewingii*）[Southern brown tree frog、樹上性の褐色のアマガエルの仲間]は、周辺の田園地帯に比べ、メルボルン都市部においてより高い声で鳴く。ヒナバッタ（*Chorthippus biguttulus*）も、騒々しいドイツの幹線道路沿いで鳴くもののほうが、草原の静寂のなかで鳴くものよりも声の調子が高い。

歌声の変化は進化か学習か？

スラブベコーンは自分の研究の結果が多くの新たな研究を産んだことを喜ばしく思う一方、その過程で多くの新たな疑問が浮かび上がってきたとも言う。都市の環境では、テナーで鳴くオスがメスを独占し、耳に届きにくいバリトンの持ち主はメスを口説けないので、囀りや歌声を決定する遺伝子が進化する、ということなのだろうか？　それとも、都市の動物たちは、低音の歌を持ち歌から外すことを学習するのだろうか？　もしかれらが学習するのだとすれば、父親の歌か、競争相手の歌を真似ることで学習するのだろうか、あるいは最も強力な効果をもつ歌を常に追求する方式で学習するのだろうか？　可塑性（プラスティシティ）についてはどうだろうか。生物が成長する場所が騒々しければ、自動的により甲高い声になるということはありえないだろうか。スラブベコーンと仲間の都市音響生態学者たちは、現在もこうした問題と格闘中である。たぶん答えは生きものごとに異なるのだろう。

スラブベコーンの学生の一人、マクテルド・ヴェルジジェンは、研究室の頑丈なマイクロフォンを持って、ライデン市のすぐ外を通る、アムステルダムとロッテルダムを結ぶ交通量の多い高速道路4号線へと出向いた。そこでは、車の騒音にもかかわらず、数多くのオスのチフチャフ（*Phylloscopus collybita*：灰褐色で艶のあるムシクイの仲間）が、繁殖期の間中、特徴的な「チフチャフ」という単調な歌を奏でて縄張りを喧伝している。シジュウカラの場合と同様、彼女の録音が明らかにしたのは、「チフ」あるいは「チャフ」のどの音も全て、その周波数が、高速道路に近いところで囀る鳥については、2分の1マイル離れた静かな川岸の鳥にくらべて、0・25キロヘルツほど高かったことである。ヴェルジジェンの研究はそこに留まらなかった。彼女は川岸の研究地点に大型のラジカセを持ち込み、そこで田舎暮らしのチフチャフが囀っている間に、近い距離から交通騒音を彼らに聞かせてやったのだ。そうすることで、路肩暮らしの兄弟たちが対処せざるを得ないレベルの騒音を少しばかり味わってもらったわけである。その結果、周囲に大量の騒音が存在するとき、チフチャフには即座に囀りの音程を高める性質があることがわかった。ヴェルジジェンがラジカセのスイッチを入れた途端に、彼女の観察対象の田舎のチフチャフたちも、その「チフチャフ」という囀りの音程を0・25キロヘルツほど高くしたのだった。

ここに進化が存在しないことは明らかである。川岸暮らしの声の低いチフチャフと、高速道路際に棲む高い調子で歌うチフチャフとの間に遺伝的差異はない。どちらも周辺環境に合わせて囀りを調整しているにすぎないのだ。しかし他の生きものにおいては、事はこれほど単純でない場合がある。たとえば、美しい歌を持たないタイランチョウやハトのような鳥や、カエルの鳴き声はもっとずっと紋切り型である。かれらは生まれつきハードウェアで動いていて、人間が騒音を創り出しているからという理由だけで、簡単に鳴き声を変えることはできない。そして同じことは歌鳥のコール（警戒を呼び掛けるため、ないし個体間の通信を維持するための短い鳴き声）にも当てはまる。しかしながら、歌鳥のコール同様、カエルや美しく歌わない鳥の鳴き声も、都市においてはすべてピッチが高い――これらが単に動物自身によって調整されている可能性は低いようなのだ。

ビーレフェルト大学の進化生物学科では、アウトバーンの道路脇の草地に棲むヒナバッタも研究している。その研究結果はさらに魅力的だ。博士課程学生のウルリケ・ランペは、騒がしい道路脇、そして静まり返った田園地帯からそれぞれ未成熟のオス（まだ鳴かない）を採集し、研究室に持ち帰り、別々の飼育箱に入れて成熟して鳴くようになるまで育てたところ、高速道路脇に生息していたバッタの鳴き声のほうが0・35キロヘルツほど高かった。これこそは都市における抗いがたい進化の証拠と思われるだろう。これらの昆虫には都市騒音について学習する機会がまるでなかったにもかかわらず、羽化して成虫になるや否や、完璧な声の高さ（パーフェクトピッチ）で鳴き始めたのだから。しかしこの場合ですら、おそらく現実はもう少し複雑だ。というのは、ランぺが未成熟のバッタを2つの集団に分け、一方を静かな実験室で成虫化させ、他方を録音した交通騒音が常に流れる実験室で育てたところ、騒々しい実験室で育った虫たちは、静謐の中で育った虫たちに比べ、わずかに高いピッチで鳴いたのだ——バッタたちの生息していた場所が道路際か、田舎の草地かにかかわらず、そうだった。ヒナバッタの都市音響学は、進化（氏(ネイチャー)）と可塑性（育(ナーチャー)ち）の両要因によって成立しているのである。

さて、この章のテーマは性であるから、性的な合図を送るオスという性の都市音響学について語るだけでは十分ではない。オスの愛の歌を受け取る相手にそれがどんな影響を及ぼすかという側面を考慮に入れなければ、話にならないだろう。

囀りと性選択

おのれの縄張りで囀るオスのシジュウカラにとって、歌の受け取り手は何種類もいる。先ず、近隣には競争相手の他のオスたちがいるので、そのライバルの縄張りに踏み込んだり、ライバルのパートナーと不義を働くなりしたくて、つねにうずうずしている。次にメスの鳥たちがいる。なんとメスでも学名は*Parus major*だ［著者のシャレ。シジュウカラの学名*Parus major*は男性名詞であることから］。'the female Parus major'：femaleは文法用語としては女性名詞／形容詞を意味する。オスは一緒に巣作りをしてもらうためにメスを口説く必要がある。巣ができたら、毎日生む卵に、近所の他のオスではなく、自分が授精させてもらえるようメスを説得しなくてはならない。近所にはメスが何羽もいるから、ひょっとすると誘惑して大急ぎで情を交わすチャンスがあるかもしれない。シジュウカラの社会的性的（ソシオーセクシュアル）な機会、威嚇、意思決定、相互影響からなるこの舞台が一挙に演じられるのは、夜明けのコーラスのただ中であり、その間、縄張りを持ったオスは神経質に飛び回り、大声でその「ツーピー」コールを広める一方、自分の伴侶としたメスおよび競争相手のオスに眼を光らせるだけではなく、お隣のメスにも色目を使うのである。

中心的役割を演じる生活環境が都市騒音によって損なわれるとき、性的競争関係がこの劇場に及ぼす影響はどうなるだろうか。これは10年ほど前にハンス・スラブベコーンと同僚たちが互いにぶつけ合った疑問だった。そして、学問上の差し迫った問題の場合にしばしば起こることだが、この問題はほどなく二人の博士課程の学生が取り組むところとなった。最初の学生、当時アベリトウィス大学にいたミリー・モックフォードは、競争関係にあるオスに焦点を当てた。連合王国（the UK）全土の20の都市で、モックフォードは都会のシジュウカラの縄張りに拡声器を設置し、そのオス鳥に同じ都市の郊外で録音した（低周波数の）囀りと、さらに高周波数の都会の鳥の囀りを聞かせた。そうしておいて、彼女はそのオスがこの人工的な競争相手にどんな反応をするのかを観察した。彼女はまた反対の実験も実施した。田舎のオスの縄張りで、都会のシジュウカラの囀りと田舎のシジュウカラの囀りを流したのである。モックフォードが双眼鏡を通して確認したことは、オスたちは自分自身の棲む土地に調和した歌のほうにずっと大きな動揺を見せたことだ。換言すれば、都会のシジュウカラは、田舎のシジュウカラの囀りよりも都会のシジュウカラの囀りのほうに、より不快感を露わにした。逆もまた同様だった。

もう一つの研究はスラブベコーンの学生ワウター・ハーフウェルクによるもので、メスを焦点に据えたものだった。都会のシジュウカラが非常に難しい状況に直面していることをかれは発見した。まるでシジュウカラの秘密検察局員のように行動しながら、ハーフウェルクはオランダにおいて、30の巣箱でシジュウカラの個体群が繁殖するところを綿密に観察したのだ。これらの巣箱を定期的に点検することで、メスがいつ受精したか、また彼女らがいつ卵を産んだかを正確に知ることができた。DNA検査によってハーフウェルクは、どのヒナが、その巣箱が置かれている場所を縄張りとするオスを父親としているかをも知ることができた。鳥たちのプライバシーを大きく侵害することにならない範囲で、かれは巣に盗聴器も仕掛けた。一つは巣箱の中に、一つは巣箱の外に、小型のマイクを設置したのである。このようにして、かれはオスの囀りと、オスを励ますようにやさしく答えるメスの鳴き声のみならず、早朝の交尾に向かおうとしてメスが巣箱を離れるときの、引っ掻いたり、翼をばたつかせたりしている音も記録することができた。

ハーフウェルクの監視作戦から分かったことは、メスは、低音で歌うオスを好むということだ。メスが新たに産卵を望むとき、鳴き声が低ければ低いほどそのオスが選ばれる可能性は高くなる傾向があるのだった。ロマンチックに聞こえるが、低くセクシーな歌声を獲得していない伴侶を持つメスは、別のオスの愛情を求めて、夜明け前に決まって巣箱をこっそり抜け出そうとする。案の定、DNA検査の結果、高音で歌うオスは間男されていたことがわかった。これらのオスが育てていたヒナのうち1羽以上が近所のオスを父親としていたのだった。

ハーフウェルクの巣箱はみな静かな森の中に設置されていた。都会の騒音の効果を確認するために、かれはその仕掛けに手を加える必要があった。そこで、またしても秘密検察局の戦術を使った――シジュウカラたちがついに秘密を白状するまで、かれらを絶え間ない騒音に曝したのだ。巣箱の上部に、かれはMP3プレーヤーにつなげた拡声器を設置し、可哀そうに、シジュウカラの巣箱の中に交通騒音を絶え間なく流し込んだのだ。次に、巣箱の外に置いた拡声器から、事前に録音しておいたオスの高音の囀りと低音の囀りを流した。囀りの調子が、唸りを上げる交通騒音に負けず、巣箱の中で十分に聞き取れる高さである場合のみ、メスはオスとの交尾を期待して巣箱から姿を現すのだった（実際には期待通りにはいかない。そこにいるのは、ハーフウェルクとかれの拡声器だけなのだから）。

これら2つの研究が示しているのは、シジュウカラの性的進化は都市の内部と外部とで2方向に分岐しつつあるのかもしれないということである。シジュウカラの囀り、一雌一雄制のレベル、そしてオス・メス両者から反応を誘う要因といったものがみな、都市外における標準から遠ざかりつつあるのかもしれない。シジュウカラに限らず、他の都市の歌鳥でも、囀りの音程が2〜3度ほど上昇する場合には、同様の事態が進行しているようなのである。

スラブベコーンによる解説が長いので、学生の中には芝生の上で手足を伸ばすことにした者もいた。まだ立ったままの学生もそわそわし出した。明らかに、かれらに関する限り、シジュウカラ、拡声器、囀りの周波数、さらには早朝の交尾について吸収すべきことが余りに多すぎたようなので、そろそろこの都市生態学演習も切り上げ時らしい。スラブベコーンはピンときたようで、大学のほうへと戻り始めた。しかしポプラ並木の道路と生物学科の建物との境の水路の縁で、かれは立ち止まった。話にはもうひと展開があるのだ。

「問題は囀りの声の調子だけではないのだ、いいかね」とスラブベコーン。「都市騒音が鳥の音響学に及ぼしうる影響は多様なのだ」。たとえば、オーストラリアのハイムネメジロはより高い声で囀るだけでなく、歌はより短く、音楽的要素はより間隔を開けて展開される。おそらくは、囀りがビルに反響して起こるこだまの影響を小さくするためだろう——広いスタジアムで演説を行う人が、反響して戻ってくる自分の声に邪魔されないために、普段よりゆっくりとした話し方をするのと同じ理由だ。シェフィールド市の賑やかな地区に生息するコマドリは（もちろん、おそらくは他の都市でも同様に）、昼よりも静かな夜間に鳴くことが多い。スペインの平野では飛行機の影響もある。ハラマ川の氾濫原では、歌鳥の夜明けのコーラスの開始が、マドリード空港の滑走路に沿って川が流れている辺りでは、他所と比べて早いのだ。早朝の航空機の離発着による騒音を避けるために、その地域のスグロムシクイ、ムシクイ、カッコー、フィンチなどは、その体内目覚まし時計を最大で45分ほども進めているのだ。

しかし、スラブベコーンによれば、都市における動物と音との相互作用の中には、適応が可能でないものもある。かれは自分の後ろにある水路を指さした。「オランダの法律では、何らかの建設を行う際に、保護対象魚種であるドジョウが生息する水路に排水する必要がある場合、建設計画は変更されなければならない。しかし、水路の隣で行われる杭打ちも致命的な効果をもたらす。水は音波をとてもよく伝えるし、水分の多い魚の体の中にもよく伝わるから、杭打ちの音は魚の聴覚やウキブクロを破壊する効果をもたらすだろう」。その説明を聞き終わると、わたしたちはその水路に背を向けて、再び歩き始めた。みんなに再び沈黙が訪れたが、今度は、口を閉ざす理由が違っていた。

Chapter 17

セックス・アンド・ザ・シティー

サンディエゴ郊外の歩道に、チェーンの錆びた赤い女性用自転車が、2〜3台の自転車とガーデニングの道具類に囲まれて止めてある。その後部荷台には、プラスチック製の白と青の柄のチャイルドシートが置かれていて、その中で発泡スチロール製のサイクリング用ヘルメットがひっくり返っている。金曜日の午後、ある母親が学校で子どもを拾って帰宅し、前の歩道に自転車を止めて子どもをシートから降ろしてやったが、庭で遊びたいその女の子はヘルメットのまま走り出そうとした。「ねえ、ヘルメットはどうするの?」、母親は走り出した子どもに呼び掛け、じれったがる子どものヘルメットのバックルを外し、ヘルメットはチャイルドシートの後部に投げ入れられた。週末が明けた月曜日の朝。不測の事態が生じたために、大慌ての通学は突如中止となった。「あら、驚いた。あなたのヘルメットに小鳥が巣を作っちゃったわ」

わたしの想像では、この出来事が起きたのは、『トレンズ・イン・エコロジー・アンド・エヴォリューション』誌の2006年4月号の189ページに印刷された写真が撮影されるより前だったようだ。家族のこんなスナップ写真が評価の高い科学雑誌のページに載った理由は、このサンディエゴの小さな隠れ処に住まいを定めた小鳥がただの小鳥ではなかったからだ。それは黒い瞳のユキヒメドリ（*Junco hyemalis*）という鳥で、北アメリカのこの地域では、この鳥が営巣する場所は普通、高山地帯の針葉樹林帯に限られるものなのだ。1983年まで、この鳥の繁殖範囲はサンディエゴから何百マイルも隔たった、1千600～3千200ヤード［約1千460～2千900メートル］の高地にあった。しかしその年、地元のバードウォッチャーたちが驚いたことに、黒い瞳のユキヒメドリは、海岸に沿ったカリフォルニア大学キャンパスの都市的な環境の中で巣作りを始めたのだった。これら最初の移住民たちは、おそらくは、海岸付近で越冬したほんの数羽の鳥たちだったことだろう。しかし、以前のそうした冬季だけの訪問者とは異なり、かれらは春になっても山には戻らないことを決意していた。かれらはそのままそこに留まり、大学キャンパスの建物の間の装飾的な低木の植え込みで、そして、そう、ついには自転車のヘルメットの中でまで、巣作りを開始したのだった。その後、年が経つうちに、かれらのコロニーは着実に大きくなり、1998年までには、個体数160羽という規模に達した。その年、パメラ・イェーは博士号を目指して、このユキヒメドリたちの研究を開始した。

見た目に際立ったところのある鳥ではない。大きさはスズメほどで、くすんだ茶とスレートのような灰色をしており、尾の外側の羽が一部白い。しかしイェーが関心を持ったのはこの白い尾羽だった。この鳥の性生活において、この白い羽は重要な役割を果たすものだからだ。オスのユキヒメドリが一羽のメスを気に入った場合、オスはそのメスの周りを跳ねまわり、翼を下に垂らし、尾羽を扇のように開いて、その明るい白色の旗印を誇示し、メスの気を引こうとする。1990年代、本来の生息範囲内でこの鳥の研究を行った研究者たちは、この誇示行為の効果を、切り貼り(カットアンドペイスト)式の簡単な実験によって証明して見せた。彼らはオスの尾羽を切り取り、そこに、もとの羽に比べて白さに優る羽と白さに劣る羽のどちらかを瞬間接着剤で張り付けることで、尾羽の色の調子を強めたり、あるいは弱めたりしたのだ。メス鳥は一貫して尾の白さが最も際立つオスを求めることを、かれらは突き止めた。どうやら、オスの尾の色が白いほど、それが生まれつきの色であろうとなかろうと、メスのユキヒメドリの心はときめくのである。

白い尾羽に隠された意味

しかしなぜそんなことになるのだろう。わずか2~3枚の羽毛の白さがほかのオスよりいくらか引き立つ相手を選ぶことで、いったいどんな得がメスにはあるというのだろうか。あるいは、同様の疑問は、前章のシジュウカラについて見たように、わずかに声のピッチが低いオスを選ぶことについても当てはまりそうだ。この興味深い問いへの答えを得るためには、わたしたちは性選択という分野をもう少し深く探索してみなくてはならない。その後に、わたしたちはまたパメラ・イェーと都市に出たユキヒメドリの話題に戻ることにしよう。

自然選択(環境が選択の主体である)に次いで、性選択(異性が選択の主体である)は進化を促す第2の力である。ある遺伝的特性が生きものの性的魅力をより高め、したがってより多くの、ないしはより優れた性的パートナーを獲得することになれば、その遺伝的特性は次の世代においてより高い再現性を示すだろう。すでに学んだように、このような遺伝的な再現度の変化が、定義上、進化なのである。自然選択同様に、性選択も種を進化させるものなのである。

一例として、キジオライチョウ（*Centrocercus urophasianus*）のオスを取り上げたい。この鳥のオスは奇妙な星形に広がった尾羽、白い羽毛のエリマキ、黄色い皮膚が露わな袋状の胸を持ち、頭には大きな羽飾りを載せている。何千年にもわたって、メスのキジオライチョウ（オスの派手な飾りをすっかり取り払った、地味な鳥だ）は、最も大きな星形の尾、最も白いエリマキ、最も目立つ襟元の袋、そして頭には最も長い飾り羽をもったオスに、最大の魅力を感じてきたのだ。このようなオスこそがメスの産む子どもたちの父親となったのだ。その結果、際立った特徴のないオスたちは子孫を残すことなく、性的魅力に乏しいその遺伝子は袋小路に取り残されたわけである。

しかし性選択はまた異なった働き方をすることもある。異性による積極的な選択ではなく、性的な競争相手同士の争いによるものだ。すべては勝者のものに、というわけである。たとえば、とても大きな角を持っているために、競争相手をみなひっくり返し、常に近くにいるメスと交尾することになるオスのカブトムシがよい例だ。このようなオスは、あまり恵まれないオスたちを犠牲にしたうえで、角の大きくなる遺伝子を子孫に伝える。その結果、カブトムシという種の角の大きさの平均値は、時とともに増大していく——少なくとも、角が大きくなりすぎてお荷物になってしまうところまでは（ここでまた自然選択が威力を発揮して、そうしたバカげたほど巨大な角の遺伝子を取り除くのである）。

これら二つの例は、性選択がオスに対して働くケースについてだった。しかし原則的には、性選択は両方向に働きうるものである。オスもメスもどちらも、大きくて優れた質の子どもを産むために最良と思われる異性を選ぼうとするだろう。しかしながら、実際には、「優れた」配偶者を選ぶことで、その立場上どれだけ多くのものを獲得できるかという点で、雌雄両性間には差が存在する。多くの種において、メスはほんの数匹の子孫を育てることに多大な時間と精力を注ぐ。彼女にとっては、最良の精子を持つ最良の父親を選ぶことが何よりも肝心なことだ――ひとたび誤った選択をすれば、子どもたちは劣勢の遺伝子を押し付けられることになる。一方、オスのほうはメスほど多くの時間や精力を消費することはない。多くのオスにとっては、誤ったメスを選択したことの代償は、一度の射精と数分の時間の無駄使い程度のものかもしれない。結果として、進化の保険料は、適切なオスを選ぶメスのほうに極めて重くのしかかる傾向があり、逆の立場にいるオスの負担は軽くなるのだ。

では、優れたオスをどのようにして選ぶのか？　この深遠な問題への答えは、何よりもまず、特定の種において何が生態学的に重要な意味を持つかによって異なってくる。ある種においては、縄張りを守ることに長けたオスを獲得することが重要であり、また別の種においては、母と子のために食物を見つけるのが得意なオスの確保が大事である。さらに別の種においては、オスは縄張りも守らないし、餌を見つけもしない。そんなオスにメスが要求するものは、その精子だけである。しかし、何が必要かを知ることで問題がすべて解決するわけではない。実際にオスに試してもらわない限り、かれが優れた戦士か、扶養者か、介護者か、あるいは精子提供者かどうしてわかるだろうか？　そこでメスに必要となるのは「正直な信号」［Alex Pentlandの著書*Honest Signals*より］、オスの真の性質を保証するものとして使用できる一種の「旗」にあたるものなのである。

ここで話はユキヒメドリの尾へと戻る。オス鳥の燕尾服のあのおしゃれな白い縁飾りは、メスにとって単に審美的な意味で魅力があるばかりではない——それはもっと多くのことを表しているのだ。イェーの同僚の一人が突き止めたように、尾羽の白い部分がより多くなる遺伝的傾向を持つオスは、男性ホルモン、すなわちテストステロンの値が高く、競争相手のオスを撃退する力に秀でている。この相関性がどのように生じるのか、正確なところはまだ明らかになっていない。しかしいま明らかなことは、メスのユキヒメドリは優れてテストステロンの多いオスを見出すための便利な近道として、オスの尾の飾りを利用することができるということだ。ユキヒメドリの結婚市場において、これは重要なことである。カリフォルニアの山岳地帯では、繁殖期は短い。親鳥がヒナたちに与える昆虫が豊富にいるこの短い繁殖期間中には、ヒナを育てるのは、一回か二回がやっとだろう。ということは、すなわち、虫が豊富に供給される縄張りを要求し、他のユキヒメドリによる侵略からこれをうまく守ることは極めて重要である。ということで、メスのユキヒメドリが求めるのは、それができる屈強なオスということになる。そのとき、オスの尾羽が彼女に重要な手掛かりを与えるわけである。

都市では男らしくないほうがモテる？

しかしサンディエゴキャンパスのユキヒメドリにとって、生活は山岳地帯でのそれと比べ、大いに異なるものだ、とイェーは考える。寒冷な雲霧林による制約と闘う必要がない代わりに、キャンパスの地中海的気候はとても穏やかなので、ユキヒメドリは早くも2月には巣作りを開始できるし、夏の干ばつの影響を無化する灌漑網のおかげで、繁殖期を夏から秋口まで延ばし、最大で年に4回もヒナを育てることができるのである。キャンパス生活のマイナス面は、しかし、自分が容易に捕食対象になる可能性があることだ。キャンパスは開けた土地である。広がる芝生、駐車場、そして街路が、そこに通過するタカにクリアな通視線を提供し、タカたちは定期的に急降下を繰り返しては、広々とした場所にあえて危険を犯して姿を現したユキヒメドリをつかみ去るのである。そこでは、マッチョなオスへの需要は減るので、都会に棲むメスはより地味なオスへの志向を進化させるはずだ。同時に、尾羽の白が特に目立つオスは、猛禽に食われる確率がより高くなるだろう。これら2つの力は同じ方向に作用するはずなので、都会に暮らすユキヒメドリのオスの尾の白い部分は、より目立たなくなるように進化するはずだ、とイェーは推論したのである。そして、案の定、推論通りの結果を彼女は得たのだった。山地暮らしのユキヒメドリと比較すると、進化の結果、キャンパスの鳥は尾の白い部分が20％減少していた。2002年のことである。それ以来、尾の白味が減少する傾向は続いているのだろうか。イェーの答えはこうだ。「よい質問です。わたしたちは答えを知りません。野外研究地としてのキャンパスから長い間離れていましたが、2018年には標本抽出(サンプリング)を開始する予定です」

これとよく似た事態が、都市生態学者たちに一番人気のあの小鳥、そう、シジュウカラにおいても、現在進行中のようである。バルセロナ自然史博物館のファン・カルロス・スナールは、バルセロナの都心部のシジュウカラでは、ネクタイ模様の幅が田舎のシジュウカラに比べて狭いことを発見した。ここで気づいていただかなくてはならないのは、シジュウカラのオスにとって、彼の能力の源はそのネクタイにあるということだ。真っ黒な胸の羽毛でできた縦縞の幅はほぼ遺伝的に決定され、ユキヒメドリの白い尾の旗印同様に、そのシジュウカラの男性性に直接的に結びついている。より幅の広いネクタイを着けたオスのほうがより優勢で攻撃的であり、より優秀な巣の守り手であり、優秀なメスとつがいになるものなのだ。要するに、ネクタイの大きなシジュウカラは優位なオスなのである。

では、オスのシジュウカラの都会向け衣装に細いネクタイが用いられ、あまり男らしく(マッチョ)ない外観になるのはなぜなのだろう？　都市が、田舎出身の弱いオスたち――弱い者いじめをする幅広ネクタイのオスたちと張り合って縄張りを維持するほどの力のないオス――田舎の弱いオスたちを収容する避難場所である、という可能性も、もちろんあるだろう。しかし、これが正解ではないことをスナールの研究は示している。ネクタイの幅が分かっているおよそ500羽のオスの足輪の信号を追跡し続けることで、カテゴリー分けしたオスたちの生存状態を知ることができたのだ。結果は、田舎では、ネクタイの幅が広ければそれだけ生存率が高かった――

予想通りだ。都市では、状況は正反対だった。細いネクタイのオスは多くが健在で、広いネクタイのオスには死ぬものが多かったのだ。都市には、優れたオスの条件を決める、独自の規則があるようだ。

シジュウカラとユキヒメドリの物語が示していることは、田舎に棲むオスの優劣は都市とは異なる条件に依存する、ということだ。これら2種の例では、森では高く評価される頑健で争いに強いオスが、何らかの理由で、都市ではあまり役に立たないようなのである。もしそうならば、オスに対するメスの好みもこれに伴って進化し、都市に暮らすメスが、ひどく男っぽいオスを敬遠し始めているはずと予想できるだろう。こうした変化が、次にはメスがオスの資質を判定するための信号すなわち身体の装飾に変化を生じさせ、その結果、都市内の鳥と都市外の鳥とで、見た目も実際に異なってくるのではないか――それは別の種に分かれる程度の進化かもしれない。次の章で、そんな例をお目にすることになるだろう。

ここまで読んでこられた読者が、都市は常に華奢な都会型の性意識をもつオスの進化を促すものだ、という印象を持たれても困るので、正反対のケースも示しておこう。きっと読者は覚えておいでのことと思うが、断片化こそは都市における動植物の生息地の特色の一つである。これは樹林地（一面に広がるネズミに優しくない都市景域の中でシロアシネズミが孤立状態に置かれている、ニューヨーク市の小公園を思い浮かべてほしい）にも当てはまるとともに、水辺のある場所にも当てはまる。たとえば、イトトンボの生息にとって必要なのは、草にとまり、餌になる虫を探し、水中に産卵することができるように周囲が植物で覆われている池である。イトトンボは幼虫時代をすべて水中で送る。それゆえに、イトトンボが田園から都市に点在する池や溝をはじめとするごく小さな水場にやって来て、そこを繁殖地にするためには、かれらは長い距離を飛ぶ必要がある。

ベルギーのルーベン大学の大学院生ネディィム・チュズンとリン・オプ・デ・ベークの二人は、高い飛行能力は、都市部の池で特に必要性が高まると考えた。この直感の正否を二人は実験によって試した。ベルギーの3都市の内外に存在する水場で、600匹近いオスのエゾイトトンボ（*Coenagrion puella*）を捕獲し、飛行筒を使ってこれらのオス1匹1匹の飛行滞空時間を測ったのである。かれらが使った飛行筒はアクリル製で、長さは2ヤード［約1・8メートル］、直径2分の1ヤード［約45センチメートル］、先端は閉じてあり、傾けて置かれている。かれらはイトトンボを1匹ずつカップに入れ、それをチューブの下部の開口部で放し、上に向かって飛ぶがままにしておくと、ついには疲れて、漂うように筒の底へと舞い戻ってくる。平均すると、都市外の田園地帯で捕えたイトトンボは、3分半ほどで疲れ切ってしまったが、都市に生息するイトトンボのほうはその2倍以上の時間、空中に留まっていた。学生たちの予想は裏付けられた。都心の池に定着できたイトトンボは最強の飛行能力を持っていたにちがいなく、都市産のイトトンボの飛行能力にその証拠が刻まれていたということである。

しかしこれと性との間にどんな関係があるのか？　このイトトンボの場合、性のゲームは主として敵対するオス同士の競争を通して展開される。恋したい気分になると、水面上をジグザグに飛んで、メスが姿を現せばすぐに跳びかかるのだ。最初にメスにたどり着いたオスが、尾の先端にある鋏［肛側片］でメスの首を捉え、静かな場所に運び、交尾する――他のオスから自分のメスを守りながらである。チュズンとオプ・デ・ベークは、捕獲したオス1匹1匹について、捕獲時点で現行犯（つがい）だったか、相手のいない独り者のオスだったかを記録していた。その後、滞空時間を測ってみてわかったことは、都市の池においては、メスを連れているオスは、捕獲時に独り者だったオスと比較して、滞空時間が40秒ほど長いということだった。すなわち、この都市昆虫のオスは、自然選択が働いてまずはよりたくましい飛行家へと進化し、その後、この進化が性選択によってさらに増強されたのだ。最もたくましい飛行家が初めに都市の水場に住み着くだけではない――交際相手のいないメスのもとに最初に行き着くのもかれらなのである。

性選択を変化させる都市の要因

さて、都会の性についてどんな絵をわたしたちは描いたのか、ちょっと振り返って見てみよう。第一に確認すべきは、これは都市に限らないが、生きものたちは最善を尽くして、自らを望ましい配偶者として売り出そうとするということだ。都市のデート・ネットワークがこのために利用するチャンネルの種類は、動物たちの本来の生息地におけるそれと原則としては同じものである。すなわち、美しい声の響き、強烈な色彩、印象深い行動だ。しかし綿密に調べてみてわかるのは、都市に棲む動物はそれとは異なった点でも配偶者を評価するのだ。異性について評価対象とされる質と並んで、性的好みも進化するのである。必死のユキヒメドリが『小鳥のキャンパスニュースレター』の交際募集広告欄に広告を載せたとすれば、広告文はおそらく次のようなものになるだろう。「愛情深いオスです。尾羽に白色ほとんどなし。快適な自転車用ヘルメットに巣をつくって、一緒に何度か子どもを育ててくれるメスの方を求めています。腕っぷしは強くありませんが、小さな蚊を大量に取るのはとても得意です」。――『高地ユキヒメドリジャーナル』のたくましい読者が読んだら、笑いだすのではないか。

第二に確認すべきは、これらの性シグナルが伝えられる方法は、都市環境と衝突することによって、変わる可能性があるということだ。騒音汚染や光害によって、聴覚的シグナルや視覚的シグナルが機能する周波数の帯域幅が狭まったり、変化したりすることも起こりうる。あるいは、あるタイプのシグナルが別のタイプのシグナルに取って代わることすらあるかもしれない。たとえば、遠隔操作の「ロボットリス」(かなり陽気な表情の)を使って、マサチューセッツ州のハンプシャー大学の研究チームは、都市に暮らすトウブハイイロリス(*Sciurus carolinensis*)が予想される危険について互いに警告し合うときに、キーキーという警戒音よりも、尾の素早い動きのほうによりよく反応することを突き止めた。田舎のリスにおいては、まったく逆の反応を示すこともわかった。おそらく、これは都市騒音から生じる結果の1つであろう。となれば、聴覚から視覚への同様の変化が、ある種の生きものたちの性的メッセージの伝達において生じている可能性があることも、容易に想像しうるだろう。

あるいは、同様なことは、嗅覚から視覚へという変化にも生じていそうである。インディアン・ガービル(*Tatera indica*)[ネズミの仲間]は、その自然の生息地においては、種同士が遭遇することが非常にまれなので、化学的「旗」として生息環境のあちらこちらに残されたにおいに依存している。しかし都市では、ネズミたちの生息密度は高く、窮屈な暮らしをしているので、かれらにはもはや嗅覚による遠距離コミュニケーションは必要ないようである。その結果、都市に棲むガービルたちは、においづけのための分泌腺を失いつつあるのだ。

生きものの性的メッセージのやり取りに対する環境上の妨害には、さらに油断ならないものもあるようだ。有機塩素化合物（オルガノクローリンズ）、フタル酸エステル類、アルキルフェノール化合物、ポリ塩化ビフェニール、ポリ塩化ジベンゾパラジオキシンといった、異国風の名前をもつ化学的汚染物質が、様々な発生源から環境中に放出されている。それは殺虫剤だったり、プラスチックの添加剤、また産業廃棄物だったりする。こうした化学物質に共通の特徴は、環境中にとどまることだ。そのうちの多くは既に使用が禁止されているが、半減期が数百年からそれ以上のものもあるので、これらの物質は今後長期間にわたって、都市の化学的景域の特徴として定着することになるだろう。これらの物質に共通のもう一つの性質は、生きものの性に干渉することだ。身体的にも、また性行動という点でも、動物の性的発達を微調整するある種の性ホルモンの作用を、これらの物質が化学的に模倣するからである。その結果は性的異常として現れる。たとえば、ＤＤＴに汚染された湖に生息するアリゲーターのオスにはペニス萎縮とテストステロン「男性ホルモン」の低下が見られる。これとは逆に、製紙工場の排水路に棲むカダヤシのメスは、オスの身体的特徴を示し、極めて攻撃的で、優位行動をとった。性選択による進化は、こうした規模の干渉に適応するために——適応が可能であればの話だが——どこまで奮闘できるのか、わたしたちにできるのはあれこれ推測することだけだ。

生きものの性の微妙な働きを巧妙に妨げる、さらに別のタイプの人間由来の要因は「進化論的罠（エヴォリューショナリトラップ）」と呼ばれている。わたしたち人間が何の気なしに作り出すものが、時としてある動物の求愛行動の伝統的な形と完全に結びついてしまうことがある。オーストラリアのアオアズマヤドリ（*Ptilonorhynchus violaceus*）を例に取ろう。アズマヤドリには共通の特徴があって、オスはメスを交尾に誘うために驚くような芸術作品を作り上げる。かれらが造るのは観賞用の庭園に近いもので、通路、進入路が備わり、周りから集めてきた美しい形や色をしたいろいろな物が配置されている。かれらの環境が人間に支配されるようになる前は、この目的のためにアオアズマヤドリが利用したものは石、貝殻、花、蝶の羽、甲虫の翅鞘などだった。ところが、最近では、人間によって供給される数限りない魅力的な人工物が鳥にディスプレーの材料を提供しているのである。オス鳥は特に青い輝きを持ったものに引き付けられる。たとえば、牛乳の蓋を開けるときに引っ張って取る例のリングのようなものにである。

残念なことだが、このリングが――まさに文字通りに――進化論的罠だった。この素晴らしい戦利品に興奮したオスが、それを嘴にくわえて飛び回っているうちに、リングが後方にひっくり返って首の後ろ側に引っかかり、取れなくなってしまうことがあるのだ。こうして、外れない首輪をはめられたオスは自らの手による絞殺、あるいは飢えによる緩慢な死を迎える。この鳥の純粋に美的な意図へのわたしたちの思慮のない介入によって、かれに死がもたらされたのだ。

妙なことに、これもまたオーストラリアであるが、今度は飲酒の習慣が原因で生きものの愛情生活に大変な混乱が生じている。1983年、2人のオーストラリア人の昆虫学者が『オーストラリア昆虫協会ジャーナル』に「瓶の上の甲虫」というタイトルの短い論文を発表した。論文の目玉は、大型の黄褐色のタマムシ（*Julodimorpha bakewelli*）が、地元で「ずんぐり（スタッビー）」と呼ばれる特殊な形のビール瓶と交尾を試みている2枚の写真だった。この甲虫は瓶の丸い底にまたがって、躍起になってその長い茶色のペニスをビール瓶に挿入しようと試みているのだが、もちろんうまくいかない。スタッビーとその恋人が発見されたのは、ドンガラの町はずれの高速道路沿いの砂の上であった。二人が付近を探索すると、数個の瓶に無我夢中でしがみつく別の数匹のオスのタマムシを発見したということだ。

この昆虫が瓶の中のビールに魅了されたということはありそうもない。というのも、著者たちも指摘するように、ビールが中に残った瓶を投げ捨てるオーストラリア人などいないからだ。虫を惹き付ける要因は、ビールではなく、おそらくガラスの色と光沢、その曲がり具合、そしてとりわけ重要なのはその感触にあったのだ。製造過程で瓶の下方部分に圧し付けられた小さなこぶ状の突起が均等に散らばる縁の感触である。こうした特徴が組み合わさった結果、メスの*Julodimorpha bakewelli*の背中とそっくりになったために、この捨てられたガラス瓶は、この甲虫のオスにとって抗えないほど魅力的なものになったのだ。この二人の昆虫学者が新たに数個の瓶をこの地域に並べてみたところ、数分のうちにオスのタマムシが瓶の上に降り立ったのだった。

スタッビーが進化論的罠であるのはタマムシを死に至らしめるからではなく、オスの気を逸らして、本当のメスと交尾する役目をオスが果たせなくなるからである。オスのタマムシは、大きく艶やかで魅力的なメスを見つけたと考え、本物のメスなど眼中になくなってしまう可能性があるのだ。そんな超級（スーパー）メス（超セクシーだが、もちろん、超未成熟でもある）がそこら中に転がっているのなら、この進化論的罠から逃れるための唯一の希望は、ビール瓶に興奮しないような（多分、においのような別のメスの性的特徴に注意を集中させる）遺伝的傾向をもったオスの登場ということになろう。このようなオスだけが子孫を残すことができるとなれば、その結果、いつかは、タマムシとかれらの性的なシグナル・嗜好を進化させることになるだろう。男（オス）をビール瓶から遠ざけることで結婚が破綻せずに済む事例としては、これが初というわけでもなかろうが。

Chapter 18 都市の種の分化

ガラパゴス諸島は、太平洋に放り込まれた一群の火山島だ。そこでは、南アメリカ本土から投げ込まれたわずかな植物と動物を素材にして、進化の力が独自の生態系を創り上げている。何種類ものリクガメ類、大型・小型のサボテン類、マネシツグミ類、イグアナ類、ツルニムシ［Bulimulus snail、陸生の巻貝。カタツムリの仲間］類、ゴミムシダマシ［黒い甲虫の仲間］類、そしてもちろんガラパゴス諸島で最も有名な住民で、特有の背景に適した形の嘴を持つ14種類のダーウィンフィンチ類。こうしたグループが、それぞれ地元育ちの進化系統樹を持つ、独自の世界があるのだ。

ダーウィンの広告塔になった鳥

ダーウィンフィンチとはいっても実はフィンチではなく、フウキンチョウないしはホウジロの仲間である（鳥類学者たちも確信がない）。この偉大な博物学者がＨＭＳ（Her Majesty Ship）ビーグル号での航海の途中でこの小鳥を発見してから１００年を超えた１９３６年に、「ダーウィンのフィンチ」と呼ばれただけのことなのだ。にもかかわらず、ダーウィンのフィンチはそれ以来進化の広告塔（ポスターチャイルド）となった。ダーウィンがかれの理論を説明する最も重要な実例の１つとして、この小鳥を売り込んだ。「この群島のもともと乏しい鳥類の中から、一つの種が選ばれ、異なる目的に適う多様な変異が起こったと想像してみるのはどうだろう」とダーウィンは書いたのだ。だがそれだけでなく、この小鳥たちは、過去45年にわたって行われてきた最先端の研究における主役の位置も占めてきたのだ。

ガラパゴス半島で2番めに大きい島であるサンタクルス島に、ダーウィン研究所がある。その研究者が大半を占める、権威ある科学者の一団が、１９７０年代の初めから、こぞってダーウィンのフィンチを研究し、この鳥が進化を続けている様子を驚くほど詳細にわたって明らかにしてきた。科学者チームは、毎年毎年、フィンチの誕生と死、愛の駆け引きと争い、食の流行と営巣場所の変転をたどり、さらに鳥の嘴と身体の大きさと形を計測した。血液標本を採り、囀りを録音し、ＤＮＡ検査を実施し続けている。こうした大変な努力の結果、今や生物学者たちはフィンチの形態の変化をリアルタイムで観察し、さらには予測することさえできるのである。気候の厳しさ、あるいはある種の餌の入手可能性が変わるたびに、フィンチの体格に進化的な変化が生じる。それはしばしばミリメートル以下の単位の変化だが、計測可能な実質的な変化なのだ。

たとえば、サンタクルス島では中型のジ［地］フィンチ（*Geospiza fortis*）が現在二つの種に分化する過程にある。この鳥の嘴を観察すると違いがわかる。小さな嘴を持った鳥が多く、ずっと大きな嘴（最大でほぼ2倍）の鳥も多いが、中くらいの嘴をしたものはあまりいない。嘴の大きさはその鳥が割ることのできる種子の種類に直接的に関係する。大きな嘴のジフィンチが噛む力は小さな嘴のジフィンチの3倍を超える。だから、かれらはヒシの実のような手ごわい種子を処理することができるが、嘴の力が弱いフィンチのほうは、イネ科草本のような小さくて軟らかい種子を噛むのが得意なのだ。中くらいの嘴のフィンチは虻蜂取らずということになる。かれらの嘴は大きな種子を割れるほど強靭ではなく、小さな種子をうまく扱えるほど小さくて繊細でもないのだ。その結果、飢饉の年には、こうした鳥は餓える可能性が高くなり、自然選択によって厳しく除去されるのである。さらに、嘴の大きさの違いは性的なドミノ効果を生む。すなわち、大きな嘴のオスの囀りは小さな嘴のオスの囀りとは異なり、大きな嘴のメスは大きな嘴のオスとの交尾を選択し、小さな嘴のメスは同類のオスを選ぶから、結果として、嘴の大きさの違いを超えて遺伝子の交換が行われる機会は少なくなる。言い換えれば、種分化（スピーシエーション）が進行中だということだ。すなわち、かつて1つだった種が、新たに2つの別の種に進化していくわけである。

都市で種分化したクロウタドリ

ダーウィンのフィンチは野生における種分化の象徴となったが、一方で、都市における種分化に関してフィンチに相当する役割を引き受けた別の鳥がいる。クロウタドリ(ブラックバード)(*Turdus merula*)である。

1828年、ダーウィンはジョーン・スティーヴンズ・ヘンズロウと友情を結んだ。ヘンズロウはケンブリッジ大学の教官で、ダーウィンがビーグル号で航海に出る手はずを調えてくれた人物である。その同じ年に、イタリアで小さな本が出版された。『ローマとフィラデルフィアの鳥類比較鑑』がそのタイトルである。著者はシャルル・ルシアン・ボナパルトという。ボナパルト一族ではかれの叔父のほうがずっとよく知られているが、とにかく、この気まぐれな甥っ子シャルル・ルシアンは動物学に没頭して一生を送った。若いころはローマで暮らし、結婚後、フィラデルフィアで1820年代の大半を過ごした後に、この両市の鳥(アヴィファウナ)相に関する文書『銘鑑(ミラー)』を出版した。

かれの著書は左右2段組みになっていた。ローマの鳥は左側に、フィラデルフィアの鳥は右側に記載され、その当時の正式な鳥類分類法(シャルル・ルシアン自身がこれに関わった権威の一人だった)に従って、すべてが細心の注意を払って編集されていた。32ページのローマ(左)の段に、次の記述が見られる。

"69' TURDUS MERULA, L. Merlo, Merla. Comunissimo. Permanente; alcuni individui migratori. Se ne fa caccia. Cantore."

「ツルドゥス・メルラ（クロウタドリ／ブラックバード）。ごく普通。留鳥。個体によっては渡りをする。生餌を獲る。囀る」

ということは、ナポレオンの甥っ子がローマで見たのは留鳥のクロウタドリだったのだ。これが本当にそんなに大事件なのだろうか。カワラバトとスズメに続いて、体が細く、鋭い嘴を持つこの小鳥（メス：全身の羽毛は茶色で、嘴の色も同様。オス：羽毛は黒、嘴と目の周りは黄色。同じ名で呼ばれるアメリカの小鳥と混同するなかれ）は、少なくともヨーロッパと西アジアの都市では、おそらく最も生息数の多い種である。中国と北アメリカに近縁種の*Turdus mandarinus*［ツルドゥス・マンダリヌス］と*Turdus migratorius*［ツルドゥス・ミグラトリウス］（コマツグミ）がいて、同じような位置を占めており、行動も非常に似ている。

ボナパルトの『銘鑑』に記載されたこの短い記述がとても重要である理由は、都市におけるクロウタドリの繁殖と越冬の記録として、わたしたちが知る最も古い文献だからだ。バヴァリアの都市バンベルクとエルランゲンでは、1820年代にやはりクロウタドリが頻繁に都心部を訪れたが、そこで巣を営むことはまだなかった。そしてヨーロッパの他の場所ではどこでも、当時、クロウタドリは太古の昔から行っていた生活習慣をそのままに繰り返しているだけだった。すなわち、かれらは暗い森の奥深くで遠慮がちな生活を送っており、とても臆病なので、かれら人間たちと一緒にいるよりも苦行に耐えるほうがかれらにとってましだったたし、また繁殖期が終われば、南下して地中海地方で冬を過ごすのが常だった。

クロウタドリのヨーロッパ進出

ところが、その後200年の間に、全ては変わった。変化は、初めは、ゆっくりだった。19世紀の終わりまでに、都市に暮らすクロウタドリは中央ヨーロッパに限って普通に見られるようになった。しかしながら、20世紀の間に、都市への強い興味は加速度的に広まり、1920年代にはロンドンに到達。1980年代までにはアイスランドとスカンジナヴィア北部にまで広がった。結局、ヨーロッパのほとんど全ての町や都市がかれらに攻略され、南フランス、ロシア、バルト諸国内のわずかに数か所だけが抵抗を続けているにすぎない。この200年間を通じて、都市へ向かう傾向は年平均5マイル［約8キロメートル］のスピードで進行した。

しかし、そうはいっても、クロウタドリの都市鳥化がローマから始まり、そこを起点に都市から都市へと飛び移るようにしてヨーロッパ中に広がったわけではない。最初は、この種の拠点であるヨーロッパからははるかに離れた、大西洋上の島嶼に生息するクロウタドリの亜種のなかからそれぞれ独自に都市への移動を始めたものがいた。20世紀半ばごろに、*Turdus merula azorensis*と*Turdus merula cabrerae*というアゾーレス諸島（azorensis）、マデイラ島、そしてカナリア諸島（cabrerae）だけに生息する、小型で、黒が濃く、光沢の強い、2種類のクロウタドリの亜種が、自発的に島の町や都市を飛び回り始めたのだ。そして同様の事態はさらに早い時期に北アフリカ産の亜種（*Turdus merula mauritanicus*）においても起こっていた。19世紀半ばにはすでに、かれらはチュニスの下町において都市生活を営んでいた。つまり、イングランド中のシジュウカラが独自に牛乳瓶の蓋開け技術をものにしたのとちょうど同じように、ヨーロッパ中で徐々に多くの都市が独自に都市生活型のクロウタドリ（*Turdus merula*）個体群を獲得していったのだ。

居住地を都市に求める傾向がヨーロッパのクロウタドリの間に、ゆっくりとではあるが容赦なく広がっていくのはなぜか。だれにもその理由はよくわからない。この動きが始まるのが1820年代であって、その前でも後でもないのはどうした理由からなのか。また、ローマ、バンベルク、エルランゲンといった都市が、たとえば、ロンドンやブラッセルよりも100年も早くクロウタドリの生息地となったのは、それらの都市に特別の何かがあったからなのだろうか。そして、マルセイユやモスクワのような都市に今日でもなおクロウタドリが定着しないのはなぜなのか。

その昔、ほとんどの都市はまだ規模が小さすぎて、クロウタドリの生息に適した独自の都市環境を提供し得なかったのは明らかと思われる。しかしながら、これが唯一の回答であるはずはない。というのも、19世紀初頭、まだクロウタドリが生息していなかったころのロンドンの面積は4・5平方マイル［約11・5平方キロメートル］もあり、すでにクロウタドリが庭の物置に堂々と巣を掛け、歩道の上を跳ね回っていたドイツの多くの小規模な町よりはるかに規模が大きかったのだ。公園その他の緑化空間も重要だろうが、多くの都市は、クロウタドリたちが敢えてやって来るずっと以前に、そうした空間をかなり豊かに備えてもいた。おそらく、都市および都市緑化空間の拡大、都市ヒートアイランドの心地よさ、都市富裕層の増大（年間を通じて、食料の余剰が増大する）、それらに加えて、狩猟者・捕食者・病気・寄生虫からの安心が大きいこと、これらが相まってクロウタドリにとって快適な都市というニッチが出来上がったのだろう。

種分化の過程を追う

現在はっきりしていることは、クロウタドリの都市移住のプロセスには二つの段階があったということである。まず、クロウタドリたちは都市で越冬を開始したのである。その次に、数十年もかかる場合もときにあったが、越冬者の中で、春を待っている間に、とうとうつがいとなって巣作りをはじめ、渡りを完全に放棄し、その結果、都市の留鳥に変わるものが少数ながら出てきたのである。ちょうど、前章で見た、カリフォルニアのユキヒメドリに起きたことと同様である。

フィールドガイドや野鳥観察者の報告から収集できる情報はほぼこんなものである。新しい都市型クロウタドリと祖先の森林型クロウタドリとの相違を本当にとらえるためには、都市クロウタドリ研究者たちが過去20年にわたり家内手工業的に積み上げてきた仕事をよく見る必要がある。この本の中でこれまでわたしたちが追いかけてきた都市における進化研究の筋道を示す糸が、この一羽の都市鳥で絡み合うのだ。ヨーロッパ中の都市群は都市における進化のガラパゴス諸島となり、クロウタドリ（*Turdus merula*）はダーウィンのフィンチとなった。ヨーロッパのほとんどどの国にも、都市クロウタドリを研究する生物学者たちの団体が形成されており、この鳥——世界で最も古く、最も研究されてきた都市生物の一つ——をテーマにして、都市における進化を議論する、本物の祭りに引けを取らないほどの規模の会合を、共同開催するようになっているのだ。研究が指し示す方向は全て一致している。すなわち、都市のクロウタドリが別の種に進化しつつあるということだ。

わたしたちが種分化という場合、ある種の動物あるいは植物に備わる様々な特徴が、同時的に、あるいは連続的に進化して——分類学者［生物学者で生物多様性の領域画定と分類を仕事とする者］がそれを別種と見なす程度に、本来の種から乖離し始めていることを意味する。すなわち、通常は、その体形、性戦略、そして生活上の主要な出来事［羽化、出産、死など］の時機などがすべて先祖とは異なるようになることをいうのである。言い換えれば、その生物のゲノムが完全にオーバーホールされることだ。しかしそれだけでは十分ではない。少なくともこうした変化のいくつかが原因となって、本来の遺伝子プールと新しい遺伝子プールとが分離され、相互に混じり合わないようでなければならない。わたしたちが「生殖隔離」と呼ぶ状態である。（これについては、拙著*Frogs Flies & Dandelions; the Making of Species* (Oxford University Press, 2002) に詳述したので、読んでほしい）

ニッチが進化の鍵

野生状態では、ある生物種が占有者のいない新しいニッチを獲得するときに、にわかに種分化が起こる。新しい環境が要求する条件が変わることによって自然選択が働き出し、その結果、その生物の体格、耐性、行動が変化を強いられるわけである。ダーウィンのフィンチの始祖に当たる鳥が初めてガラパゴスに上陸したとき、そこには未使用のニッチが十分に存在していた。すなわち、種々の植物やその他の種類の食物は選り取り見取りで、好き放題に栄養の恵みを享受できたのだ。特定の食物を主食化する能力にほんのわずかばかり長けているなら、どのフィンチでも享受し得るだけの利益が存在した——この章の冒頭で見たように、現在もなお進行中の過程である。嘴の形は歌鳥の声を決定するものでもあるので、摂取する食物が特殊化することは生殖隔離をもたらした。すなわち、嘴の形が異なる鳥は歌う歌が異なるから、嘴の形が異なる鳥の囀りにはもはや反応することはないのだ。

都市はこの世界の新しい未使用のニッチであり、そしてクロウタドリは、森の隠者のごとき祖先が避けた都市という豊饒の角［コルヌコピアのこと。ギリシャ神話より。ゼウスに乳を与えたヤギの角］から最大の利益を上げるために、種分化へ向かう道を歩み出した一つの生物種なのだ。都市のクロウタドリが変化を遂げたのはどのような点においてなのか、ヨーロッパ中で活躍する多くのクロウタドリ研究チームが挙げた成果によって、手短に検証を試みたい。（かれらをクロウタドリ大捜査隊と考えておこう。チーム、機関、個人の数が多すぎて、個々に言及するわけにはいかない。詳細をお知りになりたい場合は、注をご覧いただきたい）

まずはこの鳥の、最も明白にして、最も混乱を生じやすい特徴から始めよう。すなわち、見た目である。初めは、違いは明々白々と思われた。オランダおよびフランスで研究者たちが都市型クロウタドリと森林型クロウタドリの身体測定を行ったところ、前者は後者よりも嘴が太くて短く、体重が重く、腸が長く、翼と脚が短かった。しかしケヴィン・ガストンの学生カール・エヴァンスがヨーロッパと北アメリカの11の都市に産するクロウタドリを調べたところ、上記パターンがどの都市にも当てはまるとは限らないことがわかった。都市によっては翼長がより長いこともあれば、短いこともあった。体重と脚の長さについても、状況は同じく混乱していた。かれは腸の長さを調べなかったが、全11都市にわたって一貫して森林型との違いが見られたのは嘴の形だった。どの場所においても、都市型クロウタドリは、森林型よりもより短く、ずんぐりとした嘴を有している。察するに、これは突いたり、探りを入れたり、あるいは引き抜いたりせずに食物を手に入れることのできる、都市環境に用意されている餌箱などのような場所での容易な採餌行動のおかげだろう。

クロウタドリ大捜査隊はこの嘴の違いが鳥の囀りに何らかの影響を及ぼしているかどうかについてはまだ調査していないが、都市型クロウタドリの歌う歌に違いがあるのは確かだ。オスのクロウタドリが明け方と夕方に高所（森なら木の枝や岩棚、都市ならテレビアンテナや雨どい）から歌う旋律の種類は膨大である。それぞれの歌の楽譜は、都会であろうとそうでなかろうと、多少なりとも念入りに作られた主旋律と、それに続いて奏でられる連続的な高音の囀りで構成されることに変わりはない。そして、都市に暮らすほとんどの歌鳥（16章参照のこと）と同様、都会の背景騒音のために、クロウタドリの歌い手たちも声の高さと速度の調整を図らざるを得ない。ハンス・スラブベコーンの教え子エルウィン・リップメーステルが3千近い歌を録音して確認したように、都会のクロウタドリのコンサートは森林のクロウタドリよりも高い音域で奏でられ、その連続的な囀りもより長く持続するのである。そして、ドイツの研究チームは、ポール・

マッカートニーが予言したように、都会の「クロウタドリは真夜中に歌を奏でている(Blackbird singing in the dead of night)」ことを明らかにした。ライプツィッヒの都心部では、クロウタドリたちが日の出の3時間前に囀り始める。電車や車が騒音を響かせ始めるよりかなり早い時間である。これに対して、森のクロウタドリたちは夜明けとともにようやく歌い出す。

生体時計の変化

しかしこれは、都会のクロウタドリたちが他に先駆けて行う行動の唯一のものではない。かれらの子育ての開始時期も、森に棲む親戚に比べて早いのである。その理由の一つは、かれらの生物時計がひと月以上も進んでしまっていることである。都市型の若いオスにおいては、黄体形成ホルモンの生産(これによって、春季におけるテストステロン[男性ホルモン]の血中への流入が始まる)は3月中旬にピークに達するが、一方、森のクロウタドリについては、春の呼び声が最高潮に達するのはようやく5月半ばである。これを発見したのは、ミュンヘン近郊ゼーヴィーゼンのマックスプランク鳥類研究所のイェスコ・パルテッケである。

パルテッケは、ミュンヘン都心の墓地においてクロウタドリの巣10個、および市外の静かな森に営まれていた巣10個を急襲したのである。これら2地域の巣から、それぞれ30羽のひな鳥を捕え、自分の実験室に持ち帰ったのだ。そこで実施したのは「同一環境実験」[common garden experiment]の一つだった。これまでの章の記述から思い出される方もおいでかと思うが、同一環境実験とは、生物間の相違が本当に遺伝的なものであることを確かめるための確立された方法である。クロウタドリの場合には、異なる環境で捕獲されたヒナを同じ環境で飼育したうえで、なお相違点があるかを確認するというものである。そうした結果、かれが発見したホルモンの違い、少なくとも若いオスについてのその違いが、都市照明によるものでも、あるいは都市のヒートアイランドによるものでも、あるいは何か他の外的誘引によるものでもなく、純粋に都市生物の体内時計に対する遺伝的な撹乱の結果だというパルテッケの確信は揺らがなかった。

都会型クロウタドリの生殖時期が早く始まる二つ目の理由は、かれらが渡りをしないからである。ヒートアイランドで温暖な陽光を浴びて、悠然と給餌用テーブルの餌を啄みながら、クロウタドリたちは冬を都市で過ごし、そんな気分になったときに巣作りを開始すればよいのだ。一方、森林型クロウタドリは、だいたいが渡り鳥だ。寒気と食物の乏しさを逃れるために、かれらは冬を南で送る。その後、故国の地へと戻って初めて巣作りを開始することができるのだ。その時までに、都市に暮らすクロウタドリたちはとっくに巣の中に満足げに腰を落ち着けている。そして、パルテッケが飼育した同じく鳥を使って突き止めたのだが、渡りの傾向の変化も遺伝的なものなのである。

パルテッケのクロウタドリたちは囚われの身だったから、彼は鳥たちに渡り行動を自由に許すこともできなかったので、次善の策を講じた。ツークウンルーエ（Zugunruhe）の監視である。このドイツ語は字義通りには「渡りの衝動」を意味し、鳥類学者や鳥の飼育者の専門用語である。体内時計が渡りの時機を告げるとき、夜間に籠の鳥たちを襲う神経過敏状態を意味する。もっとも籠の鉄格子は渡りを禁じているのであるが。パルテッケはクロウタドリを入れた籠のそれぞれに運動センサーを設置した。そうすることで、クロウタドリたちが示す渡りの衝動によって、渡りが始まる兆候を捉えることができる。予想通り、秋と春に、森林産クロウタドリたちは落ち着かない様子を示した。夜間に、止まり木を飛び降りたり、飛び乗ったりと、かれらは常に籠の中をせわしく動き回った。それに引き換え、都市型クロウタドリのほうは、渡りの季節であろうとなかろうと、夜間にはぐっすりと眠っていた。そればかりではなかった。森林型クロウタドリたちは、予期される長期の飛行に耐えるために脂肪を蓄えたが、都市型クロウタドリのほうは痩身を保っていた。しかし奇妙なことだが、こうした相違を示していたのはオスの鳥だけだった。メスのほうは都市型と森林型の相違がずっと小さかったのだ。

パルテッケはまた、クロウタドリを同一条件下で飼育実験することによって、都会型／森林型の間にさらに魅力的な違いがあることを発見した。たとえば、都市型クロウタドリはそもそもの性質がのんびりしていると判明した。このことが明白になったのは、かれらを籠から出して、1時間ほど布製の袋に入ってもらうという、軽いストレスがかかる状態にした時だった。その1時間のあいだに5回、パルテッケは袋を開けて、採血を行った。血中のストレスホルモン［コルチコステロン］の値から、森林型クロウタドリのほうが都市型に比べてずっと多くのストレスをこの手続きから受けていたことがわかった。都市型のストレスホルモン値の上昇は森林型のわずか2分の1だった。思い出していただきたいが、実験に使ったクロウタドリたちは都市も森も見たことはないのである。ということは、都市型クロウタドリは本当に生まれつき穏やかな気性の持ち主だということである。これは、都市型クロウタドリが森林型に比べて、3分の1の距離まで人間を近寄らせて平然としている理由の説明にもなるかもしれない。

原因の一つはSERTという遺伝子の中にあるらしい。SERTはSERotonin Transporter（セロトニントランスポーター遺伝子）の意味である。SERTは神経細胞間の結節点から気分を調節するホルモンのセロトニンを除去する役割を担っている。多くの抗鬱剤がSERTを遮断することで効果を発揮するのはこのためだ。結局のところ、森林産クロウタドリは都会産クロウタドリとは異なる型のSERT遺伝子を持つ傾向があるのだ。

以上が都市産のクロウタドリと田園産クロウタドリとの間に見出される相違点の数々である。見た目、行動や個性、体内時計など差異は多岐にわたる。これが、さて、何を意味するのか。クロウタドリ大捜査隊のメンバーが書いた科学論文の結論の中でかれらが示しているのはいつも通りの学者らしい用心深さであるが、わたしはここで少し危険を冒して、大声で言ってしまおうと思う。過去数世紀を経て、*Turdus merula*［クロウタドリ］は、こう言ってよければ、新種*Turdus urbanicus*［トシクロウタドリ］を産み出したのだ。あの2タイプのガラパゴスフィンチがまだ完全なる種分化を遂げたとまでは言い切れないように、都市型クロウタドリもまだ完全に新種になり切ったとまでは言えないが、この進化の過程が完了するのは時間の問題である。その瞬間が訪れるのを待っていただけなのだ。［P．マッカートニーとJ．レノン「ブラックバード」の一節 You were only waiting for this moment to arise のもじり］

*Turdus urbanicus*は独自の特徴をズラリと取り揃えているだけではない。この鳥独自の遺

伝子プールの中をバシャバシャと泳ぎ回ってもいる。クロウタドリは通常生誕地から2マイル［3・2キロメートル］以内に営巣するので、これだけでも既に遺伝子プールは分離状態に保たれる。だから仮に森林産のクロウタドリがたまたま都市で暮らすはめになったとしても、適応不全のためにうまく暮らしていけないかもしれないのだ。実際に、森のクロウタドリをビアウィストクとオルシチンというポーランドの都市に導入する試みが失敗に終わったことがあった――一方、ルブリン（ポーランド）とキエフ（ウクライナ）での試みは、都市産のクロウタドリを使って成功を収めた。都市クロウタドリの遺伝子が都市に留まり、森のクロウタドリの遺伝子が森に留まるもう一つの理由は、都市のクロウタドリのほうが、森のクロウタドリが越冬地から帰還するよりもずっと早い時期に生殖行動を開始するからである。

この遺伝子プール自体を覗いて見ることも簡単にできる。カール・エヴァンスが行ったのはこれだ。遺伝子フィンガープリント技術を使って、ヨーロッパから北アフリカに広がる12の異なる地点における都市と森のクロウタドリのDNA検査を実施した。これら全ての場所において、都市と森のクロウタドリは遺伝子的に異なっていたが、いずれの場所でも、都市のクロウタドリがその地域の森のクロウタドリの子孫であることもまた明らかだった。ということは、クロウタドリの都市間の移動がまだ十分に行われていないために（時には、クロウタドリが2マイルをはるかに超えて拡散することはあるが）、遺伝子が混じり合って均質化した単一の都市遺伝子プールを形成するには至っていないのだ。これが、クロウタドリ大捜査隊が、*Turdus urbanicus*という概念を、新たに進化した単一の種として完全に受け入れることを躊躇する主な理由のひとつとなっている。

それでもなお、クロウタドリ大捜査隊の研究成果は都市適応による新種の登場を圧倒的に支持する主張となっている。そしてこれが唯一のものでないことも確かだ。新たな進化によって都市環境に十分な遺伝的適応を果たしたことを示す種の例を、既にこの本ではいくつも紹介してきた。そして都市ヒートアイランド一つをとっても、そのおかげで、都市に進出した動植物の多くが都市域外の親兄弟たちよりも早い時期に開花し、あるいは交尾を行うのである。これだけでも遺伝子プールの分断化、そして初期的な都市的種分化を開始させるのには十分かもしれないのだ。

このことはまた、進化生物学者たちはもう、進化生物学のあの聖杯を発見する――すなわち種分化を現行犯で捕える――ためにガラパゴスのような僻遠の地まで出かける必要がないことを意味する。かれらが生活し研究を行っているまさにその都市において、種分化は進行しつつあるわけだから。

種分化は逆戻りもする

しかし、奇妙なことに、逆もまた真なりである。ガラパゴス諸島でも都市における進化研究を実施することが可能になってきたのである。というのも、今日のガラパゴスはもはやダーウィンが初めて足を踏み入れたころの無人の原始的な島ではないのだ。そこには2万6千を超える人々が暮らしており、さらに毎年何万人という観光客が訪れるのである。ダーウィンフィンチの一種、ジフィンチ（*Geospiza fortis*）が種分化の過程にある例のサンタクルス島の都市プエルトアヨラは、1万9千の人口に加えて、毎年20万人もの観光客が押し寄せるのである。そこには飛行場、（真っすぐな）ハイウェイ、複数のホテル、サッカー競技場、旅行会社（自然選択ツアー）、カフェ（OMG! Galapagos）、そして数多くのレストランが存在している。

このレストランこそは、20～30年前からダーウィン・フィンチたちが足しげく訪れるようになった場所である。その名声などなんのその、物怖じしない（島に棲む多くの生きものに共通の性格だ）ダーウィンフィンチたちは、テーブルに降り、客の食べ残しを平然と啄んでいる。なんという皮肉だろう！　この行動が、未完成の種分化の過程を無効化し始めているのである。1970年代以来、プエルトアヨラにおいては、大きな嘴のフィンチと小さな嘴のフィンチへの分化が消滅し始めたのだ。この都市に暮らすダーウィン・フィンチを研究する、マサチューセッツ大学ボイストン校のルイス・フェルナンド・デ・レオンほかの研究者たちは、この種分化の消滅は、フィンチたちの食習慣がファストフードに影響された結果だと考える。

都市型と田園型のダーウィン・フィンチの食習慣を研究したデ・レオンと同僚たちは、嘴の大小の差が分からなくなってきた都市のフィンチたちが、主にパン、ポテトチップス、アイスクリームコーン、コメ、マメを摂取していることを明らかにした。かれらはまた水道の蛇口から水を飲む。都市域外に暮らすフィンチ（現在も大小2つのタイプの嘴の持ち主に分かれる）は、相変わらず、野生植物の種子を摂取している。さらには、都市のフィンチたちは都市型の性格変化一覧に載っている特徴を全て示し、デ・レオンが見慣れぬ食物を差し出した際にも興味を示し、

「ガサゴソ」という音を立ててポテトチップスの袋をまるめている人間にもより大胆に接近していった。一方、田園型のフィンチたちは、人間や人間の食に対して少しも興味を示さなかった。

都市における進化とは以上のようなものである。都市における進化はヨーロッパではクロウタドリの新種をもたらし、地球の反対側ではダーウィン・フィンチの未完成の種分化を消し去るのだ。これらも含め、本書に紹介した多くの例から、都市における進化がわたしたちの生態系を本当に創り変えつつあることが明らかになったはずである。これは、未来にとって何を意味するのだろうか。この過程を監視し、あるいはかじ取りするには、どうすればいいか。市民科学はどんな役割を果たし得るのだろうか。ひょっとして、わたしたちは、自然をまるごと組み込んだ建築・デザインの領域において、都市における進化の力を利用することすら可能なのかもしれない。

Ⅳ

ダーウィン的都市

自然美への渇望は、貧しき者たちが窓台に作る小さな庭のなかにも明確な姿を現す。それは割れた茶碗に生けた痩せたジェラニュームの茎にすぎないかもしれないが、富裕な者たちの、念入りに手入れされたバラやユリの庭となんら異なるものではないのだ。

――ジョン・ミューア、『ヨセミテ』(1912)

Chapter 19

遠隔連携する世界

書けない症候群（ライターズブロック）（正直なところ、ときには、引き延ばし行為である場合もある）に陥ったとき、わたしが好んで用いる療法の一つは街区（ブロック）を歩き回ることだ。わが町、ライデン市の中心街の、何百年もの歴史を持つ通りの配置はあまり幾何学的ではない。わたしの散歩コースはかなり曲がりくねったものだ。屋根裏の執筆用の穴倉から階下へと降り、玄関を出るとすぐに右に曲がり、ウェッデステーグという裏通りに入る。レンブラントが生まれたところだ。ゆっくりと、慎重な足取りで、頭の中の縺れをほぐそうとしながら、ライン川の古い淀んだ支流にかかる吊り橋を渡って左折。さらに再び左折して、もう一度、今度は鉄橋を使って川を渡る。歩道と鉄道とに挟まれた土手には日本のイタドリ（*Fallopia japonica*）が密生している。ルバーブに近い仲間で、初めてオランダに移入されたときは、豊かに蜜を含んだ白い円錐花序［花の軸がいくつも枝分かれしていて、円錐状のもの。］を伸ばすため、大変に高い評価を得た——挿し木用の切り枝が高額で取引されたものだった。今日では、イタドリは留まることを知らない繁殖力と、レンガ積みの建造物や歩道の石畳に侵入する根の破壊力によって、評判に傷がついた。いまやイタドリは、侵略的外来種として広く——ライデンにおいて、またそのほかヨーロッパ、北米、ニュージーランド、オーストラリアのいたるところで——駆除対象となっているが、成果は上がっていない。

いつものコースをたどってわたしはライン川左岸の堤へと戻り、さらにオランダで一番美しい運河と目されているラーペンバークへと達する。運河の両側にはかつての名士たちの贅沢な邸宅が並んでいる。こうした有名な邸宅の一つがラーペンバーク19番の、中央のドアや窓が漆喰のモールディングで飾られた16世紀の大邸宅で、左右に並ぶ慎ましやかで繊細な切妻づくりの家々を圧倒している。この邸宅と、通りを少し下ったところに繁殖しているイタドリとは関係がある。というのも、医師、植物学者、民俗誌学者、日本研究家であったフィリップ・フランツ・フォン・シーボルトが、1829年に日本を追放された後に、腰を落ち着けたのがこの家だったのだ。

フォン・シーボルトは興味深い人物である。今日の日本においても大変に有名な人物だが(日本では「シーボルトさん」と親しみを込めた名で記憶されており、かれが日本に残した娘のイネの生涯は漫画にも描かれた)、日本において200年余り続いていた鎖国政策が行われていた当時、シーボルトは国内を探検することを許された唯一の西洋人だった。長崎沖の人工島、出島に置かれたオランダ交易所の医師として働く傍ら、シーボルトは土地の動物、とりわけ植物を採集し、膨大なコレクションを積み上げた。収集品には民俗誌学的な資料もあり、中には、これが重大な過ちだったが、地図も含まれていた。この地図が幕府に発見されたことで彼はスパイ容疑で告発され、自宅軟禁下に置かれ、ついにはオランダに強制帰国させられたのだった。

シーボルト帰国の思わぬ副産物

シーボルトは死体標本も生体標本も含め、収集した生物標本をすべて携えて日本を後にした。これらの標本がかれの老後の資金の大本となったのである。ライデンに戻ると、かれは収集品のうち価値のあるものは売り払い、本を書き、自宅で日本博物館を運営し、持ち帰った生体標本を使って通信販売による東洋産植物の販売ビジネスを始めることで、退職後に悠々自適の生活を送ることができたのだった。この販売された植物のなかにイタドリの若い茎が含まれていたわけである。この茎をもとにして挿し木が販売されたときに、日本産イタドリの全世界的な侵略が開始された。フォン・シーボルトの住まいから200〜300メートルほど離れた鉄橋をわたしが歩いているとき、傍らに生えていた植物はその直系の子孫だ。同様のことは、地球の反対側のニュージーランドで非難の対象となっているイタドリにもいえるわけである。

フォン・シーボルトは、イタドリのほかに100種に近い日本産の植物をヨーロッパ中の、さらには世界中の庭や公園に広めた張本人であった。そのうちに、これらの植物の中には野生化するものが出始めた。フジ、ハマナス(*Rosa rugosa*)、アジサイ(*Hydrangaea macrophylila*)そしてオオバイボタ(*Ligustrum ovalifolium*)といった、現在、あちこちの都市緑地でお馴染みの植物も、元はといえばフォン・シーボルトの庭に由来するものだ。アメリカ東部のいくつかの名門大学

（この本にも取り上げられた都市生物学者の何人かが所属している）は蔦（アイヴィー）に覆われているので、「アイヴィーリーグ」の名で呼ばれるが、その呼び名の元になったボストンツタ（ナツヅタ：*Parthenocissus tricuspidata*）でさえ、フォン・シーボルトによって世界中に広められた日本原産の植物なのだ。

フィリップ・フランツ・フォン・シーボルトは、植物の拡散の舞台を用意した。かれがライデンを拠点に極東植物店を開店して以来、２００年の間に、１００万人ものフォン・シーボルトが誕生したのである。世界規模の交易や商取引、園芸センター、そしてペットショップが、原産地から全世界の中枢的な都市へと、動植物を絶え間なく拡散し続けたのだった。さらに、種子、菌類、微生物、小動物などが、観光客、移民、その他の旅行者たちの衣服、荷物、靴、乗り物などに付着して、誰も気づかぬうちに運ばれていった。言うまでもないが、無積載の貨物船が安定性を高めるために、バラストとして水や土や石を積み込んではそれを寄港地付近に廃棄することによって、生態系そのものが長距離空間移動（テレポーテート）することもある。

この稿を書いている今、わたしは2か月の予定で、日本の仙台市にある東北大学に来ている（クルミを割るカラスの本拠地だ）。例の書けない症候群を緩和するための散歩で、わたしは大学キャンパスと市の中心部付近を歩き回る。この地でも、わたしはイタドリの生えた堤、垂下するフジの花房、オオバイボタの藪、ツタで覆われた建物――これらの植物は日本産なので当然なのだが――を目にする。ライデンの町の散歩で目にする風景とまったく同じだ。しかし同時に、わたしは馴染みのあるヨーロッパ産の植物とも遭遇する。フォン・シーボルトの長距離輸送路を全く逆にたどって、ここにたどり着いたものたちだ。地下鉄川内駅近くの手入れの悪い芝生で、面白い形の莢を着けたナズナ（*Bursa capsella-pastoris*）と、シロツメクサ（*Trifolium repens*）をわたしは見つけた。定禅寺通りの道路際にはスイバ（*Rumex acetosa*）とエニシダ（*Cytisus scoparius*）が生えている。植物に限らない。街の上空にはカワラバトが飛び、足元を見れば、花壇のシロツメクサの花にセイヨウオオマルハナバチがブンブン飛び回っている。雨の晩には、ヨーロッパ産のカタツムリ（*Lehmannia valentiana*）が神社の石壁を、まるで勝手知ったる我が家の庭とばかりに、這っていく。実際、現在のライデンと仙台の都市の自然は、シーボルトの時代に比べると、ずっとよく似ていて、ずっと多くの生物種を共有しているのである。

わたしはまた何種類かの真の国際的侵入種を発見する。生態学者が「漂流種（スーパートランプスピーシーズ）」と呼ぶ類の連中である。キャンパスの屋外には丈の高いウシノケグサ（*Festuca arundinacea*）が生えている。原産地はヨーロッパであるが、現在では、南北極地を除く全世界の芝生（ホワイトハウスの南側の芝生も含めて）には必ず見られる植物だ。そしてわたしが借りているアパートの湿っぽい浴室の壁には、オレンジ色のアウレオバシジウム［カビの一種］が見られる。世界中に広がる巨大な遺伝子プールを形成する菌類で、人々が洗面用具を風呂場から風呂場へと移動させることで、絶え間なく遺伝子が混じり合うのである。

均質化する世界の生態系

このような生態系の地球規模での均質化は、ここで紹介した2〜3のエピソードからうかがわれる以上に、はるかに広く浸透している。世界中の都市生態学者たちが制作中の目録は、見えざる手によって世界中の都市があらゆる種類の生き物を交流させる船のような存在になりつつある、ということを証明している。たとえば、ＧＬＵＳＥＥＮ（Global Urban Soil Ecology and Education Network〔国際都市土壌生態学・教育ネットワーク〕）は最近、アフリカ、北アメリカ、ヨーロッパの都市域および自然域における土壌微生物のＤＮＡ調査を実施したが、その結果、これら3大陸における都市土壌を構成する微生物種は収斂しつつあることを発見した。少なくとも、1万2千種の菌類と、古細菌を含む細菌類〔訳注：原文は古細菌だが、古細菌を含む細菌類としておく〕と呼ばれる系列に属する3千７００種については、都市土壌中の群集は森よりもずっと類似性が大きいことがわかった。ニューメキシコ大学の研究チームはアメリカの国民的伝統行事のクリスマス野鳥数え（バードカウント）で集まったデータを研究に利用した。野鳥数えでは、数千か所に及ぶ地点で市民科学者たちが、24時間にわたって、直径15マイル〔約24キロメートル〕の円内にいる全ての鳥を数えるのである。そのデータからわかったのは、2，５００マイル〔4，０００キロ〕も離れた都市間においても種の約半数が共通であったのに対し、自然域で距離がそれだけ離れた場合、種は全く異なるものになっていたということだ。二人のドイツ人研究者、リュドガー・ヴィティヒとウテ・ベッカーは、かれらがBaumscheiben〔樹木円〕と名付けた、街路樹の根本を囲む小さな島状の土壌に生育する植物の分析調査を実施した。野鳥研究の結果と同様で、ヨーロッパ中の都市間において樹木円内に生育する共通植物種の割合は、自然の緑地から無作為に選ばれた、樹木円と同規模の区画間に共通する植物種の割合に比して、はるかに大きかった。アメリカのボルティモア市においてさえ、街路樹の根元に生育する草本類の80%はヨーロッパの都市に見られるものと一致していた。

これが意味するのは、世界中の都市の生態系がますます似たものになりつつあるということだ。都市の動植物、菌類、単細胞生物、ウイルスなどの群集は、地球共通の、単一で、多目的の都市型生物多様性へと、ゆっくり移行しつつあるのだ。仮に都市ごとに存在する種が正確に一致しなくとも、近似種が似たような役割を演じていることが確認できるだろう。たとえば、仙台の街を散歩中、わたしは広瀬川に架かる橋の灯りの近くに、*Larinioides cornutus*というクモが巣を架けている姿を見かけた。ウィーン市内のダニューブ川に架かる橋においてまったく同じ行動をするヨーロッパ産の橋梁クモ(*Larinioides sclopetarius*)をアストリド・ハイリンクが観察したことは本書で既に紹介したが、広瀬川のクモはそれとは別種である。

結局のところ、世界のどこに住まおうと、都市の生物種はどれも極めて似通った都市同居者集団と遭遇することになるということだ。第14章で、わたしたちはこうした事態を「第二種接近遭遇」と呼んだ。それは、それ自身が進化する可能性を持った都市の生態学的時計仕掛けを動かす、生物学的な歯車なのである。様々な都市に存在するこうした歯車が収斂するにつれ、都市生活適応のために世界中で展開されている同様の生存努力において、なにが進化上の画期的進歩となるか、それも似たものになっていくだろう。

都市も似通ってきている

均質化は、わたしが第14章で「第一種接近遭遇」と呼んだ状況、すなわち都市環境に特徴的な物理化学的条件に適応する分野にもあてはまる。この手の都市環境構成要素にも、やはり地球規模の、不可視の結びつきが存在する。ワシントン大学の先見の明のある都市科学者マリーナ・アルベルティは、ここ数年来、この過程を明らかにしつつあるが、彼女はそれを「テレカップリング」（遠隔連携）と呼んでいる。スカイプで彼女に取材を申し込むと、彼女はまず自分の経歴を説明した。「わたしは都市計画家（アーバンプランナー）です。しかし経歴は複雑で、生物学も研究しました」。人間は完全に自然の一部である、という考えを彼女は支持している。「わたしがこれまでの仕事でしようとしたことは、生態学と都市計画の両者に異を唱えることでした。いまだに両分野とも、人間を生態系から切り離してとらえようとしているからです」

彼女は続ける。「世界の都市はその物理的な境界をはるかに超えてネットワークを結んでいるのです」。彼女が言わんとするところは、都市が交換し合っているのは生物種のみではなく、都市という機械を動かし、都市の生物が適応を余儀なくされる人工的な発明物もその中に含まれるということだ。夜間の人工照明（artificial light at night=ALAN）を例にとってみよう。次々と発明される人工照明は、都市から都市へと飛び移るように、時の経過とともに世界中に広がっていった。最初はガス灯だった。次は熱電球。続いて、ナトリウム蒸気ランプ、水銀灯、そして現在はＬＥＤライトだ。これらの照明はそれぞれ光のスペクトルが異なっている。そして、連合王国のケヴィン・ガストンやオランダのカミエル・スポルストラといった生態学者が明らかにしつつあるのは、夜行性の生きものたちが、異なる灯りには異なる反応をするということだ。本当に動物たちがＡＬＡＮに対応した進化をしているとすれば、新たな照明が導入されるたびに、彼らの都市進化に新たな変化が生じることになるだろう。こうした技術革新は都市から都市へと急速に広がっていくので、進化的変動も同様の広がり方をするだろう。よりよく適応した動物が自ら都市から都市へと拡散していく（大気汚染に適応したシモフリガがそうだった）か、同じ問題に対して同じ進化上の解決策が複数の異なる都市でそれぞれ独自に採用されるか（都市のクロウタドリや、ＰＣＢｓ耐性を獲得したマミチョグに生じているらしき事態がこれに相当する）、その経路は異なるにせよ、である。

　複数の都市の間に生じるこうした技術的遠隔連携（テレカップリング）は、交通手段、道路や鉄道の建設、建築、空間緑化計画などなどの分野におけるどんな刷新にも当てはまるだろう、とアルベルティは予想する。なおのことそう言えるのは、世界中の都市同志が、国同志以上に熱心に、情報の交換を行い、一致した行動を取り始めつつあるからである。『コネクトグラフィー：地球文明の未来をマッピングする』という著書の中で、パラグ・カンナはC40［世界大都市気候先導グループ］という、気候変動に対応するための解決策の考案と実行に一緒に取り組む、巨大都市（メガシティー）同志の世界規模ネットワークを例に挙げている。「都市とは主権によってではなく、他とのつながりによって……（中略）……自己規定するものだから」とカンナは書く。「地球規模の社会は、国家間の関係より、都市間の関係を通してはるかに容易に出現してくると想像することができる」

言い換えれば、未来の都市の自然は地球規模で均質化しながらも、分散化した生態系となりうる可能性がある。そこには、動的であるが、共通の生きもの集団が生息し、この集団は、人間が都市に導入する新しいテクノロジーに対応するために、常に種や遺伝子や新たな特性を交換しながら進化し続けるのである。都市生態系が自然の生態系から完全に切り離されてしまうということではない。自然は前適応した生物種と遺伝子の供給源として機能し続け、都市生態系はそれらをうまく利用するだろう。それでもなお、都市環境がその範囲を拡大するにつれて、ますます一個の、共通性をもつ生態系として独自なものとなっていく。独自に進化の規則を創り出し、独自のペースで進化を進めていくのである。

このような都市的な進化の規則とペースは、アルベルティの指摘するところでは、自然界の中でわたしたちが馴染んでいる規則とペースからはどんどん乖離し始めている。自然界では、進化による変化は、人間の介入を受けない、昔ながらの森林、荒野、沼地、砂丘の中で、進化による変化は太古からの自然の諸力に促されて起こる。野生の生態系が拡大し、複雑化してニッチが満たされるにつれて、活用できる材料はますます減少するから、進化の速度は低減するだろう。しかし都市においては、アルベルティによれば、事態は正反対である。そこでは、進化のペースは、人間が起こす社会的相互作用の中から出現する生態学的なチャンスによって設定される。都市がより大きくなり、複雑化すれば、人間の社会的相互作用はそれだけ激烈化し、結果として環境の変化はそれだけ高速化することになろう――さらには、このような変化は遠隔連携(テレカップリング)によって、確実に世界の都市ネットワークを通じて広範囲に影響を及ぼすだろう。

この環境変化の圧力釜のなかでは、種は進化の速度を上げる必要がある。さもなければ、絶滅することになるからだ。

種の中には、都市環境の発展のすさまじいスピードに対応して進化することができず、脱落するものも現れるだろう。しかし、あるものたちは、人間が新たな障害をもたらし、あるいは新たな生活様式を提示するたびに、適応と、そしておそらく複数の種への分化を継続していくであろう。2017年、『米国科学アカデミー紀要』に、アルベルティを筆頭とする研究チームが、世界規模で1千600例を超える「表現型的(フェノタイプ)」変化(遺伝によるものであろうがなかろうが、特定の種の外見、成長、あるいは行動における目に見える変化)の分析結果を発表した。一連の環境的「駆動因(ドライバーズ)」(都市的なものも、自然界のものも)を全て計算に入れたところ、アルベルティの言う「都市化の明らかな兆候」が見出された。このデータから明らかになったのは、都市においては、都市から遠く隔たった地に比べて、表現型の諸変化が起こる速度がより速いこと、そして最も強力な駆動因は第二種接近遭遇(人間との相互影響、あるいは人間が都市に持ち込んだ他の生物との相互影響関係)である、ということだった。

人間も都市で進化する生物か?

ここで、第2章でほのめかした問いを思い出したい。わたしたち人間についてはどうなのか、という問だ。いったいわたしたちもまた進化のただ中にあるのだろうか? 都市環境がわたしたちの精神と肉体にとって新奇なものであるのは、それがイエガラスや、イタドリや、マミチョグにとってそうであるのと変わらないのだ。これまでわたしたちの進化を形づくってきた数十万年の時間の中で、現在の都市環境にわずかでも似た状況下で暮らしたことなど、わたしたちには一度もなかったのである。私たち人間の進化に新たなスパートをかけるための原材料を産み出すことが可能な時代があるとすれば、まさに現代がそれなのだ。考えてもみてほしい。地球上に80億近い人口を抱え、総体として体の中で毎日1千18の生殖細胞を産み出している現在のわたしたちは、かつて世界の片隅でかろうじて生活を立てていた、絶滅の危機にあったころのわたしたちに比べて、そのゲノムの中に新しい、重要な変異を生じさせる可能性がより大きいのだ。わたしたちが共生している全ての動植物と同じように、わたしたち人間もこの都市という新しい環境に適応するために、おそらく進化の過程にあるのではないのか。興味深い問題であるが、今やこれに答えるのに必要な道具をわたしたちは手にしているのである。

科学者たちがシモフリガのゲノムを読み取って、19世紀の産業革命後の世界に広がったcortex遺伝子の変異を突き止めたのとちょうど同じように、増え続ける人々のゲノムを読み取り、人類が近年どのような進化を遂げてきたかを突き止めることができる。DNA関連技術の進歩は日進月歩だから、誰もが個人情報として自分のゲノムの全情報をハードディスク上に保存し、場合によっては、それを科学者が情報源として利用することが許されるようになるのも、時間の問題であろう。しかし今日研究者が利用可能なわずか100万程度のヒトゲノムからだけでも、進行中のヒトの進化の数々の兆候は指摘されつつある。

たとえば、UK10KプロジェクトとBiobank（UK）は、数万人のイギリス人のゲノムの分子配列を決定するための、連合王国を拠点とする戦略的計画だが、これら二つのプロジェクトが明らかにしたところでは、最近の数百年間で、身長、目と皮膚の色、乳糖耐性、ニコチン欲求(クレーヴィング)、幼児の頭の大きさ、女性の腰回り、女性の性的成熟年齢などと関連する遺伝子に進化上の変化が確認されている。これらの進化上の変化はどれも都市生活との特異的な関連性はなさそうである。しかし研究者の中には、特殊都市的なヒトの進化の証拠をもう既に発見している人たちもいるのだ。たとえば、地球上で、他に先駆けて都市化が始まった地域においては、結核の予防に役立つ免疫系遺伝子を持つ人々の数が多い。こうした疾病を引き起こしあるいは拡散させる病原生物は、人口過密な地域においてより容易に活動できる――今日の現代的都市でも同じことだ――これがわたしたちの免疫系の進化に影響を与えることになるだろう。

さらにもう一つ、人間のセクシャリティが変化するだろうという考えも刺激的だ。過去数百万年の間、男でも女でも、生涯に出会う将来のパートナーとなりうる相手の数はたかが知れたものだった。しかし今日の都市住人なら、1街区をぐるりと散歩する間に、それと同じほどの潜在的候補者と出くわすことだろう。これが意味するのは、競争の激化であり、さらにずっと厳しい性選択［淘汰］である。こうした状況に加えて、完璧な(都市的)伴侶の条件への認識がシジュウカラ並みに変化するとなると、わたしたち人間の性的シグナルや好みが将来どのような進化を見せるのか、だれにもわからないだろう。

とはいえ、近い将来については、動植物が人間に影響するより、都市の人間たちのほうが都市の動植物相の進化の方向・速度に大きな影響を与えることにはなりそうだ。アルベルティ曰く、「ヒトという種はこの惑星の遺伝子構成を変化させています。他の生き物たちと共進化する責任とチャンスの双方とも、わたしたち人間の手の内にあるのです。人間がこの難題に責任をもって挑戦するかどうか、わたしにはわかりませんが」。アルベルティが指摘する挑戦には、わたしたちがこれから都市環境をいかに設計し、管理していくかという課題への大きな暗示が含まれている。わたしたちは都市進化の力を利用し、将来のためにさらに住みやすい都市を造るのに役立てることができるだろうか？

Chapter 20
ダーウィンと都市を設計する

その手のことは、わたしより娘のほうがずっと得意なのである。

わたしは、予告なしに、東京都心の壮大な「大規模複合施設integrated property development complex」六本木ヒルズのフロントを訪ね、名高い緑の屋上を見せていただけないかと尋ねた。わたしが受け取ったのは、立派な『六本木ヒルズタウンガイド』と、次々に繰り出される謝罪の言葉だった。いえ、まことに申し訳ありません、「イベント」など特別の場合を除いて、ご利用はお断りさせていただいております。わたしはがっかりして、外で待っている娘とその女友達のところに戻った。「でも、いま本を執筆中だということを伝えたの?」と娘のフェンナは言って、わたしを屋内に押し戻した。娘は微笑みを絶やさず、執拗に交渉し、わたしのほうも数々の名刺や大学のIDカードなどを取り出したりして、ついにフロントの人たちは緑管理室に電話をかけてくれたのだが、管理室のほうも、丁寧に断りを伝えてきたのだった。本を書いていようといまいと、正式な申請書を提出しなくてはならないのだ。

しかしフェンナは好戦的な気分になっていた。「それじゃあ、どこまで近づけるかやってみようよ」と言うと、彼女はわたしの先に立って、隣のハイアットホテルのロビーへと入っていき、フロントの前をこっそりすり抜けると、奥のエレベータに乗り込んだ。わたしたちは数分にわたって階から階を行ったり来たりした末に、六本木ヒルズの緑の屋上を眺められる高度にどうやら最も近い階にたどり着いた。エレベータを降りると、そこはカーペットが敷かれた廊下で、その端には大きな窓があり、近づいてみると、その向こうに広大な眺望が開かれていた。まずは、霞んだ、ぎざぎざの東京のスカイラインが視界に現れた。次に、「都市のなかの街」、六本木ヒルズの姿が見えた。オフィス、店舗、アパート、庭園、そして美術館の集合体で、彫刻を並べた小道がそれらをつないでいる。そして鼻面を窓ガラスに押し付け、都市の放散する熱気がガラスを通してエアコンの効いたホテルの空気へと伝わってくるのを感じていると、わたしたちの真正面、燃えるような陽射しの中に、わたしたちが求めていた屋上の都市自然保護地が広がっていた。

天空の里山

それはまるで、日本の田舎（「里山」として知られる、あの伝統的な田と森と草地と池をモザイク様に配した土地）を地べたから掘り取って、けやき坂ビルの上にドスンと置いたかのごとく、緑の王冠のようにそこに鎮座している。1枚の田と草地がいくつか、桜の森とイボタノキの垣根で縁取られている。その間をくねくねと歩道が通っている。ハスの花が咲いた池があり、野菜畑にはニガウリ、ナス、トマトなどが植えられている。日よけ帽を被った女性が田の手入れの最中で、出刃包丁のような嘴をしたハシブトガラスが2羽、サクラの木の若いサクランボをかじっている。そのうち、かれらは飛び立ち、頭上高く聳え立つ巨大な森ビルの方向へと羽ばたいていった。わたしたちが見つめているうちに、かれらの姿はどんどん小さくなり、ついには小さな2つの点となって、最上階の防護柵の間に消えてしまった。そこに置かれているのが、六本木ヒルズを設計した森ビル株式会社の本部である。

森ビルは、1970年代初めから、建築に植物の緑を取り入れる試みをきた一流ディベロッパーのひとつである。六本木の屋上庭園はつつましい規模で、1千500平方ヤード〔約1200平方メートル〕にすぎないが、かれらのポートフォーリオにはもっとずっと広大な緑で覆われた建築計画も含まれている。同様の計画は森ビルだけのものではない。福岡市では、アルゼンチンの建築家エミリオ・アーンバースが、ディベロッパーにしてみれば一挙両得的なプロジェクトを完成させた。かれは12万平方ヤード〔約9万7千平方メートル〕の都心の公園を、まんまと空中へ持ち上げ、その下に挟み込むように、かれの考える未来的な姿の福岡県民ホールを建てたのだ。くさび形の建物の南向き斜面は、野生種らしい植物が植わった14のテラスで覆うように構成され、斜面の下の1階の公園の緑と溶け合っている。

日本以外のアジアでも、空前の緑の建築プロジェクトが行われてきた。シンガポールが誇るのは、最大の垂直式庭園（CDIツリーハウスマンションの西面の、2千750平方メートルの壁）であり、30階までツタで覆われた、圧倒的なオアシスホテルダウンタウンである。緑の建築の世界の中でアジアがとりわけユニークだというわけではない。ミラノでは、緑の建築家ステファノ・ボエリがボスコ・ヴェルティカーレ〔垂直の森〕という、730本の樹木と5千本の灌木、そして1万1千株の草本が植えつけられた2棟の居住用高層タワーを建てた。実際、自然包摂性は都市設計・建築においては世界中で大流行であり、自然を都市の中に組み込もうとする、ますます多くの、巧妙な、生態学に触発されたアイデアが展開されつつあって、その規模もごく小さなものから誇大妄想的に巨大なものまで様々だ。その施工者も、建設業界の大立者から起業したばかりのごく小規模の会社まで、これも様々なのである。たとえば、マンハッタンでは、クラウドファンドで資金調達したローライン・ラボが、光の乏しい状況下で緑の地下空間を造り出す実験を実施中である。その目的は、デランシー通り地下にある、打ち捨てられた、長さ200ヤード〔約183メートル〕のトローリー・ターミナルを、地中の公園にコケやシダが繁茂できるような、湿った洞穴のような空間へと変換することである。ベルリンでは、土地の自治体が、ナチ時代のコンクリート製の怪物のように巨大な掩蔽壕（えんぺいごう）〔地下壕〕を、「緑の山」名づけてヒルデガルデン〔庭の丘を意味する造語と思われるが、ドイツ最初の女性神秘家ビンゲンのヒルデガルドに掛けている〕に変えようとしている。

建築デザインにおけるこのような新しい流行は、建築設計者団体に勢いを与えるだけではない。都市環境にとっても他に多くの利益をもたらすのだ。たとえば、用地の獲得が困難な密集地でも、屋根の上はガラガラである。都市が成長し、自然や農業のための平坦な土地が急速に手に入りにくくなっていくのなら、この種の土地を都市の中に、あの利用されていない屋上空間に求めたらよいのではないか。植物に覆われた建物にはさらに、水分を含んだ土と植物の緑が建物の温度を低く保つという利点がある。冷房費が下がり、都市ヒートアイランドも緩和される。さらに、植物が騒音を抑え、スモッグを吸収する。日本のような地震の多い地域では、2001年、東京都は、新たにビルを建てる場合に、屋上面積の20％から25％を緑化することを義務づける法令を発布したのも当然である。この法令により、2015年までに合計で220万平方ヤード〔約180万平方メートル〕の緑の屋上が既に産み出された。同様の法規や奨励制度は世界中の都市に存在している。

都市設計と都市進化の間

緑の都市を設計し建設するという、いまや大ブームの動きについて、ここでその概要を詳細に述べるつもりはない。これついてはすでに一通り書籍がそろっているから、ご参考までにいくつか挙げておこう。*Making Urban Nature*（2017）〔『都市自然の創造』〕は秀逸である。そして*Designing for Biodiversity*（2013）〔『生物多様性のためのデザイン』〕。あるいは、古典的な*Planting Green Roofs and Living Walls*（2004）〔『緑の屋根と生きている壁』〕。さもなければ、建築家とプランナーが集まって最近のエコ都市計画の展開について協議する国際学会がいくつもあるので、どれかに参加してみてもよいだろう。しかし、こういった本を読んでも、あるいは学会でのプレゼンを聞いても、屋上緑化や、自然包摂型建築や、緑の都市計画におけるこうした流行が、現在進行中の都市生態系の進化にいかなる影響を与えるかについては、教えられることはないだろう。概して、都市生態学者、エコ建築家、そして緑のプランナーたちは、前提として、都市環境中に放つ動植物は静的である——都市生活のネットワークにおいて動植物が果たす役割は将来も変化することはない、と考えている。この本で既に見てきたように、これは見込み違いの可能性がある。常に都市進化が働いているのだから、問題は、都市進化と都市建築との間にどんな掛け合い問答が行われるかなのである。

まず第一に、前章で論じた遠隔連携（テレカップリング）である。都市エンジニア、都市デザイナー、都市建築家はアイデアの盛んな交換を国際的に行っている。アルゼンチンの建築家エミリオ・アーンバースは日本でビルを建設しているし、イタリアのステファノ・ボエリは同様の仕事を中国で行っている。マレーシアのケン・イェングはロンドン、ホンコン、インドのバンガロールでプロジェクトに携わっている。人とアイデアのこのような流動性によって、洞察と刷新は確実かつ急速に世界中に広がり、これがさらに、さきに話題にした遠隔連携（テレカップリング）化した世界の都市環境に加わるのである。

しかしそれだけではない。都市生態系の進化をさらに成熟させるために、都市デザインが進化論的推論をどのように利用できるか、2〜3のガイドラインを提示することが可能かもしれない。以下、わたし流の即席の「ダーウィン式都市づくりのためのガイドライン」を披露してみたい。進化論的知識に基づいた都市自然プランニングのための4原則だ。

原則1．「成長するにまかせよ」。わたしたち人間は救いがたい庭師である。わたしたちは植物を植え、除草をし、整えたがる。そして緑の都市デザインも同じことだ。この章の初めで触れた緑化プロジェクトは、垂直であれ、水平であれ、傾斜したものであれ、地下に造られたものであれ、すべて入念に計画されたものだ——外観や機能面だけではない。そこでなにを生育するかという点についても同様である。福岡県民ホールの屋上庭園には76種の草本、潅木、樹木の種子が蒔かれた。ニューヨークのローライン・ラボは100種以上の植物を利用し、ミラノのボスコ・ヴェルティカーレはタイプの異なる厳選した50種の植物を誇る。これらのプロジェクトのそれぞれにおいて、園芸家と樹医のチームがそれぞれの環境に適した種を組み合わせて理想的な植物の混生状態を工夫したことだろう。かれらは熱や日陰や乾燥に対する耐性といった性質と、葉、茎、枝、花などの形態と色という美的特徴とを両立させるよう企図したのだろう。

しかし、このようなエリート植物集団を入念に選ぶことは理解できるとしても、新たな緑の空間に空から舞い降りてくる有象無象の都市植物たちについてまったく考慮されていないのは、いかがなものか。側溝、道端、緑化されていない屋上など、都市のあらゆる場所に植物は群落を成し、植物同士と、土壌と空気中の微生物と、植物を食べまた受精させる昆虫をはじめとする無脊椎動物と、さらに都市特有の環境（ヒートアイランド、パッチ状の土壌、重金属汚染などなど）とともに、共進化を進めているのである。このような進化の過程は、前もって都市外から集めた植物種の一団をそこに投下する行為によって促進されるわけではない。都市の内部に豊富に生育している種が自然に集まり、緑の空間を形成していくのにまかせるほうがずっとよいはずなのだ。必要なのは何も植えないこと。おそらくは土壌すら加えないことであり、苗床を空のままにし、都市生態系が自力でそこにコロニーを形成するにまかせることだ。小規模ながら、「成長するにまかせよ」という哲学を採用した先駆的試みは既に行われている。オランダの会社ゲウィルトグロエイ（翻訳不能な語呂合わせで、意味は「望ましい成長」といったところ）は、自然に土が溜まって植物が発芽するように、隙間があり、孔が開いたタイルを歩道用にデザインし、流通させている。しかし、ビル1棟分の大きな規模となると、このような自由放任主義的なやり方では、あのきらびやかな新しい「緑の」プロジェクトも、最終的に自立的緑化に至るまでの数年間、恐ろしく寒々しい姿をさらすことにはなるだろう。

原則2．「必ずしも在来種でなくてもよい」。緑をまとわぬ「緑の」建築の姿が見るに耐え難くて、ほんとうに高木、潅木、草本の種を植え付ける必要があるなら、その土地の都市植物種の一覧の中から選べばよい。緑の建築プロジェクトが展開されようとしているどこの都市にも、既に都市植物があふれている。それらは、その場所に固有の都市環境への適応進化を継続中なのだから、手始めに導入する素材としては最適だ。空き地、屋上、鉄道の土手などを探索し、そこですでに繁殖している植物種から選べばよいのである。「いや、待って」とエコ建築家が反論するだろう。「そうした植物種には外来種が多いでしょう——そうなると、在来種だけを利用するという都市緑化の信条に反することになりませんか」。たしかにそういうことにはなるだろう。だが、そういった信条は事態を誤らせるというのがわたしの主張だ。もちろん、都市には在来種を植えるほうが無難に思えるが、わたしたちは次の事実を直視しなくてはならない。都市環境に最もよく適応進化しつつある種の多くは、非在来種なのだ——既にわたしたちは本書の中で実に多くの例に遭遇してきた。地球規模化した巨大な都市生態系を造り上げていくのは、これらの生態学的超放浪者（エコロジカルスーパートランプ）たち、世界市民たちなのであり、都市進化というこの不都合な真実に、都市プランナーたちが一歩譲るのも悪くはないのである。

原則3.「元の自然を拠点として守る」。都市境界内に散らばる、都市以前の自然を残す生息地を守ることは、「必ずしも在来種でなくてもよい」という提案とは相反するように見えるかもしれない。それでも、都市進化のエンジンを駆動させ続けるために、生態学的刷新にとって都合のよい生物種と遺伝子の大きな供給源を近くに持つことが重要だ。進化中の都市生態系はしばしば新しい困難に直面するものであり、都市の食物網を形成する種の全てが次の新たな都市に生じる変化に適応できるわけではない。このような理由で、いまだに本来の土地の動植物相を維持している孤立した自然の緑地が、安全弁として機能する可能性があるのだ。札幌の発寒（はっさむ）自然保護区、ブラジルの都市フォルタレーザのカンプス・ド・ピシ森林公園や、シンガポールのブキト・ティマーなどは、都会という織物の中に織り込まれた都市以前の太古の森のそうした名残である。

原則4.「栄光ある孤立」。最近の都市緑化デザインについての中心的な協議の対象の一つは緑の「回廊（コリドー）」だ。都市内の緑の空間同士を相互につなぐネットワークを作るために、都市における公園その他の緑の断片の間に細長い緑の筋状の空間（「緑道」）を造ることが大流行である。良い着想のように思われる。つまるところ、それは過去数十年間にわたって都市域外での自然保全において実施されてきた標準的な措置の都会版である。ある種がある都市緑地から消滅すると、同じ種がまた別の緑地からきて再びそこにコロニーを築く可能性がある。このようにして、これらネットワーク化された保護区に存在する食物網が損なわれずに済むというわけだ。

しかし、進化途上の都市生態系において回廊が常に好ましいものであるかどうかは、また別の問題である。ニューヨークのあのシロアシネズミのことを考えてみよう。シロアシネズミは、一族ごとに、孤立状態で暮らしながら、公園の特殊状況に適応して生きているのである。そんなかれらにとっては、各一族が各公園のなかに閉じ込められ、他の公園産の適応不足のネズミたちとは通常交じり合わないほうがありがたいのかもしれない。同じことは、都市の孤立したごく小さな公園に閉じ込められている、多くの他の小動物や植物にも当てはまるかもしれない。シロアシネズミと同様に、これらの動植物はおそらく都市の特定の孤立した緑地の特異性に適応すべく進化してきたのだ。孤立した小さな緑地を回廊で繋げることは、孤立した個体群を結びつけることになり、かれらの微妙な適応のあり方を壊すことになるだろう。だから、都市の多くの生物の進化のためには、回廊を計画する前にもう一度よく考えることが賢明かもしれない。

既にお気づきかとも思うが、右に挙げた指針のうち、あるものは生態学的都市プランニングの教義と性が合わないし、市議会が都市進化の過程を感覚的に自らのものとするまでには、かなり時間がかかるかもしれない。何十年にもわたってわが都市（まち）で外来種と闘ってきた人には、自分の努力は外来種が進化的に統合化される不可避的過程をただ遅らせているにすぎないのだ、という事実は認めがたいことだろう。同様に、緑の孤立地を緑の回廊でつなげるより、小さな緑地を孤立させておくほうが、場合によっては進化が成功する確率が高いことがあり得る、という考えもおそらく飲み込みがたいだろう。

そうなると、進化論的に先進的な都市生態系管理を先導する役割を、わたしたちは自治体の当局者ばかりに期待してはいけないのかもしれない。もしかすると、関心のある都市住民の団体が変化を起こすためのより強力な媒体となり得るだろうし、実際、多くの国で、市民たちが地元の自然への共通の関心を軸にしてグループを形成しつつある。東京も好例のひとつだ。17世紀後半には100万の人口を抱えていた東京は、その後都市圏の拡大によって、現在の3800万の首都圏人口（この日本の首都はいまだに広州市と重慶市に次ぐ世界3位の大都市だ）を擁する過程で、周囲の「里山」と呼ばれる田園を飲み込んでいった。「里山」とは、首都大学東京の都市生態学者保坂哲夫と沼田信也の説明によると、村落、田畑、用水路、そして雑木林とを統合するかたちで、日本の田舎で伝統的に行われてきた自然環境の管理方法を包括的に意味する言葉である。

里山はいかにして存続可能なのか？

保坂によれば田園の里山は消えてしまうかもしれないが、しかし、共有財産である緑の保存に向けて協働したいという人々の希望はまだ健在である。過去数十年の間に、この希望は里山という理念の再生をもたらした。都市住民たちが集まって、協力しながら、都市の周縁部で里山的景観の再生と保全を行うのである。里山概念を都心部に応用しようとする先駆的試みすらある。ちょうど都市ができる以前にかれらの祖先が行っていたように、近隣住民が共同で、その地区の公園、運河、池、道端などを管理するのである。さらには、この都市里山の一環として農耕が加わる。これはとりわけ人口のかなり大きな部分を占める60歳代の人たちの間で盛んだ。沼田によれば、「高齢者には大変熱心な人たちがいます。かれらはガーデニングや野菜づくりが好きだからです。退職したものの、まだまだ精力的で才覚に満ちた人たちがたくさんいるのです。現在の日本では、60歳代というのはまだまだ若くて、とてもエネルギッシュです」。実際、列車で首都大学東京へ向かう途上で、わたしはその証拠をいくつも目にした。いたるところに、小さな果樹園や菜園、さらにはごく小規模の稲田が灰色のアパート群の間に静かに佇んでいた。都心部においてすら、きらびやかな六本木ヒルズの富裕な住民たちが一緒になって、けやき坂ビルのあの屋上にある彼らの田んぼに稲を植え、手入れをし、そして稲刈りをしているのである。

日本の都会での里山の復興は孤立した一個の事例なのではない。アムステルダムからアカプルコ、ザンボアンガ［フィリピンミンダナオ島の都市］から鄭州市まで、世界中で地域それぞれに都市住民たちが近隣の自然の保全と都市農業を始めつつあるのだ。農耕という要素の重要性を過小評価すべきではない。というのは、それは人間が都市の食物網の不可欠な一部となることを意味しているからである。かれらが栽培する果物や野菜を通して、都市に暮らす人間とその消化系が土地の生態系のエネルギーの流れの中に取り込まれるわけである。それはかれらの胃と健康にかかわるゆえに、かれらは必然的にその地の生態系により大きな関心を寄せることになるだろう。

おそらく、こうしたエコ志向をもった都市住民のグループ（本書の冒頭で紹介された都市ナチュラリストたちと部分的に重なり合う）は、都市進化（都市における進化）という概念を育てる豊かな土壌となりそうである。事実、この本を書くためにわたしがインタヴューした科学者の多くによれば、都市の動植物相が都市環境に適応するために進化の過程にある、という話を聞いた都市住民たちはたいそう感激するということだ。都市進化研究に市民を巻き込むことの持つ可能性の大きさを考えてみてほしい。

都市進化をいかに観察・記録するか

というところで、いよいよわたしは最後の提案をしてみたい。それは、わたしたち都市における進化に興味を持つ者のために、「都市進化観察スコープ（Urban EvoScope）」を作ろう、という提案だ。

都市進化はいたるところで起こっている。都市に生息する全ての動植物は急速に変化しつつ、都市に適応する過程にある。しかしながら、本書に登場してもらった限られた数の都市進化生物学者を除いて、この変化を観察しているものはだれもいない。フェニックスで変化を遂げつつあるチャックワラ［大型のトカゲ］や、バンクーバーで進化中のワシ、あるいは上海で適応中のアズキを絶えず観察するには、要するに科学者の数が足りないのだ。しかし、世界の都市人口40億をもってすれば、この仕事をするのに必要な市民科学者の数は十分に確保できるのではなかろうか。これら都市市民科学者たちの一部が、単にある種が生息しているか否かを記録するだけでなく、その種の進化の記録も取るとしたらどうだろうか。

例として、わたしが考えていることを披露しよう。オランダにおいて、わたしたちは最近マイマイスナップ（Snail-Snap）と名づけたスマートフォンのアプリを世に送り出した。これを使うと、オランダの全都市に生息する普通種であるモリマイマイ（*Cepaea nemoralis*）の写真を中央データベースにアップロードできる。このマイマイの殻にはさまざまな色合いのものがあり、わたしたちのチームは集まってくる何千枚もの写真を利用して、都心部に生息するマイマイの殻がより明るい色合いへと進化しつつあるのかどうかを明らかにしようというのである。考え方としては、真夏の都市ヒートアイランドでうずくまっている明るい色の貝殻を持ったマイマイのほうが、暗い色の殻のマイマイに比べ、わずかなりとも過熱状態に達する時間が遅れる（ゆえに、少々生存確率が高まる）かも知れないというわけだ。

次は音響生態学からの例だ。都市の騒音の中で相互伝達を図る小鳥、昆虫、カエルなどが鳴き声を変えることを思い出してほしい。これに関しては、世界中に数件のプロジェクトがあって、ボランティアたちが自分の庭や家の外壁に小型のUSBマイクを設置して、自動的に、間断なくその地の「音の景観（サウンドスケープ）」を録音するのである。場合によっては、この装置には、たとえばロンドン市内に設置された検知器のネットワークのように、コウモリの出す音を観察するために、超音波帯域幅までカバーするものもある。こうして、音響生態学者たちは、わたしたち人間が産み出す騒音の結果として、動物たちの鳴き声や、歌（囀り）や、［昆虫などが足や羽をすり合わせて発する」摩擦音が変化していく様子を観察することができるのである。

生態学的変化を絶えず観察し続けるためにも役立つ、愉快なプロジェクトもいくつか実行されている。たとえば、コーネル大学鳥類学実験室は、「イカシタ巣コンテスト（Funky Nest Contest）」を主催している。とても面白いとか、なんとも愛らしいとか、ひどく具合が悪いとか、とても風変わりなとか……まあ、要するに、都市環境の中で人々が見つけた、極めつけのイカシタ巣の写真を送ってもらうという企画である。この種のプロジェクトによって巣作り行動の変化（もしかすると、進化）が明らかにされる可能性がある。都市に暮らすクロウタドリは本当に人工的な環境に巣を営むことが、予想以上に多いのか？　スペインのブラックカイト［クロトビ］が最近巣を飾る素材として使い始めた白いプラスチックの紐はいったいどういうわけで好まれるのか。メキシコのマシコがタバコの吸殻で巣を飾り立てるのと同様な行動を、もしかすると他の鳥も行っているのではないか。

これらは現実に存在する少数のアイデアにすぎない。しかしさらに技術が進歩したときの可能性を考えていただきたい。遠からぬ未来に、ＤＮＡ分析装置が十分に小型化し、手ごろな価格になった暁には、市民科学者たちが都市の動植物の遺伝子における現実の変化を監視している可能性もあるだろう。画像認識ソフトが改良されれば、市民科学者のウェブサイトにアップロードされる写真が昆虫の体色、種子の形、脚の長さをはじめとする、都市の動植物の進化を示す諸変化を追跡するために用いられるかもしれない。こうした監視計画が一つになれば、地球規模での恒常的な「都市進化観察」システムの成立も可能だろう。あらゆる都市の生態系が経験する流動的な進化論的運動を、わたしたちは、観察し続けることができるかもしれないのだ。

おわりに

都市で生物を進化させるために

やはりこれはこたえる。長年、ここを訪れることを、わたしは避けてきた。しかし今日は、わたしが育った1950年代の同じ家に今も暮らす母を訪ねた後に、いよいよこの新しい郊外の土地を歩いてみるべき時が来た、と判断したのだ。この新しい土地はロッテルダムのはずれにあった湿原の跡に突然姿を現した。10代の少年のころ、わたしが生涯の仕事として自然研究に携わるための基礎を築いたのはこの湿原においてだった。

思い出の場所の変貌

文字通り胸がえぐられるような思いだった。オランダの都市計画家が100万棟単位で大量に生み出してきたタイプの2戸建住宅（セミディタッチトハウス）が両側に並んだ通りを、いくつもいくつも歩き回る。住み心地も申し分のなさそうな住宅だ。可愛らしい庭、カーポート、スピードバンプ「速度抑制のための路上のこぶ」のある曲がりくねった通り、通りの名も耳に心地よいものが選ばれるなど、子どもに優しい地域になっている。しかしわたしにとっては、ここはわたしが子ども時代に歩き回った場所を埋葬した巨大墓地だ。わたしの頭の中の時代遅れの地図でわたしの現在位置をどうにか探り出せるのは、グーグルアースの助けを借りてのことだ。

デ・アッケルスの近所（どの前庭にも、プレハブの物置小屋、お手ごろな車、イケヤのパラソル）は、かつてわたしが数百羽のタシギ（*Gallinago gallinago*）の群れに囲まれた場所だ。彼らは輪を描いて、沼の上を飛びながら、一斉にくしゃみのような鳴き声を立てていた――以来、この記憶はわたしとともにあって消えることはない。デ・ヴェルデンアパートの建物が現在建っているあたりで、わたしは高い草の間に横たわり、安い望遠カメラを構えて、巣を作っているオグロシギ（*Limosa limosa*）の写真を撮っていた。今は、ワカケホンセイインコが餌台のピーナッツツリースからぶら下がっている。そしてデ・ガルデンバス停留所の下に埋もれた土壌は、わたしがハタネズミの巣の中で、地中に生息する甲虫コレヴァ・アギリス（*Choleva agilis*）を捕らえた場所だ――ピンを刺した標本は、現在わたしが勤めている自然史博物館ナチュラーリスのコレクションに加えられている。

わたしがかつてさまよい歩いた、草原に池沼が混じる半自然の景観はもはや存在しない。それはロッテルダム市のスプロール現象の中に取り込まれて、わたしが本書で夢中になって語ったような都市環境へと変わったのだ。それでもなお、この変化のあからさまな現実に直面することはわたしに悲しみをもたらす。わたしの言うことには一貫性がないだろうか？　わたしたちは失ったものを惜しまずにはいられないが、しかしだからといって、わたしたちが手に入れたものが無価値であるということを、それは意味しない。

わたしが若いころのこの土地の景観は、わたしの祖父の心には悲しみを浸透させただろう。祖父は20世紀が始まったころにこの同じ地域で育った人だ。その頃は、まだ殺虫剤や人工肥料は使われておらず、「わたしの」1970年代と比べれば、昆虫も野生の草花もずっと多様で豊富だったのだ。そして今日、この郊外で成長しつつある子どもたちにとっては、立ち並ぶ建物の間に残された水路、帯状の草地、垣根がかれらの幼年期の記憶の背景を形作るのだろう。そのかれらの記憶も、わたしにとって自分の幼年期の記憶がそうであるように、かれらにとってはかけがえのないものとなるのだろう。言い換えれば、わたしたち人間の残す足跡が大きくなればなるほど、わたしたちの周囲の自然は縮退し、変化し、より貧困化するのだ。しかし、生物学的には貧困化するかもしれないが、これら都市的生態系は、なお、本物の生物を生息させ、本物の生態と本物の進化が進行する本物の食物網の中に維持される、まさしく生態系そのものなのだ。

都市も、手つかずの自然も等価に大事

都市環境における自然選択の力はとても強いので、都市の生物は進化の速度が速い。しかしわたしたちが忘れてはならないのは、この本で紹介した都市進化の例は全て十分に前適応していたり、変化しやすい性質だったり、あるいはたんに運がよかったりして、進化し、生存することができた生きものたちの例だから、その選択には偏りがあるということだ。適応に成功し

た都市生物種が1種あれば、その影には都市生活に適応できず、消えてしまった数十種もの生物が存在する。都市とは、進化を強力に推し進める拠点でありながら、多様性の大いなる喪失が生じる場所でもあるのだ。都市が生物学的にどれほど興味深かろうが、世界の膨大な生物種の保存を都市に委ねることはできない。この目的のためには、わたしたちは現在残されている原初的で、損なわれていない野生を保存し、大いに尊重し、探求する必要があるのだ。

わたしたちの団体タクソン・エクスペディションズでは、たとえば、イヴァ・ヌンジクとわたしはエコツーリストたちを、ボルネオの荒らされていない熱帯雨林の探検に案内する企画を行っている。そこでわたしたちは新種を発見し、名を与えるのである。しかし世界の人々のほとんどはジャングルに足を踏み入れることはないだろう。こうした人たちが一生の間に目にする自然はせいぜい近所の公園、あるいはかれらの裏庭にいるわずかな数の植物や昆虫だろう。だからこそ、こうした都市生態系の片々を退屈で、つまらないものとして見捨てないことが大切なのである。だからこそ、都市内部で生じている、わくわくするような進化の過程を認識することが都市生活の質にとって欠くべからざる重要性を持つのである。

本書をお読みになった読者は、HIREC「人間が誘発する急速な進化的変化」(Human-Induced Rapid Evolutionary Change)の不思議について、目を開いていただけたのではないかと思う。わたしの狙いの一つは、読者が毎日のように歩き回っている都市の通りで目にする都市生物を、いまやもっと特別で、もっと興味深く、何気ない一瞥を投じるだけでは済まないほどの価値のあるものにすることだ。つまり、たとえば、一群れのハトを見かけたとき、本書の読者はその群れの中に何羽かの黒い羽毛の個体を見つけ出して、独りつぶやくことになるだろう。「あの連中は、向こうにある、あの街灯の柱から剝げ落ちる亜鉛の処理能力に優れているのだろうな」。または、自動販売機の蛍光灯の周りに昆虫が群がり飛ぶのを見たときに、読者は、昆虫として将来の都市生活に適した選ばれしものは、遺伝的にあの蛍光灯に誘引されにくい性質のものたちということになるだろうな、と想像するだろう。さらには、読者が歩いている道をクロウタドリが横切ったときに、このクロウタドリは、ガラパゴスフィンチに対応するこの都市（まち）の回答なのだ、という実感を持つことになるだろう。そして、わたしが望むのは、今後数年のうちに、読者が暮らしている都市において、現に生じつつある進化を観察する市民科学プロジェクトが誕生することだ。あるいはさらに良いのは、読者が自らのプロジェクトを始めることである。

　未来は何をもたらすだろうか。少なくとも、さしあたっては、都市も都市人口もさらに増大し、わたしたち人間は世界の食物網におけるさらに大きな役割を占めることを自らに要求するだろう。21世紀の間に、地球上の生態系が生産するエネルギーの半分はおそらくわたしたち人間によって消費されるだろう。生態学では、そうした中心的な役割を負った種をキーストーン種と呼ぶ。人類は空前の重要性をもったキーストーン種である。すなわち、わたしたちは生態系を工学的に変更する（エコシステムエンジニアリング）、超放浪者的（スーパートランプ）な、超（ハイパー）キーストーン種なのだ。

「好人性生物」の今後を見守る

本書の初めに登場したアリと好蟻性生物の記述から思い出してもらえるかもしれないが、強力な生態系エンジニアは他の生物種を引き付ける磁石のようなものである。かれらの元には食料と資源が集中しているから、他の種はかれらと共生するために進化を遂げるのだ――避難所と保護を求め、宿主から盗み、ちょろまかし、あるいはうまく騙して、残り物を恵んでもらうためだ。多くはその存在を気づかれることなく、あるものは黙認され、あるいは評価さえ受け、さらには訴追されるものもいるが、全ての好蟻性生物は進化する。自発的にであれ、不本意にであれ、自分たちを後援してくれるアリたちとの共同生活に適応するのだ。人間がこのアリと同様の地位についてからの期間はずっと短く、好人性生物（anthropophiles）たちはまだ進化を開始したばかりである。しかし確かにかれらは進化しているのであり、今後も適応し続けていくことだろう。

そんなかれらにわたしたちが手助けをしてあげたら、なおのこと彼らはうまくやっていくだろう。都市進化を観察し、監視し、理解することによって、わたしたちは都市進化のプロセスを利用し、その舵取りができるように、自分たちの都市環境を設計することが可能だろう。わたしたちは自分たちの生態系工学を自分たちで設計することができる。わたしたちはダーウィンの法則を都市緑化に応用することによる建設的な方法で、これを行うべきなのだ――好人性生物（anthropophiles）へと進化するための切り札を実際に握っているイエガラスのような生物種を根こそぎにするような破壊的方法によってではなく。

　しばらくぶりに、わたしはイエガラスを救う委員会のサビーネ・リートケルクに連絡を取った。最後に彼女と連絡を取ってから1年近くが経過していたが、ヘーク・ファン・ホランドでは事態は芳しくありません、と、彼女は急テンポのスタッカートで綴られたフェイスブックのメッセージをわたしに伝えてくれた。ハンターたちが戻ってきて、春の初めに、生き残っていたカラスたちを殺してしまった。その中には、わたしがショッピングセンターの通りを横切っているところを目撃した個体も含まれていた。「最も長生きした最後の個体でした」とサビーネは綴る。「あの子はいちばん警戒心が強くて、いつも鳴き声を立てていました。いつも仲間たちに危険を知らせていたのです」。警告を発してやる仲間がいなくなって、ついに彼は、タオルを投入したかのようだ。

　かくして、熱帯原産の*Corvus splendens*［イエガラス］の北ヨーロッパ型への都市進化の可能性は芽を摘まれてしまった。「でも……うわさはまだあって……」とサビーネは書く。どっちのうわさ。「その近所のどこかに、どなたかのお宅があって、そこに潜伏している鳥が2，3羽いるといううわさ」。それは本当かとわたしは尋ねた。「近所では絶対厳守の秘密です」というのが彼女の返事だった。

　そしてその2，3秒後、再びフェイスブック・メッセンジャーの着信音が鳴り、「;-)」［ウィンクのしるし］が送られてきた。

謝辞

何よりもまず、サイエンスファクトリー（ルイーザ・プリチャードとティッセ・タカギ）のピーター・タラックほかの方々にお礼を述べなければならない。わたしの本が世に問うに値すると信じてくれ、出版元を見つけてくれたことに対してである。またカーカス社編集者のリチャード・ミラーとピカドー社のジェイムズ・ミーダには、出版までの過程のすべてにおいてわたしを導いてくれたことに対して。

同じ研究に勤しむわたしの友人の千葉聡は、ありがたいことに、本書執筆のために2か月にわたってわたしが仙台の東北大学に滞在できるよう手はずを整えてくれた。おかげで、落ち着いた美しい環境で（それがこの本のその部分が際立って日本的な味わいをかもし出している理由だ）、本書の全分量の3分の1に当たる終盤の部分を完成することができた。千葉とその家族、かれの教え子たち、そして内藤寛子に感謝する。かれらはとても居心地のよい雰囲気を作ってくれ、さらに執筆の合間にわたしの気を紛らわすために、定期的な洞窟探検をはじめとする野外調査旅行を企画してくれたのだった。ロンドンの自然史博物館のスザンヌ・ウィリアムズ、エリノア・

マイケル、ジョン・アブレットは、ホストとして、1週間ずつ、2度にわたる執筆の機会をわたしに与えてくれた。それは至福の時間であり、軟体動物部門、自然史博物館レストラン、ビクトリア・アンド・アルバート・ミュージアム、大英図書館、リー・バンウェルのベッド・アンド・ブレックファスト、サウス・ケンジントンのプレタマンジェといった場所で筆を取ったが、仕事はおおいにはかどった。わざわざ、あるいは偶々、騒音の小さな環境を提供してくれた他の場所を、思いつくままに上げれば、ボルネオ島のマリオ流域研究センター、デュッセルドルフ空港、プラハのホテルチェルトーシー、パリーアムステルダム間ウイバス、ダルコ・ジェシックのパリのアパート、スキールモニコークのグローニンゲン大学フィールドセンター（「羊飼いの小屋」）、東京仙台間ウィラー高速バス、シンガポールエアラインのSQ323便、「マレーシア」スカウのホームステイ先のアーバム家、そして「ボルネオ」コタキナバルのネクサス・カランブナイホテルのロビーがある。

多くの科学者をはじめとする有識者が質問に答えてくれ、本書最終稿に目を通してくれ、あるいは写真や研究資料をわたしに提供してくれた。以下の方々である。感謝申し上げる。ネストル・アリーリオ、ジャック・ヴァン・アルペン、フローリアン・アルタマット、ガリー・バッカー、オルガ・バルボーサ、リン・オプ・デ・ベック、ヘルマン・ベルクホウト、ピエルーポール・ビトン、エドウィン・ブロセンス、スコット・キャロル、ジェイソン・チャップマン、マリオン・シャトラン、ピエルーオリヴィエ・チェプトゥ、カイラ・コールドスノウ、ジュリアン・キュシェルセ、カート・デーラー、キャット・デイヴィドソン、ルイス・フェルナンド・デ・

レオン、トム・ヴァン・ドーレン、ステファニー・ドゥーセ、メーガン・ダフィー、ヤンコ・ダインカー、ナイム・エドワーズ、クリントン・フランシス、マクス・ガルカ、ケヴィン・ガストン、ヨジェフ・ジェム、ヴォウター・ハルフヴェルク、アダム・ハート、アクセル・ホッホキルヒ、ベルト・ヘルドブラー、ウェンディー・ジェッシ、マルク・ジョンソン、マサカド・カワタ、ゲイル・クーンライン、ケイト・クイケンダル、アリアンヌ・ル・グロ、イザベル・ロペスーラル、スザンヌ・マクドナルド、エマ・マリス、ベニー・ミーク、マーチン・メルヒャズ、オサム・ミカミ、エリク・ヴァン・ニューケルケン、ジョー・パーカー、ジェスコ・パルテッケ、カルメン・パース、ノルベルト・ペーターズ、パロマ・プラント、リディー・プート、アレクサンダー・レーウェイク、デイヴィド・レンツ、イェレ・ロイマー、イグナチオ・リベラ、アーウィン・リプメースター、ミレーナ・サルガドーリン、エリック・サンダーソン、フレデリック・サントゥール、ファン・カルロス・セナール、ローレル・セリエ、フレデリーク・スラール、カミエル・スポルストラ、ダニカ・スターク、モンセラット・スアレスーロドリゲス、スティーブン・サットン、マット・シモンズ、エツロウ・タカギ、タン・シオン・キアット、ピョートル・トリヤノフスキー、ネディム・チュズン、ヒーラット・ヴェルメイ、オスカー・ヴォースト、ギスバート・ヴェルナー、トマス・ヴェーゼナー、モニカ・ヴェセリング、クリスティン・ウィンチェル、ジョン・ヴァン・ワイエ、バフティア・エフェンディ・ヤヒヤ、そしてパメラ・イェー。

同僚たちの中にはさらにかなり多くの時間を使って、直接会って、あるいはスカイプで、あるいは電子メールでの長々としたやり取りで、わたしのインタヴューに応じてくれた人たちもいた。マリーナ・アルベルティー、ジャン＝ニコラ・オデ、ロレンス・クック、カール・エヴァンス、テツロウ・ホサカ、キース・メリカー、ジェイソン・ムンシーサウス、シンヤ・ヌマタ、ローレル・セリエ、ハンス・スラブベコーン、アンドルー・ホワイトヘッド、そしてニールス・デ・ズワルテである。

本書出版プロジェクト開始以来常に、友人や同僚たちが都市進化に関するニュースや、ソウシャルメディアの投稿や、科学論文などをわたしに送ってくれた。とりわけ熱心にかかわってくれたのはアグライナ・ボウマ、ブロンウェン・スコット、そしてラットガー・ヴォスだったが、ティーメン・ブレスショーテン、トム・ヴァン・ドーレン、バーバラ・グラヴェンディール、マルコ・ロース、そしてマルチン・リュックリンからも貴重な情報を受け取った。他の有益な情報源として、以下の人々と機関にも御礼を申し上げたい。ナチュラーリス生物多様性センター図書館、ウィキペディアとその執筆者諸氏、わたしのニューヨークタイムズの記事を読んでくれて、連絡をいただいたすべての読者（そして特に、マイケル・マクガイアとバーバラ・ウォー）、ロッテルダム自然史博物館、そしてライデン大学修士課程（理学）の生物多様性と保全コースのオリエンテーションに参加したわたしの学生たち。

千葉稔と竹田山原楽はクルミ割りカラスを見つけるため、わたしたちを連れて、仙台の街中を案内してくれた。東京六本木ヒルズ見学の目的を不完全ながら果たせたのは、わたしを煽り立ててくれたわが娘フェンナ・スヒルトハイゼンのおかげだ。チャン・ソウーヤンはわたしを案内して、シンガポールの都市自然をすっかり見せてくれた。サビーネ・リートカークはネットでのやり取りを通して、ホエク・ファン・ホランドのイエガラスの所在と運命についてわたしに教えてくれた。

オーケーフロリアン・ヒエムストラからの激励の言葉は、本書完成直前の産みの苦しみをどうにか乗り越える勇気をわたしに与えてくれた。

わたしに大変近しい3人の人たちは、原稿が完成に近づく過程で、厭うことなく原稿全体に目を通してくれた。3人とはアグライア・ボウマ、イヴァ・ヌンジク、そしてフランク・ヴァン・ローイである。わたしのために、多くの時間を割き、理解を示し、そして賢明なコメントを与えてくれたかれらに、深甚なる感謝をささげる。

最後に、多くの人たちに原稿の誤りの指摘や校正をお願いし、助けていただいたが、本書の最終的な内容、および研究結果の解釈については、わたし一人が責任を負うものである。

訳者あとがき

原著者Menno schilthuizen（メノ・スヒルトハウゼン）は、オランダ・ライデン大学進化生物学センターの教授である。東南アジアにおける陸産貝類の生物多様性の研究などの野外研究で知られるとともに、生態、進化、自然保護にかかわる啓発活動も熱心に進め、多くの著作がある。最新作の本書（２０１８）は、原題『*Darwin Comes to Town*（ダーウィンが街に来る）』が示唆するとおり、都市を舞台に展開される多様多彩な生物進化のドラマを紹介し、人類世の生物多様性未来を牽引するエンジンとして、ダーウィン型の都市づくりなるものの提案にいたる、野心的な著作である。

翻訳を提案した私と本書との出会いは、２０１８年暮れ、丸の内・丸善の洋書売り場だった。都市の防災や自然再生の課題に理論的・実践的に長くかかわり続けてきた私は、21世紀に入ってなお、日本の生態学、自然保護の学識・行政・ファンの領域にひろがる〈手つかずの自然〉に固着する復古主義や、海外の動向に開かれず〈里山〉に閉じこもる閉鎖性に危機感を深めており、都市生態系における自らの実践紹介にとどまらず、チャンスがあればしかるべき翻訳書の助けも借りて開国をすすめたいと、せかされる気持ちが強くなっていた。おりから、Emma Marris（エマ・マリス）の『「自然」という幻想』(*RAMBUNCTIOUS GARDEN*)を草思社から共訳で発行できた直後でもあり、「開国」に有効な次の翻訳書を物色しているところだったのだ。

平積みの本書をみた最初の印象は、キャッチー過ぎるタイトル、なじみのない著者名、いい加減な本かな、というものだったのだが、ページを開き、チカテツイエカ、オオシモフリエダシャクにかかわる記述、都市生態学の未来にかける意気込みに触れて、マリスの本の後続として日本語になってしかるべきと直感。通読後の感想をまとめて草思社に提案し、今回の翻訳となった。

自然保護、あるいはもっと大きく自然と人類の共生という観点から都市をどのように位置づけるか、どこかに権威ある定説があるわけではない。現実を棚にあげた抽象的な論議の世界では、都市と自然を対立させ、都市を否定し、手つかずの自然の回復を目指すことこそ環境倫理の方向という意見もなお強固である。他方、人類による地球の都市化はもはやとどまるものではなく、都市でない自然は消滅してゆくのが当然、未来は人が神となって生命圏を再創造するのだという割り切った工作主義の意見もある。もちろん自然保護、都市計画の実務の世界はそのような抽象論、極論に駆動されるわけではないので、現場は新旧・甲論乙駁、多様な意見の混合物で右往左往という状況かもしれない。

他方、研究者たちやTVの自然紹介は、なお都市を嫌い、無垢の自然の紹介、保全に力点がある。都市の緑をめぐる論議では、ビル街の緑地でも公園でも、素朴な在来種の保全よりにぎやかな園芸種に圧倒的な人気があるのが現実であり、にもかかわらず、都市の緑地や水辺においては外来生物駆逐すべしの正義論も君臨している。混乱の極みは〈里山〉かもしれない。歴史的にいえば、イネを筆頭とする外来種（渡来種？）を主体として農業生産のために作り上げられた外来生態系であるにもかかわらず、日本的自然の象徴と広く評価され、〈里山〉（という外来）生態系を維持するために祖先たちが人工的につくりあげた〈ため池〉という水循環装置から外来種を根絶せよという呼びかけが、学者、研究者、ナチュラリストをこえ国民的熱狂になることさえあるしまつだ。日本列島に広がる非一次生産領域＝都市域、農地を基本とする広大な一次生産領域、さらに広大な非都市的な自然領域（水系、丘陵、山岳…）の現状をバランスよくみわたして、この列島で都市と自然のかかわりを、防災、生産、暮らし、環境保全等々の視点からどのように調整してゆくのか、専門家、市民、行政、企業に共有されるべき共通の理解、センス、常識的な自然理解のようなものが、まだまだ鮮明には見えてこない現実がある。

この現実に対する私自身の自力対応は、学生時代の1960年代から一貫して、都市のただなかから足元の景域や生物の多様性を見つめなおし、その保全・活用に実践的にかかわりつつ、都市周辺あるいは都市内の一次生産領域や「非都市的な」自然領域と都市文化、都市活動の調整を図る、というものだった。都市の中で都市の純化・拡大に無批判に加担することなく、かなたの自然を拠点にして都市を批判・論難・包囲しようなどという夢想と組むこともなく、はたまた都市の中の局所の自然を純粋自然のごとく頑迷に固守するカルトにもならず、都市河川の川辺生態系、都市の丘陵地雑木林、そして都市に丸ごと残された小流域生態系などを拠点として、安全で、魅力的で、生物多様性豊かな多自然景域づくりを進めてきた。そんな姿勢で地域の保全活動に長くかかわり、多少の著作、たくさんの要望書なども生産して至る今日においてふりかえれば、援軍となってくれる図書は国内にまことに少なく、英語圏の著書に励まされること多々という状況が続いてきたとわかるのである。この状況は、専門生態学の領域でも、自然啓発の領域でも、相変わらずというほかない。

前回、翻訳出版させていただいたマリスの著書は、そんな援軍として期待した著作の一つ。手つかずの過去の自然を基準として自然保護を観念的に語るのはもうやめよう。遠くの自然ではなく足元から広がる地球の景域構造、在来種も外来種も暮らす生態系の階層構造配置を重視した自然の保護、都市と自然の共存をめざそうと呼びかける明快な図書と、私は理解したのである。

その後継として翻訳出版させていただけるのが本書なのだ。その叙述は2つの大きなテーマに導かれている。第一は都市の生態学、都市において今まさに進行中の生物進化の現場報告だ。ガラパゴスや熱帯のジャングルではなく、人類が営々と築き、未来に拡大してゆくほかない都市という私たちの暮らしの生態系が、どれほど面白い自然誌研究の世界か、生物多様性とその生々しい進化の現場を可視化する叙述に満ち満ちている。地下鉄の3つの路線でいままさに3つの種に分化しつつあるチカテツイエカの話、ヨーロッパ諸都市で種分化をとげてゆくかもしれないクロウタドリの話、公園ごとに遺伝子集団を分化させつつあるシロアシネズミの話。圧巻はイギリスの工業化公害とその回復の歴史にそって黒化し、再び明色化もして、自然選択による適応の教科書的な見本となったオオシモフリエダシャクガをめぐる毀誉褒貶と感動の物語だ。人間の作り出す都市生態系の構造・機能の特性・詳細にあわせて、在来・外来の生物たちが繰り広げる適応進化の話題、そんな生物たちの多様性を支え統合してゆく都市生態系のあり様が次々に紹介されてゆくのだ。都市の生物多様性は面白い。都市の生態学は面白い。いま私たちの足元で展開されている生物たちの新しい進化の物語は、好むと好まざるとを問わず、人類の暮らしとともにある未来の地球の生物多様性のありかたを左右してゆくシナリオの、日々の確かな素材なのだと、語られてゆく。

もう一つのテーマは、いま進化の壮大な実験場になっている都市生態系は、反自然として忌避され、否定され、軽視されるべきものではなく、都市文明を地球大に拡大してゆくだろう人類と自然の未来を支える生物多様性を、適応進化のプロセスによって支え生み出してゆく、基盤、エンジンになってゆくものだという著者独自の都市生態論の展開だ。

アリの創るアリ塚や、ビーバーの創るダムは、「生態系工学技術生物」として適応してきたアリやビーバーが作り出す複雑な自然生態系だ。人が作り出す都市もまた基本は同じ、「生態系工学技術生物」としてのホモ・サピエンスが作り出す壮大にして急激に地球に広がってゆく自然の構造なのだと著者は考える。アリ塚もビーバーダムもそれぞれの生態系に適応する多様な生物世界を作り出した。全く同様に、人間の暮らしの現在・未来を支える都市生態系は、そこに適応分化する新たな生物多様性を生み出して、人間の暮らしと地球生物多様性の共生する未来文明のエンジンになってゆくと考えるのである。筆致はつい過激にもなり、地球大に都市環境の拡大してゆく未来を、いま世界の都市、たとえば六本木ヒルズのビル屋上の「里山」で適応進化をとげる生物たちがささえてゆけるというに近いアピールにもなってゆく。生物多様性の供給源として併存する無垢の自然域ももちろんしっかり尊重しつつ、都市周辺・内部の森も水辺も里山もかかえ、在来種も外来種も包含する都市が、新しい地球生命圏を作ってゆくというビジョンが展開されているのである。

さすがの私も、著者の過激な未来都市論の発信を詳細にいたるまで肯定する気はないのだが、①いま生物多様性形成の未来拠点として都市に愛着と関心がむけられて都市生態のあらたな研究ブームが立ち上がること、さらに、②未来の地球の生物多様性を支える焦点として（ダーウィン主義的なといってもいい）都市生態系の創出に総合的な注目があつまること、この2点の重要性について、私は著者と意見が一致する。本書に展開されるような都市生態系における生物多様性の動態と新たな生物多様性形成拠点としての都市づくりへの注目が、とりわけ里山への配慮も包含するかたちで現在の日本の自然保護世界に広がることは、開国を促す大きな契機としてまことに結構なことと考えているのである。

ただしここで私見をはさませていただくなら、都市と無垢の自然、あるいは都市と里山と無垢の自然というような対蹠的な景域の組み合わせで未来を考える、（本書にもあるような）旧来型の景観生態学の方式それ自体に、私は、有望な未来を見ていない。都市をブラックボックスにしたまま〈里山〉を語り、無垢の自然を語る旧来からの枠組みにくらべたら大きな前進とは思うのだが、さらにもう一歩おおきく先に行けばいいと思っているからである。人類の地上での生存の基盤である雨降る陸域生態系における都市と自然の未来を考えるには、普遍的な水循環の枠組みである流域生態系を基本とし、流域枠の下で、都市、里山(里域)、無垢の自然(都市的に利用されることのない生物多様性世界)の連携、調整を工夫し、安全・魅力・生物多様性豊かに生物多様性と人間活動が共存できる多自然生態系を工夫してゆくことこそ、温暖化豪雨・渇水未来にむかう都市文明の、生命圏適応の王道とおもっているからである。私の実践・実験に即していえば、スヒルトハウゼンの提示するダーウィン的な都市の未来は、大小入れ子の流域構造に対応して展開される多自然流域都市マネジメントとして展開されてゆくのがよいということになるのである(＊訳者紹介参照)。

都市の生物多様性世界で展開される進化生物学の面白さと、生物多様性都市に人類と自然の共存の未来を託す都市論と、2つの大きな話題の糸を混乱なく素直に楽しむ読み方は、読者それぞれに工夫していただくのがよい。あえて言えば、都市進化論の詳細が体にしみこむまでは、しばし著者の過激な都市論は脇におき、自然誌の話題、都市生態学、進化論の細部になじみ、こだわりきるのが良いとアドバイスしておきたい。授業や、講演会のテキストを利用した著作なのだろう、丹念によめば進化論的な生態学の基本も広く学べる話題配置になっている快著でもある。キーワードをウェブで検索しながら読めば、本書だけで、都市生態学の事情通になってしまうかもしれない。楽しみ、学んでいただきたい。

翻訳は、英国やEU諸国に土地勘のあるナチュラリスト仲間小宮が全体を訳出し、岸が生態学、進化生物学の視点から調整を担当する協働作業となったが、最近のゲノミクスなどの分野に通じ切れているわけではない。誤訳、不適訳があれば、ご教示いただけると幸いである。

岸　由二

はじめに　都市生物学への招待

ロンドン都心部の描写は、2016年6月21日から24日にかけてロンドンを訪れたときの経験に基づく。ロンドン地下鉄(アンダーグラウンド)蚊(モスキート)についての話はShute(1951)、Byrne&Nichols(1999)、Fonseca他(2004)、Silver(2016)、および1995年にエジンバラで開催された欧州進化生物学会総会におけるKatharine Byrneの発表に依拠している。都市化の歴史に関するデータはMerritt&Newson(1978)、Seto他(2012)、Newitz(2013)、Reumer(2014)から。最寄の森までの距離が拡大する傾向を示す最近の研究はYang&Mountrakis(2017)。人間によって消費される一次生産物量[植物が生産する食糧]については、Imhoff他(2004)とHaberl他(2007)による。また人間が消費する真水の量についてはPostel他(1996)に基づく。章中で言及している意見書はHuisman&Schilthuizen(2010)。1970年代後半から1980年代初めにかけて、わたしがナチュラリストとして幼年期の大半を過ごした地域は、スキーダムSchiedamの市内、ケテルKethelという村の北から北東にかけて広がる野原と湿地だった。この地域のほとんどが、1990年台から21世紀初めにかけて、住宅地に変わった。

Chapter 1

生態系を自ら創り出す生物たち

私がヴォーネで採集した甲虫類は現在ナチュラーリス生物多様性センターの所蔵品の一部となっている。好蟻性生物の研究の拠り所としたテクストはHölldobler&Wilson(1990)とParker(2016)である。Clavigerの行動については、Cammaerts(1995, 1999)も参考にした。Clavigerとアリとの長大な時間にわたる共存関係および好蟻性生物の総数についてはParker&Grimaldi(2014)に報告されている。生態系工学技術生物の概念はJones他(1994)にまとめられている。生態系工学技術生物としてのビーバーに関する情報はWright他(2002)から得た。マナハッタ計画についての情報はReumer(2014)、この計画の主要ウェブサイトhttp://welikia.org、さらにPaumgarten(2007)、Miller(2009)、Sanderson&Brown(2007)、Bean&Sanderson(2008)、そしてEric Sandersonによる2009年のTED Talk(You Tubeで聞くことができる)に依拠する。Muhheakantuckは Lanape語による名称で、今日わたしたちが呼ぶところのハドソン川のこと。

Chapter 2

都市という生態工学技術の結晶

マリオ(Maliau)流域研究センターへの旅は2016年、7月27日から30日のことだった。この地域とそこでの私たちの研究についての詳細は、www.taxonexpeditions.comを見てほしい。狩猟採集民における生態系工学技術についてのテクストとして、わたしが参照したのはMarlowe(2005)とSmith(2007)である。人間の栄養段階については Bonhommeau他(2013)で論じられている。都市化の歴史についてわたしが用いたテクストは次の通り。Gross(2016)、Reba他(2016)、Newitz(2013)、Misra(2015, 2016)、The Data Team(2015)、およびVance KiteのTEDにおけるアニメーション https://ed.ted.com/lessons/。Rebaのデータのアニメーションはhttps://youtu.be/yKJYXujJ7sUにて視聴できる。

Chapter3

繁華街の生態学

チャン・ソウ-ヤン(Chan Sow-Yan)と共にシンガポールを歩いたのは2016年8月2日のことだった。情報源として用いたのは以下のとおり。都市生態学概論としては、McDonnell&MacGregor-Fors(2016)およびSchmid(2009)。シンガポールの都市生態学一般については、Ward(1968)、Lok&Lee(2009)、Davison(2007)、およびDavison他(2008)。シンガポールが原生息地であった残存種については、Brook他(2003)、Clements他(2005)、Lok他(2013)。岩場を生息地とする生き物でビルや外壁を利用するものについては、Ward(1968)、Sipman(2009)、Tan他(2014)。シンガポールの都市ヒートアイランドについては、Chow&Roth(2006)およびRoth&Chow(2012)。シンガポールにおける汚染物質については、Xu他(2011)、Sin他(2016)、Rothwell&Lee(2010)。シンガポールにおける都市動物による人間の食物の利用については、Soh他(2002)。シンガポールの外来種蔓延については、Tan&Yeo(2009)、Chong他(2012)、Ng&Tan(2010)、Teo他(2011)。シンガポールの食物網の崩壊については、Jeevanandam&Corlett(2013)。サンフランシスコ湾地域における外来種についてはCohen&Carlton(1998)。Schilthuizen(2008)も参照。島嶼生物地理の理論、およびBracknellのラウンドアバウト研究については、

MacArthur&Wilson(1967)、Helden&Leather(2004)、Schilthuizen(2008) を見よ。シンガポールの導入種のムカデについての報告はDecker&Tertilt(2012)。シンガポールについての記述はChan Sow-YanおよびTan Siong-Kiatによるチェックを受けている。

Chapter 4

都市の自然愛好家（ナチュラリスト）

ロッテルダムのイエガラスの物語についてわたしが用いた資料は、Nyari他(2006)、Beardemaeker&Klaassen(2012)、Hendriks(2014)、Dooren(2016)。Hoek van Hollandのイエガラスの現存個体群と亡骸たちを訪ねたのは2016年8月16日だった。ロッテルダム自然史博物館の常設展を訪れたのも同日。ロッテルダムのキタリスについてさらに詳しい情報はMoeliker(2015)。Kees Moelikerはロッテルダム博物館に関するわたしの記述をチェック、訂正してくれた。『マナハッタ』はSanderson(2009)による。Herbert Sukoppに関してはReumer(2014)から情報を得た。学問分野としての都市生態学の発展に関するさらなる解説はSchilthuizen(2016b)。生物多様性発見手段としての市民科学の発展については、Nielsen(2012)が注目している。レスターでのマレーズトラップの結果についてはOwen(1978)。ロッテルダムにおけるKNNVによる線路にはさまれた三角地帯の生物種目録の紹介はWerf(1982)。バイオブリッツについてはBaker他(2014)に詳しい。「都市自然チャレンジ2017」についてさらに詳しくは、http://www.calacademy.org//citizen-science/city-nature-challenge、およびBelles de Bitume at https://www.frederique-soulard-contes.com/belles-de-bitume。新種のケイソウが発見されたウェリントンでのバイオブリッツについてはHarper他(2009)。ニューヨークおよびサンパウロにおける新種のカエルおよびカタツムリの発見については、それぞれFeinberg他(2014)とMartins&Simone(2014)を参照。日本の都市の地下水に生息する甲虫の発見についてはUeno(1995)。アムステルダムセ・ボスに生息する甲虫類の数はNonnekens(1961, 1965)による。ブリュッセルの植物相についてはGodfroid(2001)。105の区画を設けて行われた田園-都市横断環境傾度のメタ分析についてはMcKinney(2008)。

Chapter 5

「都会ずれ」したものたち

スコウSchouw(1823)への言及はSukopp(2008)。「贅沢効果」についての説明はHope他(2003)。都市の中心部がもともと生物多様性のホットスポットだった地点に位置する理由についての情報を見つけたのは、生物多様性に関する条約(2012)事務局においてであった。わたしが触れたチェコ共和国発の研究はChocholoušková&Pyšek(2003)に見つかる。極めて多様な微小生息地(microhabitat)の存在が生物多様性を高めることについてはKowarik(2011)が検証している。大型脊椎動物に関する記述について私が参照したのは、Vyas(2012)、Hoh(2016)、Bateman&Fleming(2012)、Soniak(2014)、Mahoney(2012)、Gehrt(2007)、Jones(2009)、Baggaley(2014)。Gehrtによる引用はMahoney(2012)より。シェフィールド大学のBUGSプロジェクトのHPはhttp://www.bugs.group.shef.ac.uk。後に、シェフィールド以外の都市も研究対象に加えられたとき、このプロジェクトはBiodiversity of Urban GardenSと名前を変えた。本章では、わたしが主に用いたのはこのプロジェクトがもたらした次の論文である。Gaston他(2005)、Smith他(2006a, 2006b)。BUGSプロジェクトの記述についてはKevin Gastonに校正をお願いした。BUGSプロジェクトの結果に近い結果がBangalore(Jaganmohan他, 2013)およびBerlin(Zerke, 2003)でも得られた。

Chapter 6

生物は予め都市に対応している?

ヒーラト・ヴェルメイとの散歩は2014年6月17日のことだった。前適応に関してのヴェルメイからの引用は2016年9月下旬の彼との電子メールのやり取りからである。ヴェルメイからはわたしのテクストのゲラを読んだうえで、承認をいただいた。イエスズメについての情報はAnderson(2006)に依拠する。オランダの野鳥の自然/都市生息地に関する詳細には、SOVON Vogelonderzoek Nederland(2012)を利用して得たものがいくらかある。オランダの節足類に関する詳細はBertone他(2016)に見つかる。チリの都市産の野鳥に関する研究についてはSilva他(2016)を参照したが、Carmen PazおよびOlga Barbosaにはこの部分のゲラを校正していただいた。人間由来の騒音に前適応した野鳥についての研究はFrancis他(2011)に拠るが、Clint Francisにはこの部

分の記述を校正していただいた。またWoodsen(2011)も役立った。最後の数段落の記述はParker(2016)に基づいており、この部分についてもParkerにゲラの校正をお願いした。

Chapter 7

進化にかかる時間はどれくらい?

アルバート・ファーン(Albert Farn)の経歴等は以下の諸作に依拠する。Hart他(2010)、Jenkinson(1922)、Salmon他(2000)、次のウェブサイトhttp://butterflyzoo.co.uk/farnfestival.html、Adam Hart(2016年6月)、Stephen Sutton(2016年6月、10月)、Erik van Nieukerken(2016年10月)との電子メールによる交信。ファーンのダーウィン宛書簡はwww.darwinproject.ac.uk(Darwin Correspondence Project, 2017)にDCP-LETT-11747で登録されている。この章のファーンについての記述に関してはAdam Hartに校正をお願いした。進化の速度をダーウィンがどう見積もっていたかに関して、Mayr&Province(1980)を引きながら、Hooper(2002:55)は次のように書いている。ダーウィンの子息レナード・ダーウィン(Leonard Darwin)の回想によれば、父ダーウィンは自然選択による変化が観察可能なものとなるまでには少なくとも50世代を要するだろうと考えていたから、結局は、人の生涯程度の時間のうちにも進化が生じていることは想像しうると示唆していたことになる。『種の起源(On the Origin of Species)』の多様な版の存在については、van Wyhe(2002)にご教示いただいた。私が行った自然選択のオンラインシミュレーションはhttp://www.radford.edu/~rsheehy/Gen_flash/popgen/において実行可能。

Chapter 8

生物学で最も有名なガ

シモフリガをめぐる顛末については、以下の諸研究を参照した。Cook(2003)、Cook&Saccheri(2013)、White(1877)、Tutt(1896:305-307)、Haldane(1924)、Cook他(1970, 1986, 2012)、Kettlewell(1955, 1956)、Coyne(1998)、Hooper(2002)、Van't Hof他(2016)、Rudge(2005)、Majerus(1998, 2009)。Saccheriによる引用はNatureポッドキャストhttp://www.nature.com/nature/journal/v534/n7605/

abs/nature17951.htmlより。Laurence Cookはこの章全体を読んで、いくつかのさらに微妙な点について改善に力を貸してくれた。

Chapter 9

いま、ここにある進化

ガの自然黒化についての情報はKettlewell(1973)、および2016年10月28日と11月3日付けStephen Suttonとの電子メールでの通信から。Stephen Suttonには相当箇所の校正もお願いした。鳥の翼の形状のバイオメカニックス[生体力学]についてはSwaddle&Lockwood(2003)。ムクドリの翼形進化についてはBitton&Graham(2015)に、またサンショクツバメのそれについてはBrown&Bomberger-Brown(2013)に依拠する。Mary Bomberger-Brownはサンショクツバメ研究についての私の記述箇所を読み、誤りを正してくれた。2016年12月12日の私宛の電子メールで、Pierre-Paul Bitton(彼の研究についての私の記述箇所を親切にもチェックしてくれた)は、ペットというより、交通事情がムクドリの翼の進化を促す要因であるという説には疑念を表明している。モンペリエのCrepis sancta[フタマタタンポポ]研究についてはCheptou他(2008)に説明されており、島嶼における同様の進化についてはCody&Overton(1996)に記述されている。Pierre-Olivier Cheptouはありがたいことに彼の研究についてのわたしの記述箇所の校正をしてくれた。カリブ産アノーリスの急速な進化に関する研究について調べる上で、わたしが依拠したのはLosos他(1997)、Marnocha他(2011)、Tyler他(2016)、およびWinchellほか(2016)。アノーリスについての一般生物学的資料としてはLosos(2009)を使用した。Gingerich(1993)は、ダーウィン単位を用いた経験則による計算の情報源である。Kirstin Winchellはアノーリスについてのわたしのテクストに目を通し、数多の有益な論評を与えてくれた。

Chapter 10

都市生物の遺伝子はどこから来たのか

わたしがパリで首に輪模様のあるパラキート[ワカケホンセイインコ]を目撃したのは2016年12月15日から17日だった。ジミ・ヘンドリックスがロンドンでパラキートを放したという

話はBrennan(2016)に出ている。人類の系統地理学についてはHarcourt(2016)に概略が示されている。Ariane Le Grosの引用は2016年12月14日、および2017年5月17日の電子メールでの通信から。その侵入種としての歴史、およびゴジュウカラとの競争も含め、パラキートについての一般的知識はStrubbe&Matthysen(2009)、Strubbe他(2010)、Le Gros他(2016)、IUCN Red List(http://www.iucnredlist.org/details/22685441/0)の該当頁、Wikipediaの該当頁https://en.wikipedia.org/wiki/Rose-ringed_parakeet、ParrotNetのHP(https://www.kent.ac.uk/parrotnet/)で入手可能な資料から。パラキート関連の文章はすべてLe Grosに、目通しの上承認をいただいた。ボブキャットについての情報はSerieys他(2015)とRiley他(2007)。テクストはLaurel Serieysにチェックをお願いした。道路による世界規模での生息地の断片化についてはIbisch他(2016)。Jason Munshi-Southとインタビューを行ったのは2016年12月10日だが、彼のTED-Ed講義http://ed.ted.com/lessons/evolution-in-a-big-cityからも引用させていただいた。わたしが使用したシロアシネズミに関するムンシサウスの論文は、Munshi-South&Kharchenko(2020)、Munshi-South&Nagy(2013)、Harris&Munshi-South(2013, 2016)およびHarris他(2016)。Jason Munshi-Southには、その研究についてのわたしの記述箇所を読んでもらい、チェックを受けた。クモの研究はSchäfer他(2001)。最近のある論文はブリスベンBrisbaneでは、複数の都市公園におけるトカゲの分断化と適応を明らかにしている(Littleford-Colquhoun他、2017)。

Chapter 11

汚染と進化

汚染への耐性を備えたマミチョグの研究はWhitehead他(2010, 2016)、Reid他(2016)に基づく。Kaplan(2016)およびCarson(1962)も参照した。PCBsとPAHsがAHRに及ぼす影響についてはWoods Hole Oceanic Institution、Hahn研究室のウェブサイト(http://www/whoi.edu/science/B/people/mhahn/)に基づく。Andrew Whiteheadはマミチョグ研究についてのセクションに目を通し、修正を加えてくれた。またこのセクションの終わりにある引用は2017年5月25日の電子メールからのもの。凍結予防用の塩についてのセクションはColdsnow他(2017)とHouska(2016)に基づくが、

塩分が生体に及ぼすストレスの原理についてはMäser他(2002)による。Kayla Coldsmithは彼女の研究について書いたわたしのパラグラフを親切にもチェックしてくれた。ミゾホウズキの銅への耐性については私の前著Frogs, Flies and Dandelions (Schilthuizen, 2001)の160-163頁で触れており、またWright他(2015)にも扱われている。草本類における亜鉛耐性についいはAl-Hiyali他(1990)を参照し、都市のハトの黒化についてはObhukova(2007)およびChatelain他(2014, 2016)によった。Marion Chatelainは彼女の研究についてのわたしの記述部分に目を通してくれた。

Chapter 12

巨大都市の輝く闇

9/11記念光の捧げものに小鳥が誘引された出来事には、2016年8月27日にオランダ、ハーレンでのKamiel Spoelstraによる講演で光が当てられた。わたしが利用した情報の出所には次のものもある。http://www.audubon.org/news/making-911-memorial-lights-bird-safeおよびhttps://www.sott.net/article/266370-Thousands-of-migrating-birds-attracted-to-9-11-memorial-lights。Michael Ahernからの引用はhttps://www.youtube.com/watch?v=LKPkJ08CBdcのビデオによる。Euro2016(サッカーヨーロッパ選手権)とガンマキンウワバの季節移動に関してはwww.uefa.com、およびMoeliker(2016)とChapman他(2012, 2013)による。光害に関する一般的情報については、ResearchGate上の"s there any convincing explanation yet about why moths are attracted to artificial light"(「ガが人工光に誘引される理由についてはまだ納得できる説明はないのか」)というタイトルの議論、Longcore&Rich(2004)、Gaston他(2014)、および2016年6月30日にライデン大学で行われたKevin Gastonの講義が役立った。このセクションの一部にはKevin Gastonが目を通してくれた。光を原因とする野鳥の死に関する事例を載せたデータはGuynup(2003)から、また同様の理由での昆虫の死に関するデータはEisenbeis(2006)から得た。灯台の明りが原因で死んだ小鳥の例はJones&Francis(2003)による。International Dark-Sky-Parksの一覧はhttp://darksky.org/idsp/parks/で見られる。ガとクモの光への適応に関する論文はそれぞれAltermatt(2016)とHeiling(1999)。2017年2月にFlorian Altermattと交わした電子メールでのやりとりからの情報を利用させてもらった。またAltermattには彼の研究についてわたしが書いたテクストを校正してもらった。

Chapter 13

それは本当に進化なのか?

わたしが言及しているブログの記事はhttp://darwins-god.blogpost.nl/2017/01/evolutionist-evolution-is-happening.html。柔らかい(ソフト)選択(セレクション)[淘汰]と堅い(ハード)選択(セレクション)との違いは、たとえば、Wright(2015)、Hermission&Pennings(2017)に説明されている。マミチョグとシモフリガにおける選択についての詳細は、それぞれ11章と8章の注を見よ。学習とエピジェネティックスの一般的な問題点については、わたしはSkinner(2011)、Azzi他(2014)、およびArney(2017)を参照した。ヒシバッタの体色における可塑性についてはHochkirch他(2008)。Kevin Gastonからの引用はEvans他(2010)。わたしが本書の最終版を編集中に、都市域と田園地帯でのダーウィンのフィンチの重要な相違を産む要因はエピジェネティックスであることを証明する最初の論文が現れた(McNew他、2017)。

Chapter 14

思いがけない出会い、思いがけない進化

ナマズによるハトの捕食についての研究はCucherousset他(2012)。またYong(2012)でも論じられている。2017年3月に交わされたChucheroussetおよびSantoulとの電子メールも利用させてもらった。Frédéric Santoulはナマズ研究に関するわたしのテクストの校正刷りに目を通してくれた。ドングリアリについての論文はDiamond他(2017)。Andrew Henryのブログ ecoevoevoeco.blogspot.com上のブログ記事"A tale of two thousand cities"[「2000の都市の物語」]も役立った。パリにおけるワカケホンセイインコの餌についてはClergeau他(2009)を参照した。ハイビスカスの芽を食べるハトについては、Kota Kinabaluにて私自身が観察した。ソープベリーバグの研究については、たとえばCarroll他(2001, 2005)に。Scott Carrollは彼の研究についてのわたしのテクストの校正刷りに目を通してくれた。わたしは以前に出した本*Frogs, Flies, and Dandelions*(Schilthuizen, 2001)のなかでリンゴウジバエについて書いている。アワノメイガ[Corn borer]研究については、Calcagno他(2010)を参照のこと。アメリカのブラックチェリーへと食性を変化させたハムシはSchilthuizen 他(2016)で紹介されてい

る。Daehler&Strong(1997)は導入種のコードグラスによる防御作用について報告している。Curtis Daehlerはこのセクションの校正刷りを読んでくれ、Prokelisia marginataがウィラパ・ベイWillapa Bayに導入されたのは、DaehlerとStrongの研究の終了後であったことを指摘した。巣材に吸殻を利用する小鳥についてはSuárez-Rodriguez他(2013)に説明されている。またわたしはhttp://www.cigwaste.orgからも情報を得た。テクストのこの部分はIsabel López-Rullにチェックをお願いした。

Chapter 15

生物たちの技術伝播

仙台のカラスに関する最初の論文はNihei(1995)、およびNihei&Higuchi(2001)。2017年5月から6月に日本の仙台で実施した(そして不成功に終わった)わたしたちのカラスの行動観察に協力してくれた千葉聡、三上修、千葉稔、そして竹田山原楽、およびわたしの地元のナッツ販売店に感謝する。カラスの行動は1998年のBBC David Attenborough、The Life of Birdsシリーズに収録されている(https://www.youtube.com/watch?v=BGPGknpq3e0)。牛乳瓶を開けるカラについての情報はFisher&Hinde(1949, 1951)およびLefebvre(1995)から得た。57本の牛乳瓶をカラに開けられた学校の記録はCramp他(1960)。カラの問題解決技術とその伝播についての研究はAplin他(2013, 2015)。次のサイトのビデオも利用した。http://www.dailymail.co.uk/sciencetech/article-2868613/Great-tits-pass-traditions-adapt-fit-locals.html。バルバドスブルフィンチについての記述はAudet他(2016)、Audetの2016年11月9日のブログhttp://ecoevoevoeco.blogspot.com/2016/11/street-smarts.html、および2017年4月29日のAudetとの電子メールによる。Jean-Nikolas Audetからは、彼の研究についてのわたしのテクストを読んだ上で、了承をいただいた。ポーランドの都市における新し物好きneophiliaについての研究はTryjanowski他(2016)による。また、Piotr Tryjanowskiはありがたいことだが私のテクストに目を通してくれた。シジュウカラ、カラス、インドハッカにおける新し物嫌いneophobiaについてのその他の例は、それぞれ、Williams(2009)、Greggor(2016)、Sol他(2011)から。耐性の研究はSymonds他(2016)。Matt Symondsは彼の研究についてのわたしの文章の最終ゲラに目を通してくれた。

Chapter 16

都市の歌

「都市音響生態学」の実習が行われたのは2016年9月9日だった。音響生態学一般についてはWarren他(2006)およびSwaddle他(2015)を参考にした。シジュウカラに関するSlabbekoornの研究が最初に紹介されたのはSlabbekoorn&Peet(2003)。自然環境下で行われた同様の研究はHunter&Krebs(1979)に発表された。都市における野鳥が囀りを変化させた他の例はSlabbekoorn(2013)から、また樹上性のカエルに関する同様の例はParris他(2009)による。バッタについての研究はLammpe他(2012, 2014)、チフチャフについてはVerzijden他(2010)に依拠している。歌鳥(囀る鳥)と歌わない鳥の呼び声(コールズ)と歌声(ソングズ)についての研究はHu&Cardoso(2010)とPotvin他(2011)。シジュウカラの囀りの変化が競争相手のオスおよびメスに与える効果については、それぞれMockford&Marshall(2009)およびHalfwerk他(2011)。Millie MockfordとWouter Halfwerkにはそれぞれの研究に関するわたしの文章の最終稿に目を通してもらった。その他の「種類」の都市音響生態学については、「あわただしさが」増したハイムネメジロの囀り(Potvin他, 2011)、夜間に囀るコマドリ(Fuller他, 2007)、空港付近で囀りの時間を早める小鳥たち(Gil他, 2015)。この章全体のチェックをHans Slabbekoornにお願いした。

Chapter 17

セックス・アンド・ザ・シティー

ユキヒメドリについての記述には、主として、Yeh(2004)、Shochat他(2006)、McGlothlin他(2008)、およびHill他(1999)を参照した。2017年5月のPamela Yehとの電子メールも利用させていただいた。また、Pamela Yehには彼女の研究についての記述部分の目通しをお願いした。バルセロナのシジュウカラについての記述の際に参考にしたのは、Galván&Alonso-Alvarez(2008)、Senar他(2014)、およびBjørklund他(2010)。Juan Carlos Senarはこの研究についてのわたしのテクストのチェックをお願いした。イトトンボの研究はTüzün他(2017)による。またわたしのテクストのチェックはNedim TüzünおよびLin Op de Beeckが引き受けてくれた。ロボットリ

スを使った実験についてはPartan他(2010)に描かれている。インディアン・ガービルについての情報源はHutton&McGraw(2016)から。環境ホルモンについてはZala&Penn(2004)に依拠している。オーストラリアの「進化論的罠」の2つの例は、Gwynne&Rentz(1983)、および、Bronwen Scott経由で送られてきたCat Davidsonとの電子メールに基づく。アズマヤドリについては、次のサイトも利用した:https://www.zoo.org.au/news/feeling-blue。ビール瓶と甲虫についてのセクションについはDavid Rentzが最終稿に目を通してくれた。

Chapter 18

都市の種の分化

ガラパゴスでの進化については、Parent他(2008)に要約されている。ダーウィンのフィンチについてのさらに詳しい情報は、*Frogs, Flies, and Dandelions*(Schilthuizen, 2001)をご覧ください。ダーウィンのフィンチについての現在継続中の調査の概要に関しては、Weiner(1995)とHendry(2017)が優れている。サンタクルス島におけるガラパゴスフィンチGeospiza fortisの初期的種分化の研究については、Hendry他(2006)、De Leon他(2011, 2017)、およびこの著者たちが挙げる論文を参照のこと。都市に定着したクロウタドリへの最初の言及はBonaparte(2827)。クロウタドリの都市型化の歴史についてのわたしの記述は、主にEvans他(2010)およびMűller他(2014)に依拠する。体形の違いについてはGregoire(2003)、Lippens&Van Hengel(1962)、およびEvans他(2009a)を参照した。囀りのピッチとタイミングについては、それぞれRipmeester他(2010)、およびNordt&Klenke(2013)による。生殖のタイミングについての研究はPartecke他(2004)による。渡りの研究はPartecke&Gwinner(2007)、ストレスホルモン研究はPartecke他(2006)およびMüller他(2013)。Jesko Parteckeには彼の研究についてのわたしの記述部分のチェックをお願いした。(森生息型と都市生息型における)人の接近を許す距離の違いについてはSymonds他(2016)。DNA型判定についてはEvans他(2009b)。わたしに初めてダーウィンのフィンチの都市的性質に注意を促してくれたのはBarbara Waughだった。本書中に言及した研究はDe Leon(2011, 2017)によるものである。Leonはこの章の最終稿で関連するセクションに目を通してくれた。

Chapter 19

遠隔連携する世界

フォン・シーボルトと日本のイタドリの歴史書くために、以下の資料を用いた。シーボルトとイタドリそれぞれに関するウィキペディアのページ(2017年6月7日にアクセスした)、Christenhusz(2002)、Christenhusz&van Uffelen(2001)、およびPeeters(2015)。Norbert Peetersはありがたくもシーボルトについてのわたしのテクスト最終稿に目を通してくれた。人間によって世界中に移送された生物種の他の例については、Thompson(2014)およびSchmidt他(2017)による。「漂流種」("supertramp"[超放浪者])という語を産み出したのはDiamond(1974)である。微生物、鳥、都市植物群相における均質化についての研究はSchmidt他(2017)、Murthy他(2016)、およびWittig&Becker(2010)から学んだ。Marina Albertiの考えや彼女からの引用は、2016年9月8日に行ったSkypeによる彼女とのインタヴュー、および彼女の次の論文、Alberti(2015)、Alberti他(2003, 2017)からのものである。Marina Albertiは彼女の研究と考えについてわたしが書いた文章を読み直してくれた。Kamiel Spoelstraの研究についてはhttps://nioo.knaw.nl/nl/employees/kamiel-spoelstraで見ることができる。都市間の接続性についての引用はKhanna(2016)から。わたしは自身で行ったゲノム配列決定プロジェクトを、自分のブログ、および2015年のオランダの科学ラジオ番組De Kennis van Nu(https://dekennisvannu.nl/site/special/De-code-van-Menno/8)を通して公表した。人間における最近の進化を明らかにする論文には、Field他(2016)、およびBarnes他(2011)がある。わたしは以下の著作も用いた。Bolhuis他(2011)、Pennisi(2016)、およびHassell他(2016)。

Chapter 20

ダーウィンとともに都市を設計する

わたしたちが六本木ヒルズを訪れたのは2017年5月29日だった。森ビル株式会社の屋上緑化方針についてのより詳細な情報を要求して、社の広報担当者に送った電子メールへの返事はなかった。私の日本における緑化屋根についての情報入手先は、https://resources..realestate.co.jp/living/japan-green-roof-buildings/、および

森ビル株式会社とEmilio Ambasz&Associatesのウェブサイトからである。シンガポールの緑化外壁についての情報は、https://inhabit.com/tag/green-skyscrapers/から。都市屋上農業についての情報はHui他(2011)から。ニューヨークのローライン・ラボに関してのさらに詳しい情報はhttp://thelowline.org、またベルリンの「緑の山」"green mountain"については、http://www.hilldegarden.org。緑化屋根についての東京都条例に関する情報の入手先は、http://www.c40.org/case_studies/nature-conservation-ordinance-is-greening-tokyo-s-buildings。わたしが言及している書籍はVink他(2017)、Gunnell他(2013)、Dunnet&Kingsbury(2004)。Gewildgroeiの作品についての英語字幕つきビデオは、https://vimeo.com/175805142で見られる。在来対非在来の議論について詳しくは、Global Roundtableで(http://www.thenatureofcities.com for November 5, 2015)。次の著作も役立った。Davis他(2011)、Foster&Sandberg(2004)、およびJohnston他(2011)。都市の中に埋め込まれた原生林の例はTan&Jim(2017)およびDiogo他(2014)から。回廊(コリドー)についての議論に関するより詳しい情報はGlobal Roundtable、http://www.thenatureofcities.com for October 5, 2014。わたしが首都大学東京[東京都立大学]を訪れたのは2017年5月26日だった。里山の理念を知るための情報源は、Kobori&Primack(2003)、Kohsaka他(2013)、Puntigam他(2010)、およびhttp://satoyama-initiative.org。「マイマイスナップ」[SnailSnap]についての情報は、http://snailsnap.nlをご覧あれ。音の景観(サウンドスケープ)市民科学の背景については、Farina他(2014)、および次のウェブサイトを。https://naturesmartcities.com/。「イカシタ巣コンテスト」[Funky Nest Contest]の情報は、http://nestwatch.orgで。「イカシタ」都市鳥の巣に関して予想される3つの問題は以下の諸著作によって喚起された。Wang他(2015)、Sergio他(2011)、およびSuárez-Rodoriguez他(2013)。

おわりに　都市で生物を進化させるために

わたしたちのボルネオ探検調査についての詳細は、http://www.taxonexpeditions.comで。「超キーストーン種」[hyperkeystone species]という術語はWorm&Paine(2016)に由来。Sabine Rietkerkと1年ぶりに連絡を取ったのは2017年6月27日だった。

イヴァのために

メノ・スヒルトハウゼン
Menno Schilthuizen

1965年生まれ。オランダの進化生物学者、生態学者。ナチュラリス生物多様性センター(旧オランダ国立自然史博物館)のリサーチ・サイエンティスト、ライデン大学教授。著書に『ダーウィンの覗き穴:性的器官はいかに進化したか』(早川書房)などがある。

岸 由二
Kishi Yuji

慶應義塾大学名誉教授。生態学専攻。NPO法人代表として、鶴見川流域や神奈川県三浦市小網代の谷で〈流域思考〉の都市再生・環境保全を推進。著書に『自然へのまなざし』(紀伊國屋書店)『リバーネーム』(リトル・モア)『「奇跡の自然」の守りかた』(ちくまプリマー新書)など。訳書にドーキンス『利己的な遺伝子』(共訳、紀伊國屋書店)ウィルソン『人間の本性について』(ちくま学芸文庫)ソベル『足もとの自然から始めよう』(日経BP)など。 鶴見川流域水委員会委員。

小宮 繁
Komiya Shigeru

翻訳家。慶應義塾大学文学研究科博士課程単位取得退学(英米文学専攻)。専門は20世紀イギリス文学。2012年3月より、慶應義塾大学日吉キャンパスにおいて、雑木林再生・水循環回復に取り組む非営利団体、日吉丸の会の代表をつとめている。訳書にステージャ『10万年の未来地球史』(岸由二監修、日経BP)。エマ・マリス『「自然」という幻想』(共訳、草思社)

"ダーウィン"が街にやってくる

都市で進化する生物たち

2020年8月18日　第一刷発行

著　者　メノ・スヒルトハウゼン
訳　者　岸 由二、小宮 繁
装幀者　albireo
装　画　秦 直也
校正者　長澤 徹
発行者　藤田 博
発行所　株式会社草思社
〒160-0022 東京都新宿区新宿1-10-1
電話　営業 03(4580)7676　編集 03(4580)7680
本文組版　株式会社キャップス
印刷所　中央精版印刷株式会社
製本所　大口製本印刷株式会社

ISBN978-4-7942-2459-0 Printed in Japan 検印廃止